Mathématiques
et
Applications

Directeurs de la collection :
J. Garnier et V. Perrier

71

For further volumes:
http://www.springer.com/series/2966

Jean-François Le Gall

Mouvement brownien, martingales et calcul stochastique

 Springer

Jean-François Le Gall
Département de mathématiques
Université Paris-Sud, Campus d'Orsay
Orsay
France

ISSN 1154-483X
ISBN 978-3-642-31897-9   ISBN 978-3-642-31898-6   (eBook)
DOI 10.1007/978-3-642-31898-6
Springer Heidelberg New York Dordrecht London

Library of Congress Control Number: 2012945744

Mathematics Subject Classification (2010), 60H05, 60G07, 60J65, 60G44, 60H10, 60J25

Springer est membre du groupe Springer Science+Business Media (www.springer.com)

Préface

Cet ouvrage est issu des notes d'un cours d'introduction au calcul stochastique enseigné en DEA puis en deuxième année de master, à l'Université Pierre et Marie Curie et à l'Université Paris-Sud. L'objectif de ce cours était de donner une présentation concise mais rigoureuse de la théorie de l'intégrale stochastique par rapport aux semimartingales continues, en portant une attention particulière au mouvement brownien. Le présent ouvrage s'adresse à des étudiants ayant bien assimilé un cours de probabilités avancées, incluant notamment les outils de la théorie de la mesure et la notion d'espérance conditionnelle, au niveau de la première année de master. Nous supposons aussi une certaine familiarité avec la notion d'uniforme intégrabilité (voir par exemple le chapitre II du livre de Neveu [7]). Pour la commodité du lecteur, nous avons rappelé en appendice les résultats de la théorie des martingales discrètes, souvent mais pas toujours enseignés en première année de master, que nous utilisons dans notre étude des martingales en temps continu.

Le premier chapitre est une présentation rapide des vecteurs et processus gaussiens, dont l'objectif principal est d'arriver à la notion de mesure gaussienne, qui permet dans le second chapitre de donner une construction simple du mouvement brownien. Nous discutons les propriétés fondamentales du mouvement brownien, y compris la propriété de Markov forte et son application au principe de réflexion. Le Chapitre 2 permet en outre d'introduire dans le cadre relativement simple du mouvement brownien les notions importantes de filtration et de temps d'arrêt, qui sont étudiées de manière plus systématique et abstraite dans le Chapitre 3. Ce chapitre traite aussi les martingales et surmartingales à temps continu, en mettant l'accent sur les théorèmes de régularité des trajectoires et sur le théorème d'arrêt qui, utilisé conjointement avec le calcul stochastique, constitue un outil puissant pour des calculs explicites. Le Chapitre 4 présente les semimartingales continues, en commençant par une discussion détaillée des fonctions et processus à variation finie. On introduit ensuite les martingales locales, en se restreignant comme dans la suite de l'ouvrage au cas des trajectoires continues. Une attention particulière est portée au théorème clé d'existence de la variation quadratique d'une martingale locale. Le Chapitre 5 est le cœur du présent ouvrage, avec la construction de l'intégrale stochastique par rapport à une semimartingale continue, la preuve dans ce cadre de la célèbre formule d'Itô, et de nombreuses applications importantes (théorème de caractérisation de Lévy, inégalités de Burkholder-Davis-Gundy, représentation des martingales dans la filtration brownienne, théorème de Girsanov, formule de Cameron-Martin, etc.). Les équations différentielles stochastiques, autre application très importante de la théorie du calcul stochastique, qui motiva l'invention par Itô de cette théorie, sont étudiées dans le Chapitre 7. Entre-temps, le Chapitre 6, qui présente les grandes idées de la théorie des processus de Markov avec l'accent sur le cas particulier des semigroupes de Feller, peut apparaître comme une digression à notre propos principal. Cependant, la théorie développée dans le Chapitre 6, outre qu'elle met en évidence des liens féconds avec la théorie des martingales, a le grand avantage de s'appliquer aux solutions d'équations différentielles stochastiques, dont les propriétés markoviennes jouent un rôle crucial dans nombre d'applications.

A la fin de chaque chapitre sont proposés un certain nombre d'exercices, dont la résolution est vivement conseillée au lecteur. Ces exercices sont particulièrement nombreux à la fin du Chapitre 5, car le calcul stochastique est d'abord une technique, qu'on ne saurait assimiler sans traiter un nombre suffisant d'exemples explicites. La grande majorité des exercices du présent ouvrage est issue soit des textes d'examens de cours enseignés à l'Université Pierre et Marie Curie et à l'Université Paris-Sud, soit des travaux dirigés assurés parallèlement à ces cours.

Le lecteur désireux d'aller plus loin dans la théorie et les applications du calcul stochastique pourra consulter les ouvrages classiques de Karatzas et Shreve [5], Revuz et Yor [9] et Rogers et Williams [10]. Pour une perspective historique sur le développement de la théorie, voir les articles originaux d'Itô [4], et le petit livre de McKean [6] qui contribua beaucoup à populariser ces travaux.

Je remercie Mylène Maïda pour son aide dans la mise au point et la compilation des exercices. Merci aussi à Igor Kortchemski pour la simulation de mouvement brownien qui illustre le Chapitre 2. Pour conclure, je tiens à remercier tout particulièrement Marc Yor, qui m'a appris l'essentiel de ce que je connais de la théorie du calcul stochastique, et dont les nombreuses remarques m'ont aidé à améliorer ce texte.

Orsay, France, Mai 2012   Jean-François Le Gall

Table des matières

Chapitre 1
Vecteurs et processus gaussiens

Résumé Le principal objectif de ce chapitre est d'introduire les résultats sur les processus gaussiens et les mesures gaussiennes qui seront utilisés dans le chapitre suivant pour construire le mouvement brownien.

1.1 Rappels sur les variables gaussiennes en dimension un

Dans toute la suite on se place sur un espace de probabilité $(\Omega, \mathscr{F}, P)$. Pour tout réel $p \geq 1$, $L^p(\Omega, \mathscr{F}, P)$, ou simplement L^p s'il n'y a pas d'ambiguïté, désigne l'espace des variables aléatoires réelles de puissance p-ième intégrable, muni de la norme usuelle.

Une variable aléatoire réelle X est dite gaussienne (ou normale) centrée réduite si sa loi admet pour densité

$$p_X(x) = \frac{1}{\sqrt{2\pi}} \exp(-\frac{x^2}{2}).$$

La transformée de Laplace complexe de X est alors donnée par

$$E[e^{zX}] = e^{z^2/2}, \qquad \forall z \in \mathbb{C}.$$

Pour obtenir cette formule (et aussi voir que la transformée de Laplace complexe est bien définie) on traite d'abord le cas où $z = \lambda \in \mathbb{R}$:

$$E[e^{\lambda X}] = \frac{1}{\sqrt{2\pi}} \int_{\mathbb{R}} e^{\lambda x} e^{-x^2/2} dx = e^{\lambda^2/2} \frac{1}{\sqrt{2\pi}} \int_{\mathbb{R}} e^{-(x-\lambda)^2/2} dx = e^{\lambda^2/2}.$$

Ce calcul assure que $E[e^{zX}]$ est bien défini pour tout $z \in \mathbb{C}$ et définit une fonction analytique sur $\mathbb{C}$. L'égalité $E[e^{zX}] = e^{z^2/2}$ étant vraie pour tout $z \in \mathbb{R}$ doit donc l'être aussi pour tout $z \in \mathbb{C}$.

En prenant $z = i\xi$, $\xi \in \mathbb{R}$, on trouve la transformée de Fourier de la loi de X :

J.-F. Le Gall, *Mouvement brownien, martingales et calcul stochastique*,
Mathématiques et Applications 71, DOI: 10.1007/978-3-642-31898-6_1,
© Springer-Verlag Berlin Heidelberg 2013

$$E[e^{i\xi X}] = e^{-\xi^2/2}.$$

A partir du développement limité au voisinage de 0,

$$E[e^{i\xi X}] = 1 + i\xi E[X] + \cdots + \frac{(i\xi)^n}{n!}E[X^n] + O(|\xi|^{n+1}),$$

valable quand X est dans tous les espaces L^p, $1 \leq p < \infty$, ce qui est le cas ici, on calcule

$$E[X] = 0, \quad E[X^2] = 1, \quad E[X^{2n}] = \frac{(2n)!}{2^n n!}.$$

Pour $\sigma > 0$ et $m \in \mathbb{R}$, on dit qu'une variable aléatoire réelle Y suit une loi gaussienne $\mathcal{N}(m, \sigma^2)$ si Y vérifie l'une des trois propriétés équivalentes suivantes :

(i) $Y = \sigma X + m$ où X suit une loi gaussienne centrée réduite (i.e. $\mathcal{N}(0,1)$);
(ii) la densité de Y est

$$p_Y(y) = \frac{1}{\sigma\sqrt{2\pi}} \exp -\frac{(y-m)^2}{2\sigma^2};$$

(iii) la fonction caractéristique de Y est

$$E[e^{i\xi Y}] = \exp(im\xi - \frac{\sigma^2}{2}\xi^2).$$

On a alors

$$E[Y] = m, \quad \mathrm{var}(Y) = \sigma^2.$$

Par extension, on dit que Y suit une loi $\mathcal{N}(m,0)$ si $Y = m$ p.s. (la propriété (iii) reste vraie).

Sommes de variables gaussiennes indépendantes. Supposons que Y suit la loi $\mathcal{N}(m, \sigma^2)$, Y' suit la loi $\mathcal{N}(m', \sigma'^2)$, et Y et Y' sont indépendantes. Alors $Y + Y'$ suit la loi $\mathcal{N}(m+m', \sigma^2 + \sigma'^2)$. C'est une conséquence immédiate de (iii).

Proposition 1.1. *Soit (X_n) une suite de variables aléatoires gaussiennes, telle que X_n soit de loi $\mathcal{N}(m_n, \sigma_n)$. Supposons que X_n converge en loi vers X. Alors :*

1) La variable X est gaussienne $\mathcal{N}(m, \sigma^2)$, où $m = \lim m_n$, $\sigma = \lim \sigma_n$.
2) Si la suite (X_n) converge en probabilité vers X, la convergence a lieu dans tous les espaces L^p, $1 \leq p < \infty$.

Démonstration. 1) La convergence en loi équivaut à dire que, pour tout $\xi \in \mathbb{R}$,

$$E[e^{i\xi X_n}] = \exp(im_n\xi - \frac{\sigma_n^2}{2}\xi^2) \xrightarrow[n\to\infty]{} E[e^{i\xi X}].$$

En passant au module, on a aussi

$$\exp(-\frac{\sigma_n^2}{2}\xi^2) \xrightarrow[n\to\infty]{} |E[e^{i\xi X}]|, \quad \forall \xi \in \mathbb{R},$$

ce qui ne peut se produire que si σ_n^2 converge vers $\sigma^2 \geq 0$ (le cas $\sigma_n^2 \to +\infty$ est à écarter car la fonction limite $\mathbf{1}_{\{\xi=0\}}$ ne serait pas continue). On a ensuite, pour tout $\xi \in \mathbb{R}$,

$$e^{im_n\xi} \xrightarrow[n\to\infty]{} e^{\frac{1}{2}\sigma^2\xi^2} E[e^{i\xi X}].$$

Montrons que cela entraîne la convergence de la suite (m_n). Si on sait a priori que la suite (m_n) est bornée, c'est facile : si m et m' sont deux valeurs d'adhérence on a $e^{im\xi} = e^{im'\xi}$ pour tout $\xi \in \mathbb{R}$, ce qui entraîne $m = m'$. Supposons la suite (m_n) non bornée et montrons qu'on arrive à une contradiction. On peut extraire une sous-suite (m_{n_k}) qui converge vers $+\infty$ (ou $-\infty$ mais le raisonnement est le même). Alors, pour tout $A > 0$,

$$P[X \geq A] \geq \limsup_{k\to\infty} P[X_{n_k} \geq A] \geq \frac{1}{2},$$

puisque $P[X_{n_k} \geq A] \geq P[X_{n_k} \geq m_{n_k}] \geq 1/2$ pour k assez grand. En faisant tendre A vers $+\infty$ on arrive à une contradiction.

On a donc $m_n \to m$, $\sigma_n \to \sigma$, d'où

$$E[e^{i\xi X}] = \exp\left(im\xi - \frac{\sigma^2}{2}\xi^2\right),$$

ce qui montre que X est gaussienne $\mathcal{N}(m, \sigma^2)$.

2) Puisque X_n a même loi que $\sigma_n N + m_n$, où N désigne une variable de loi $\mathcal{N}(0,1)$, et que les suites (m_n) et (σ_n) sont bornées (d'après 1)), on voit immédiatement que

$$\sup_n E[|X_n|^q] < \infty, \qquad \forall q \geq 1.$$

Il en découle que

$$\sup_n E[|X_n - X|^q] < \infty, \qquad \forall q \geq 1.$$

Soit $p \geq 1$. La suite $Y_n = |X_n - X|^p$ converge en probabilité vers 0 par hypothèse et est uniformément intégrable, car bornée dans L^2 d'après ce qui précède (avec $q = 2p$). Elle converge donc dans L^1 vers 0 d'où le résultat recherché. □

1.2 Vecteurs gaussiens

Soit E un espace euclidien de dimension d (E est isomorphe à $\mathbb{R}^d$ et on peut si on le souhaite prendre $E = \mathbb{R}^d$, mais il sera plus commode de travailler avec un espace abstrait). On note $\langle u, v \rangle$ le produit scalaire de E. Une variable aléatoire X à valeurs dans E est un vecteur gaussien si, pour tout $u \in E$, $\langle u, X \rangle$ est une variable gaussienne. (Par exemple, si $E = \mathbb{R}^d$ et si $X_1, \ldots, X_d$ sont des variables gaussiennes indépendantes, la propriété des sommes de variables gaussiennes indépendantes montre que le vecteur $X = (X_1, \ldots, X_d)$ est un vecteur gaussien.)

Si X est un vecteur gaussien à valeurs dans E, il existe $m_X \in E$ et une forme quadratique positive q_X sur E tels que, pour tout $u \in E$,

$$E[\langle u, X \rangle] = \langle u, m_X \rangle,$$
$$\text{var}(\langle u, X \rangle) = q_X(u),$$

En effet, soit $(e_1, \ldots, e_d)$ une base orthonormée de E et soit $X = \sum_{i=1}^{d} X_j e_j$ la décomposition de X dans cette base. Remarquons que les variables aléatoires $X_j = \langle e_j, X \rangle$ sont gaussiennes. On vérifie alors immédiatement les formules précédentes avec $m_X = \sum_{i=1}^{d} E[X_j] e_j \overset{(\text{not.})}{=} E[X]$, et, si $u = \sum_{i=1}^{d} u_j e_j$,

$$q_X(u) = \sum_{j,k=1}^{n} u_j u_k \text{cov}(X_j, X_k).$$

Comme $\langle u, X \rangle$ est une variable gaussienne $\mathcal{N}(\langle u, m_X \rangle, q_X(u))$, on en déduit la transformée de Fourier

$$E[\exp(\mathrm{i}\langle u, X \rangle)] = \exp(\mathrm{i}\langle u, m_X \rangle - \frac{1}{2} q_X(u)). \tag{1.1}$$

Proposition 1.2. *Sous les hypothèses précédentes, les variables aléatoires $X_1, \ldots, X_d$ sont indépendantes si et seulement si la matrice de covariance $(\text{cov}(X_j, X_k))_{1 \le j,k \le d}$ est diagonale, soit si et seulement si la forme quadratique q_X est diagonale dans la base $(e_1, \ldots, e_d)$.*

Démonstration. Il est évident que si les variables aléatoires $X_1, \ldots, X_d$ sont indépendantes, la matrice de covariance $(\text{cov}(X_j, X_k))_{j,k=1,\ldots d}$ est diagonale. Inversement, si cette matrice est diagonale, on a, pour $u = \sum_{j=1}^{d} u_j e_j \in E$,

$$q_X(u) = \sum_{j=1}^{d} \lambda_j u_j^2,$$

où $\lambda_j = \text{var}(X_j)$. En conséquence, en utilisant (1.1),

$$E\left[\exp\left(\mathrm{i} \sum_{j=1}^{d} u_j X_j\right)\right] = \prod_{j=1}^{d} \exp(\mathrm{i}u_j E[X_j] - \frac{1}{2}\lambda_j u_j^2) = \prod_{j=1}^{d} E[\exp(\mathrm{i}u_j X_j)],$$

ce qui entraîne l'indépendance de $X_1, \ldots, X_d$. $\square$

A la forme quadratique q_X on associe l'endomorphisme symétrique positif γ_X de E tel que

$$q_X(u) = \langle u, \gamma_X(u) \rangle$$

(γ_X a pour matrice $(\text{cov}(X_j, X_k))$ dans la base $(e_1, \ldots, e_d)$ mais comme le montre la formule ci-dessus la définition de γ_X ne dépend pas de la base choisie).

A partir de maintenant, pour simplifier l'écriture, on se limite à des vecteurs gaussiens centrés, i.e. tels que $m_X = 0$, mais les résultats qui suivent s'étendent facilement au cas non centré.

Théorème 1.1. (i) *Si γ est un endomorphisme symétrique positif de E, il existe un vecteur gaussien centré X tel que $\gamma_X = \gamma$.*
(ii) *Soit X un vecteur gaussien centré. Soit $(\varepsilon_1, \ldots, \varepsilon_d)$ une base de E qui diagonalise γ_X : $\gamma_X \varepsilon_j = \lambda_j \varepsilon_j$ avec $\lambda_1 \geq \lambda_2 \geq \cdots \geq \lambda_r > 0 = \lambda_{r+1} = \cdots = \lambda_d$ (r est le rang de γ_X). Alors,*

$$X = \sum_{j=1}^{r} Y_j \varepsilon_j,$$

où les variables Y_j sont des variables gaussiennes (centrées) indépendantes, et Y_j est de variance λ_j. En conséquence, si P_X désigne la loi de X, le support topologique de P_X est l'espace vectoriel engendré par $\varepsilon_1, \ldots, \varepsilon_r$,

$$\mathrm{supp}\, P_X = \mathrm{e.v.}(\varepsilon_1, \ldots, \varepsilon_r).$$

La loi P_X est absolument continue par rapport à la mesure de Lebesgue sur E si et seulement si $r = d$, et dans ce cas la densité de X est

$$p_X(x) = \frac{1}{(2\pi)^{d/2}\sqrt{\det \gamma_X}} \exp -\frac{1}{2} \langle x, \gamma_X^{-1}(x) \rangle.$$

Démonstration. (i) Soit $(\varepsilon_1, \ldots, \varepsilon_d)$ une base orthonormée de E dans laquelle γ est diagonale, $\gamma(\varepsilon_j) = \lambda_j \varepsilon_j$ pour $1 \leq j \leq d$, et soient $Y_1, \ldots, Y_d$ des variables gaussiennes centrées indépendantes avec $\mathrm{var}(Y_j) = \lambda_j$, $1 \leq j \leq d$. On pose

$$X = \sum_{j=1}^{d} Y_j \varepsilon_j,$$

et on vérifie alors facilement que, si $u = \sum_{j=1}^{d} u_j \varepsilon_j$,

$$q_X(u) = E\left[\left(\sum_{j=1}^{d} u_j Y_j \right)^2 \right] = \sum_{j=1}^{d} \lambda_j u_j^2 = \langle u, \gamma(u) \rangle.$$

(ii) Si on écrit X dans la base $(\varepsilon_1, \ldots, \varepsilon_d)$, la matrice de covariance des coordonnées $Y_1, \ldots, Y_d$ est la matrice de γ_X dans cette base, donc une matrice diagonale avec $\lambda_1, \ldots, \lambda_d$ sur la diagonale. Pour $j \in \{r+1, \ldots, d\}$, on a $E[Y_j^2] = 0$ donc $Y_j = 0$ p.s. De plus, d'après la Proposition 1.2 les variables $Y_1, \ldots, Y_r$ sont indépendantes.

Ensuite, puisque $X = \sum_{j=1}^{r} Y_j \varepsilon_j$ p.s. il est clair que

$$\mathrm{supp}\, P_X \subset \mathrm{e.v.}\{\varepsilon_1, \ldots, \varepsilon_r\},$$

et inversement, si O est un pavé de la forme

$$O = \{u = \sum_{j=1}^{r} \alpha_j \varepsilon_j : a_j < \alpha_j < b_j, \forall 1 \leq j \leq r\},$$

on a $P[X \in O] = \prod_{j=1}^{r} P[a_j < Y_j < b_j] > 0$. Cela suffit pour obtenir l'égalité supp $P_X = \text{e.v.} \{\varepsilon_1, \ldots, \varepsilon_r\}$.

Si $r < d$, puisque e.v.$\{\varepsilon_1, \ldots, \varepsilon_r\}$ est de mesure nulle, la loi de X est étrangère par rapport à la mesure de Lebesgue sur E. Si $r = d$, notons Y le vecteur aléatoire de $\mathbb{R}^d$ défini par $Y = (Y_1, \ldots, Y_d)$ et remarquons que X est l'image de Y par la bijection $\varphi(y_1, \ldots, y_d) = \sum y_j \varepsilon_j$. Alors, en notant $y = (y_1, \ldots, y_d)$,

$$E[g(X)] = E[g(\varphi(Y))]$$

$$= \frac{1}{(2\pi)^{d/2}} \int_{\mathbb{R}^d} g(\varphi(y)) \exp\left(-\frac{1}{2} \sum_{j=1}^{d} \frac{y_j^2}{\lambda_j}\right) \frac{\mathrm{d}y_1 \ldots \mathrm{d}y_d}{\sqrt{\lambda_1 \ldots \lambda_d}}$$

$$= \frac{1}{(2\pi)^{d/2} \sqrt{\det \gamma_X}} \int_{\mathbb{R}^d} g(\varphi(y)) \exp(-\frac{1}{2} \langle \varphi(y), \gamma_X^{-1}(\varphi(y)) \rangle) \mathrm{d}y_1 \ldots \mathrm{d}y_d$$

$$= \frac{1}{(2\pi)^{d/2} \sqrt{\det \gamma_X}} \int_{E} g(x) \exp(-\frac{1}{2} \langle x, \gamma_X^{-1}(x) \rangle) \mathrm{d}x,$$

puisque la mesure de Lebesgue sur E est par définition l'image de la mesure de Lebesgue sur $\mathbb{R}^d$ par φ (ou par n'importe quelle autre isométrie de $\mathbb{R}^d$ sur E). Pour la deuxième égalité, on a utilisé le fait que $Y_1, \ldots, Y_d$ sont des variables gaussiennes $\mathcal{N}(0, \lambda_j)$ indépendantes, et pour la troisième l'égalité

$$\langle \varphi(y), \gamma_X^{-1}(\varphi(y)) \rangle = \langle \sum y_j \varepsilon_j, \sum \frac{y_j}{\lambda_j} \varepsilon_j \rangle = \sum \frac{y_j^2}{\lambda_j}. \qquad \square$$

1.3 Espaces et processus gaussiens

Dans ce paragraphe et le suivant, sauf indication du contraire, nous ne considérons que des variables gaussiennes centrées et nous omettrons le plus souvent le mot "centré".

Définition 1.1. Un espace gaussien (centré) est un sous-espace vectoriel fermé de $L^2(\Omega, \mathcal{F}, P)$ formé de variables gaussiennes centrées.

Par exemple, si $X = (X_1, \ldots, X_d)$ est un vecteur gaussien centré dans $\mathbb{R}^d$, l'espace vectoriel engendré par $\{X_1, \ldots, X_d\}$ est un espace gaussien.

Définition 1.2. Soit $(E, \mathcal{E})$ un espace mesurable, et soit T un ensemble d'indices quelconque. Un processus aléatoire (indexé par T) à valeurs dans E est une famille $(X_t)_{t \in T}$ de variables aléatoires à valeurs dans E. Si on ne précise pas $(E, \mathcal{E})$, on supposera implicitement que $E = \mathbb{R}$ et $\mathcal{E} = \mathscr{B}(\mathbb{R})$ est la tribu borélienne de $\mathbb{R}$.

Définition 1.3. Un processus aléatoire $(X_t)_{t \in T}$ à valeurs réelles est un processus gaussien (centré) si toute combinaison linéaire finie des variables X_t, $t \in T$ est gaussienne centrée.

Proposition 1.3. *Si* $(X_t)_{t \in T}$ *est un processus gaussien, le sous-espace vectoriel fermé de* L^2 *engendré par les variables* X_t, $t \in T$ *est un espace gaussien, appelé espace gaussien engendré par le processus X.*

Démonstration. Il suffit de remarquer qu'une limite dans L^2 de variables gaussiennes centrées est encore gaussienne centrée (cf. Proposition 1.1). $\square$

Si H est un ensemble de variables aléatoires définies sur Ω, on note $\sigma(H)$ la tribu engendrée par les variables $\xi \in H$ (c'est la plus petite tribu sur Ω qui rend mesurables ces variables).

Théorème 1.2. *Soit H un espace gaussien et soit $(H_i)_{i \in I}$ une famille de sous-espaces vectoriels de H. Alors les sous-espaces H_i, $i \in I$ sont orthogonaux deux à deux dans L^2 si et seulement si les tribus $\sigma(H_i)$, $i \in I$ sont indépendantes.*

Remarque. Il est crucial que les espaces H_i soient contenus dans un même espace gaussien. Considérons par exemple une variable X de loi $\mathcal{N}(0,1)$ et une seconde variable ε indépendante de X et telle que $P[\varepsilon = 1] = P[\varepsilon = -1] = 1/2$. Alors $X_1 = X$, $X_2 = \varepsilon X$ sont deux variables $\mathcal{N}(0,1)$. De plus, $E[X_1 X_2] = E[\varepsilon]E[X^2] = 0$. Cependant X_1 et X_2 ne sont évidemment pas indépendantes (parce que $|X_1| = |X_2|$). Dans cet exemple, le couple (X_1, X_2) n'est pas un vecteur gaussien dans $\mathbb{R}^2$ bien que ses coordonnées soient des variables gaussiennes.

Démonstration. Si les tribus $\sigma(H_i)$ sont indépendantes, on a pour $i \neq j$, si $X \in H_i$ et $Y \in H_j$,

$$E[XY] = E[X]E[Y] = 0,$$

et donc les espaces H_i sont deux à deux orthogonaux.

Inversement, supposons les espaces H_i deux à deux orthogonaux. Par définition de l'indépendance d'une famille infinie de tribus, il suffit de montrer que, si $i_1, \ldots, i_p \in I$ sont distincts, les tribus $\sigma(H_{i_1}), \ldots, \sigma(H_{i_p})$ sont indépendantes. Ensuite, il suffit de montrer que, si on fixe $\xi_1^1, \ldots, \xi_{n_1}^1 \in H_{i_1}$, $\ldots$ $\xi_1^p, \ldots, \xi_{n_p}^p \in H_{i_p}$, les vecteurs $(\xi_1^1, \ldots, \xi_{n_1}^1), \ldots, (\xi_1^p, \ldots, \xi_{n_p}^p)$ sont indépendants (en effet, pour chaque $j \in \{1, \ldots, p\}$, les ensembles de la forme $\{\xi_1^j \in A_1, \ldots, \xi_{n_j}^j \in A_{n_j}\}$ forment une classe stable par intersection finie qui engendre la tribu $\sigma(H_{i_j})$, et on peut ensuite utiliser un argument classique de classe monotone, voir l'Appendice A1). Or, pour chaque $j \in \{1, \ldots, p\}$ on peut trouver une base orthonormée $(\eta_1^j, \ldots, \eta_{m_j}^j)$ de e.v.$\{\xi_1^j, \ldots, \xi_{n_j}^j\}$ (vu comme sous-espace de L^2). La matrice de covariance du vecteur

$$(\eta_1^1, \ldots, \eta_{m_1}^1, \eta_1^2, \ldots, \eta_{m_2}^2, \ldots, \eta_1^p, \ldots, \eta_{m_p}^p)$$

est donc la matrice identité (pour $i \neq j$, $E[\eta_l^i \eta_r^j] = 0$ à cause de l'orthogonalité de H_i et H_j). Ce vecteur est gaussien car ses composantes sont dans H. D'après la

Proposition 1.2, les composantes sont indépendantes. Cela implique que les vecteurs $(\eta_1^1,\ldots,\eta_{m_1}^1),\ldots,(\eta_1^p,\ldots,\eta_{m_p}^p)$ sont indépendants. De manière équivalente les vecteurs $(\xi_1^1,\ldots,\xi_{n_1}^1),\ldots,(\xi_1^p,\ldots,\xi_{n_p}^p)$ sont indépendants, ce qui était le résultat recherché.   □

Corollaire 1.1. *Soient H un espace gaussien et K un sous-espace vectoriel fermé de H. On note p_K la projection orthogonale sur K. Soit $X \in H$.*

(i) *On a*
$$E[X \mid \sigma(K)] = p_K(X).$$

(ii) *Soit $\sigma^2 = E[(X - p_K(X))^2]$. Alors, pour tout borélien A de $\mathbb{R}$,*
$$P[X \in A \mid \sigma(K)] = Q(\omega,A),$$

où $Q(\omega,\cdot)$ est la loi $\mathcal{N}(p_K(X)(\omega),\sigma^2)$:

$$Q(\omega,A) = \frac{1}{\sigma\sqrt{2\pi}} \int_A \mathrm{d}y \exp\left(-\frac{(y - p_K(X))^2}{2\sigma^2}\right)$$

(et $Q(\omega,A) = \mathbf{1}_A(p_K(X))$ si $\sigma = 0$).

Remarques. a) La partie (ii) de l'énoncé s'interprète en disant que la loi conditionnelle de X sachant la tribu $\sigma(K)$ est la loi $\mathcal{N}(p_K(X),\sigma^2)$.

b) Pour une variable aléatoire X seulement supposée dans L^2, on a
$$E[X \mid \sigma(K)] = p_{L^2(\Omega,\sigma(K),P)}(X).$$

L'assertion (i) montre que dans notre cadre gaussien, cette projection orthogonale coïncide avec la projection orthogonale sur l'espace K, qui est bien plus petit que $L^2(\Omega,\sigma(K),P)$.

c) L'assertion (i) donne aussi le principe de la régression linéaire. Par exemple, si (X_1,X_2,X_3) est un vecteur gaussien (centré), la meilleure approximation (au sens L^2) de X_3 connaisssant X_1 et X_2 s'écrit $\lambda_1 X_1 + \lambda_2 X_2$ où λ_1 et λ_2 sont déterminés en disant que $X_3 - (\lambda_1 X_1 + \lambda_2 X_2)$ est orthogonal à e.v.(X_1,X_2).

Démonstration. (i) Soit $Y = X - p_K(X)$. Alors Y est orthogonal à K et d'après le Théorème 1.2, Y est indépendante de $\sigma(K)$. Ensuite,

$$E[X \mid \sigma(K)] = E[p_K(X) \mid \sigma(K)] + E[Y \mid \sigma(K)] = p_K(X) + E[Y] = p_K(X).$$

(ii) On écrit, pour toute fonction f mesurable positive sur $\mathbb{R}_+$,

$$E[f(X) \mid \sigma(K)] = E[f(p_K(X) + Y) \mid \sigma(K)] = \int P_Y(\mathrm{d}y)\, f(p_K(X) + y),$$

où P_Y est la loi de Y qui est une loi $\mathcal{N}(0,\sigma^2)$ puisque Y est une variable gaussienne (centrée) de variance σ^2. Dans la deuxième égalité, on a utilisé le fait général suivant : si Z est une variable $\mathscr{G}$-mesurable et si Y est indépendante de $\mathscr{G}$ alors, pour toute fonction g mesurable positive, $E[g(Y,Z) \mid \mathscr{G}] = \int g(y,Z) P_Y(\mathrm{d}y)$. Le résultat annoncé en (ii) découle aussitôt de la formule précédente. $\qquad\square$

Soit $(X_t)_{t \in T}$ un processus gaussien (centré). La fonction de covariance de X est la fonction $\Gamma : T \times T \longrightarrow \mathbb{R}$ définie par $\Gamma(s,t) = \mathrm{cov}(X_s, X_t) = E[X_s X_t]$. Cette fonction caractérise ce qu'on appelle la famille des lois marginales de dimension finie de X, c'est-à-dire la donnée pour toute famille finie $\{t_1, \ldots, t_p\}$ de T, de la loi du vecteur $(X_{t_1}, \ldots, X_{t_p})$: en effet, ce vecteur est un vecteur gaussien centré de matrice de covariance $(\Gamma(t_i, t_j))_{1 \le i,j \le p}$.

Remarque. On peut définir de manière évidente une notion de processus gaussien non centré. La famille des lois marginales de dimension finie est alors caractérisée par la donnée de la fonction de covariance et de la fonction moyenne $m(t) = E[X_t]$.

On peut se demander si inversement, étant donné une fonction Γ sur $T \times T$, il existe un processus gaussien X dont Γ est la fonction de covariance. La fonction Γ doit être symétrique ($\Gamma(s,t) = \Gamma(t,s)$) et de type positif au sens suivant : si c est une fonction réelle à support fini sur T, alors

$$\sum_{T \times T} c(s)c(t) \Gamma(s,t) = E[(\sum_T c(s) X_s)^2] \ge 0.$$

Remarquons que dans le cas où T est fini, le problème d'existence de X (qui est alors simplement un vecteur gaussien) est résolu sous les hypothèses précédentes sur Γ par le Théorème 1.1. Le théorème ci-dessous, que nous n'utiliserons pas dans la suite, résout le problème d'existence dans le cas général. Ce théorème est une conséquence directe du théorème d'extension de Kolmogorov, dont le cas particulier $T = \mathbb{R}_+$ est énoncé ci-dessous dans le Théorème 6.1 (voir [7, Chapitre III] pour le cas général).

Théorème 1.3. *Soit Γ une fonction symétrique de type positif sur $T \times T$. Il existe alors un processus gaussien (centré) dont la fonction de covariance est Γ.*

Exemple. On considère le cas $T = \mathbb{R}$ et on se donne une mesure finie symétrique (i.e. $\mu(-A) = \mu(A)$) sur $\mathbb{R}$. On pose alors

$$\Gamma(s,t) = \int e^{i\xi(t-s)} \mu(\mathrm{d}\xi).$$

On vérifie immédiatement que Γ a les propriétés requises : en particulier, si c est une fonction à support fini sur $\mathbb{R}$,

$$\sum_{\mathbb{R} \times \mathbb{R}} c(s)c(t) \Gamma(s,t) = \int |\sum_{\mathbb{R}} c(s) e^{i\xi s}|^2 \mu(\mathrm{d}s) \ge 0.$$

La fonction Γ possède la propriété supplémentaire de dépendre seulement de la différence $t - s$. On en déduit aussitôt que le processus X associé à Γ par le théorème précédent est stationnaire (au sens strict), au sens où

$$(X_{t_1+t}, \ldots, X_{t_n+t}) \overset{(loi)}{=} (X_{t_1}, \ldots, X_{t_n})$$

pour tout choix de $t_1, \ldots, t_n, t \in \mathbb{R}$. La mesure μ est appelée la mesure spectrale du processus.

1.4 Mesures gaussiennes

Définition 1.4. Soit $(E, \mathscr{E})$ un espace mesurable, et soit μ une mesure σ-finie sur $(E, \mathscr{E})$. Une mesure gaussienne d'intensité μ est une isométrie G de $L^2(E, \mathscr{E}, \mu)$ sur un espace gaussien.

Donc, si $f \in L^2(E, \mathscr{E}, \mu)$, $G(f)$ est une variable aléatoire gaussienne centrée de variance

$$E[G(f)^2] = \|G(f)\|^2_{L^2(\Omega, \mathscr{F}, P)} = \|f\|^2_{L^2(E, \mathscr{E}, \mu)}.$$

En particulier, si $f = \mathbf{1}_A$ avec $\mu(A) < \infty$, $G(\mathbf{1}_A)$ suit la loi $\mathscr{N}(0, \mu(A))$. On notera pour simplifier $G(A) = G(\mathbf{1}_A)$.

Soient $A_1, \ldots, A_n \in \mathscr{E}$ *disjoints* et tels que $\mu(A_j) < \infty$ pour tout j. Alors le vecteur

$$(G(A_1), \ldots, G(A_n))$$

est un vecteur gaussien dans $\mathbb{R}^n$ de matrice de covariance diagonale, puisque pour $i \neq j$, la propriété d'isométrie donne

$$E[G(A_i)G(A_j)] = \langle \mathbf{1}_{A_i}, \mathbf{1}_{A_j} \rangle_{L^2(E, \mathscr{E}, \mu)} = 0.$$

D'après la Proposition 1.2 on en déduit que les variables $G(A_1), \ldots, G(A_n)$ sont indépendantes.

Si A (tel que $\mu(A) < \infty$) s'écrit comme réunion disjointe d'une famille dénombrable $A_1, A_2, \ldots$ alors $\mathbf{1}_A = \sum_{j=1}^{\infty} \mathbf{1}_{A_j}$ avec une série convergeant dans $L^2(E, \mathscr{E}, \mu)$, ce qui, à nouveau par la propriété d'isométrie, entraîne que

$$G(A) = \sum_{j=1}^{\infty} G(A_j)$$

avec convergence de la série dans $L^2(\Omega, \mathscr{F}, P)$ (grâce à l'indépendance des $G(A_j)$ et au théorème de convergence des martingales discrètes, on montre même que la série converge p.s.).

Les propriétés de l'application $A \mapsto G(A)$ "ressemblent" donc à celles d'une mesure (dépendant de ω). Cependant on peut montrer qu'en général, pour ω fixé, l'application $A \mapsto G(A)(\omega)$ ne définit pas une mesure (nous reviendrons sur ce point plus loin).

Proposition 1.4. *Soient* $(E, \mathscr{E})$ *un espace mesurable et* μ *une mesure* σ-*finie sur* $(E, \mathscr{E})$. *Il existe alors une mesure gaussienne d'intensité* μ.

Démonstration. Soit $(f_i, i \in I)$ un système orthonormé total de $L^2(E, \mathcal{E}, \mu)$. Pour toute $f \in L^2(E, \mathcal{E}, \mu)$ on a

$$f = \sum_{i \in I} \alpha_i f_i$$

où les coefficients $\alpha_i = \langle f, f_i \rangle$ sont tels que

$$\sum_{i \in I} \alpha_i^2 = \|f\|^2 < \infty.$$

Sur un espace de probabilité, on se donne alors une famille $(X_i)_{i \in I}$ de variables $\mathcal{N}(0, 1)$ indépendantes (voir [7, Chapitre III] pour l'existence d'une telle famille – dans la suite interviendra seulement le cas où I est dénombrable, dans lequel on peut donner une construction élémentaire), et on pose

$$G(f) = \sum_{i \in I} \alpha_i X_i$$

(la série converge dans L^2 puisque les X_i, $i \in I$, forment un système orthonormé dans L^2). Il est alors clair que G prend ses valeurs dans l'espace gaussien engendré par les X_i, $i \in I$. De plus il est immédiat que G est une isométrie. □

On aurait pu aussi déduire le résultat précédent du Théorème 1.3 en prenant $T = L^2(E, \mathcal{E}, \mu)$ et $\Gamma(f, g) = \langle f, g \rangle_{L^2(E, \mathcal{E}, \mu)}$. On construit ainsi un processus gaussien $(X_f, f \in L^2(E, \mathcal{E}, \mu))$ et il suffit de prendre $G(f) = X_f$.

Remarque. Dans la suite, on considérera uniquement le cas où $L^2(E, \mathcal{E}, \mu)$ est séparable. Par exemple, si $(E, \mathcal{E}) = (\mathbb{R}_+, \mathcal{B}(\mathbb{R}_+))$ et μ est la mesure de Lebesgue, on peut pour construire G se donner une suite $(\xi_n)_{n \in \mathbb{N}}$ de variables $\mathcal{N}(0, 1)$ indépendantes, une base $(\varphi_n)_{n \in \mathbb{N}}$ de $L^2(\mathbb{R}_+, \mathcal{B}(\mathbb{R}_+), dt)$ et définir G par

$$G(f) = \sum_{n \in \mathbb{N}} \langle f, \varphi_n \rangle \xi_n.$$

Proposition 1.5. *Soit G une mesure gaussienne sur $(E, \mathcal{E})$ d'intensité μ. Soit $A \in \mathcal{E}$ tel que $\mu(A) < \infty$. Supposons qu'il existe une suite de partitions de A,*

$$A = A_1^n \cup \ldots \cup A_{k_n}^n$$

de pas tendant vers 0, i.e.

$$\lim_{n \to \infty} \left(\sup_{1 \leq j \leq k_n} \mu(A_j^n) \right) = 0.$$

Alors,

$$\lim_{n \to \infty} \sum_{j=1}^{k_n} G(A_j^n)^2 = \mu(A)$$

dans L^2.

Démonstration. Pour n fixé les variables $G(A_1^n), \ldots, G(A_{k_n}^n)$ sont indépendantes. De plus, $E[G(A_j^n)^2] = \mu(A_j^n)$. On calcule alors facilement

$$E\left[\left(\sum_{j=1}^{k_n} G(A_j^n)^2 - \mu(A)\right)^2\right] = \sum_{j=1}^{k_n} \mathrm{var}(G(A_j^n)^2) = 2\sum_{j=1}^{k_n} \mu(A_j^n)^2,$$

car si X est une variable $\mathcal{N}(0, \sigma^2)$, $\mathrm{var}(X^2) = E(X^4) - \sigma^4 = 3\sigma^4 - \sigma^4 = 2\sigma^4$. Or,

$$\sum_{j=1}^{k_n} \mu(A_j^n)^2 \leq \left(\sup_{1 \leq j \leq k_n} \mu(A_j^n)\right) \mu(A)$$

qui tend vers 0 quand $n \to \infty$ par hypothèse.   □

Exercices

Exercice 1.1. Soit $(X_t)_{t \in [0,1]}$ un processus gaussien centré. On suppose que l'application $(t, \omega) \mapsto X_t(\omega)$ est mesurable de $[0,1] \times \Omega$ dans $\mathbb{R}$. On note K la fonction de covariance de X.

1. Montrer que l'application $t \mapsto X_t$ est continue de $[0,1]$ dans $L^2(\Omega)$ si et seulement si K est continue sur $[0,1]^2$. On suppose dans la suite que cette condition est satisfaite.

2. Soit $h : [0,1] \to \mathbb{R}$ une fonction mesurable telle que $\int_0^1 |h(t)| \sqrt{K(t,t)}\, dt < \infty$. Montrer que pour presque tout ω, l'intégrale $\int_0^1 h(t)X_t(\omega)dt$ est absolument convergente. On notera $Z = \int_0^1 h(t)X_t dt$.

3. On fait maintenant l'hypothèse un peu plus forte $\int_0^1 |h(t)| dt < \infty$. Montrer que Z est la limite dans L^2, quand $n \to \infty$, des variables $Z_n = \sum_{i=1}^n X_{\frac{i}{n}} \int_{\frac{i-1}{n}}^{\frac{i}{n}} h(t)dt$ et en déduire que Z est une variable gaussienne.

4. On suppose que K est de classe C^2. Montrer que pour tout $t \in [0,1]$, la limite

$$\dot{X}_t := \lim_{s \to t} \frac{X_s - X_t}{s - t}$$

existe dans $L^2(\Omega)$. Vérifier que $(\dot{X}_t)_{t \in [0,1]}$ est un processus gaussien centré. Calculer sa fonction de covariance.

Exercice 1.2. (Filtrage de Kalman) On se donne deux suites indépendantes $(\varepsilon_n)_{n \in \mathbb{N}}$ et $(\eta_n)_{n \in \mathbb{N}}$ de variables aléatoires gaussiennes indépendantes telles que pour tout n, ε_n est de loi $\mathcal{N}(0, \sigma^2)$ et η_n est de loi $\mathcal{N}(0, \delta^2)$, où $\sigma > 0$ et $\delta > 0$. On considère les deux autres suites $(X_n)_{n \in \mathbb{N}}$ et $(Y_n)_{n \in \mathbb{N}}$ définies par les relations $X_0 = 0$, et pour tout $n \in \mathbb{N}$, $X_{n+1} = a_n X_n + \varepsilon_{n+1}$ et $Y_n = cX_n + \eta_n$, où c et a_n sont des constantes strictement positives. On pose

$$\hat{X}_{n/n} = E[X_n \mid Y_0, Y_1, \ldots, Y_n]$$

$$\hat{X}_{n+1/n} = E[X_{n+1} \mid Y_0, Y_1, \ldots, Y_n].$$

Le but de l'exercice est de trouver une formule récursive permettant de calculer ces deux suites de variables.

1. Vérifier que $\hat{X}_{n+1/n} = a_n \hat{X}_{n/n}$, pour tout $n \geq 0$.

2. Montrer que pour tout $n \geq 1$,

$$\hat{X}_{n/n} = \hat{X}_{n/n-1} + \frac{E[X_n Z_n]}{E[Z_n^2]} Z_n,$$

avec $Z_n := Y_n - c\hat{X}_{n/n-1}$.

3. Calculer $E[X_n Z_n]$ et $E[Z_n^2]$ en fonction de $P_n := E[(X_n - \hat{X}_{n/n-1})^2]$ et en déduire que pour tout $n \geq 1$,

$$\hat{X}_{n+1/n} = a_n \left(\hat{X}_{n/n-1} + \frac{cP_n}{c^2 P_n + \delta^2} Z_n \right)$$

4. Vérifier que $P_1 = \sigma^2$ et que l'on a, pour tout $n \geq 1$, la relation de récurrence

$$P_{n+1} := \sigma^2 + a_n^2 \frac{\delta^2 P_n}{c^2 P_n + \delta^2}.$$

Exercice 1.3. Soient H un espace gaussien (centré) et H_1 et H_2 des sous-espaces vectoriels de H. Soit K un sous-espace vectoriel fermé de H. On note p_K la projection orthogonale sur K. Montrer que la condition

$$\forall X_1 \in H_1, \forall X_2 \in H_2, \quad E[X_1 X_2] = E[p_K(X_1) p_K(X_2)]$$

entraîne que les tribus $\sigma(H_1)$ et $\sigma(H_2)$ sont indépendantes conditionnellement à $\sigma(K)$. (L'indépendance conditionnelle signifie que pour toute variable $\sigma(H_1)$-mesurable positive X_1 et pour toute variable $\sigma(H_2)$-mesurable positive X_2 on a $E[X_1 X_2 | \sigma(K)] = E[X_1 | \sigma(K)] E[X_2 | \sigma(K)]$. Via des arguments de classe monotone expliqués dans l'Appendice A1, on observera qu'on peut se limiter au cas où X_1, resp. X_2, est l'indicatrice d'un événement dépendant d'un nombre fini de variables de H_1, resp. de H_2.)

Chapitre 2
Le mouvement brownien

Résumé Ce chapitre est consacré à la construction du mouvement brownien et à l'étude de certaines de ses propriétés. Nous introduisons d'abord le pré-mouvement brownien (terminologie non canonique!) qu'on définit facilement à partir d'une mesure gaussienne sur $\mathbb{R}_+$. Le passage du pré-mouvement brownien au mouvement brownien exige la propriété additionnelle de continuité des trajectoires, ici obtenue via le lemme classique de Kolmogorov. La fin du chapitre discute quelques propriétés importantes des trajectoires browniennes, et établit la propriété de Markov forte, avec son application classique au principe de réflexion.

2.1 Le pré-mouvement brownien

Dans ce chapitre, on se place à nouveau sur un espace de probabilité $(\Omega, \mathscr{F}, P)$.

Définition 2.1. Soit G une mesure gaussienne sur $\mathbb{R}_+$ d'intensité la mesure de Lebesgue. Le processus $(B_t)_{t \in \mathbb{R}_+}$ défini par

$$B_t = G(\mathbf{1}_{[0,t]})$$

est appelé pré-mouvement brownien.

Proposition 2.1. *Le processus* $(B_t)_{t \geq 0}$ *est un processus gaussien (centré) de fonction de covariance*

$$K(s,t) = \min\{s,t\} \overset{\text{(not.)}}{=} s \wedge t.$$

Démonstration. Par définition d'une mesure gaussienne, les variables B_t appartiennent à un même espace gaussien, et $(B_t)_{t \geq 0}$ est donc un processus gaussien. De plus, pour tous $s,t \geq 0$,

$$E[B_s B_t] = E[G([0,s])G([0,t])] = \int_0^\infty dr\, \mathbf{1}_{[0,s]}(r)\mathbf{1}_{[0,t]}(r) = s \wedge t. \qquad \square$$

J.-F. Le Gall, *Mouvement brownien, martingales et calcul stochastique*,
Mathématiques et Applications 71, DOI: 10.1007/978-3-642-31898-6_2,
© Springer-Verlag Berlin Heidelberg 2013

Proposition 2.2. *Soit* $(X_t)_{t \geq 0}$ *un processus aléatoire à valeurs réelles. Il y a équivalence entre les propriétés suivantes :*

(i) $(X_t)_{t \geq 0}$ *est un pré-mouvement brownien;*

(ii) $(X_t)_{t \geq 0}$ *est un processus gaussien centré de covariance* $K(s,t) = s \wedge t$*;*

(iii) $X_0 = 0$ *p.s. et pour tous* $0 \leq s < t$*, la variable* $X_t - X_s$ *est indépendante de* $\sigma(X_r, r \leq s)$ *et suit la loi* $\mathcal{N}(0, t-s)$*;*

(iv) $X_0 = 0$ *p.s. et pour tout choix de* $0 = t_0 < t_1 < \cdots < t_p$*, les variables* $X_{t_i} - X_{t_{i-1}}$*, $1 \leq i \leq p$ sont indépendantes, la variable* $X_{t_i} - X_{t_{i-1}}$ *suivant la loi* $\mathcal{N}(0, t_i - t_{i-1})$*.*

Démonstration. L'implication (i)⇒(ii) est la Proposition 2.1. Montrons l'implication (ii)⇒(iii). On suppose que $(X_t)_{t \geq 0}$ est un processus gaussien centré de covariance $K(s,t) = s \wedge t$, et on note H l'espace gaussien engendré par $(X_t)_{t \geq 0}$. Alors X_0 suit une loi $\mathcal{N}(0,0)$ et donc $X_0 = 0$ p.s. Ensuite, fixons $s > 0$ et notons H_s l'espace vectoriel engendré par $(X_r, 0 \leq r \leq s)$, $\tilde{H}_s$ l'espace vectoriel engendré par $(X_{s+u} - X_s, u \geq 0)$. Alors H_s et $\tilde{H}_s$ sont orthogonaux puisque, pour $r \in [0,s]$ et $u \geq 0$,

$$E[X_r(X_{s+u} - X_s)] = r \wedge (s+u) - r \wedge s = r - r = 0.$$

Comme H_s et $\tilde{H}_s$ sont aussi contenus dans le même espace gaussien H, on déduit du Théorème 1.2 que $\sigma(H_s)$ et $\sigma(\tilde{H}_s)$ sont indépendantes. En particulier, si on fixe $t > s$, la variable $X_t - X_s$ est indépendante de $\sigma(H_s) = \sigma(X_r, r \leq s)$. Enfin, en utilisant la forme de la fonction de covariance, on voit aisément que $X_t - X_s$ suit la loi $\mathcal{N}(0, t - s)$.

L'implication (iii)⇒(iv) est facile : en prenant $s = t_{p-1}$ et $t = t_p$ on obtient d'abord que $X_{t_p} - X_{t_{p-1}}$ est indépendante de $(X_{t_1}, \ldots, X_{t_{p-1}})$ et on continue par récurrence.

Montrons l'implication (iv)⇒(i). Il découle facilement de (iv) que X est un processus gaussien. Ensuite, si f est une fonction en escalier sur $\mathbb{R}_+$ de la forme $f = \sum_{i=1}^{n} \lambda_i \mathbf{1}_{]t_{i-1}, t_i]}$, on pose

$$G(f) = \sum_{i=1}^{n} \lambda_i \left(X_{t_i} - X_{t_{i-1}} \right)$$

(observer que cette définition ne dépend pas de l'écriture choisie pour f). On vérifie immédiatement que si g est une autre fonction en escalier du même type on a

$$E[G(f)G(g)] = \int_{\mathbb{R}_+} f(t)g(t) \, \mathrm{d}t.$$

Grâce à la densité des fonctions en escalier dans $L^2(\mathbb{R}_+, \mathscr{B}(\mathbb{R}_+), \mathrm{d}t)$, on en déduit que l'application $f \mapsto G(f)$ s'étend en une isométrie de $L^2(\mathbb{R}_+, \mathscr{B}(\mathbb{R}_+), \mathrm{d}t)$ dans l'espace gaussien engendré par X. Enfin, par construction, $G([0,t]) = X_t - X_0 = X_t$. $\qquad\square$

Remarque. La propriété (iii) (avec seulement le fait que la loi de $X_t - X_s$ ne dépend que de $t - s$) est souvent appelée propriété d'indépendance et de stationnarité des accroissements. Le pré-mouvement brownien est un cas particulier de la classe des processus à accroissements indépendants et stationnaires.

Corollaire 2.1. *Soit* $(B_t)_{t \geq 0}$ *un pré-mouvement brownien. Alors, pour tout choix de* $0 = t_0 < t_1 < \cdots < t_n$, *la loi du vecteur* $(B_{t_1}, B_{t_2}, \ldots, B_{t_n})$ *a pour densité*

$$p(x_1, \ldots, x_n) = \frac{1}{(2\pi)^{n/2} \sqrt{t_1(t_2 - t_1) \ldots (t_n - t_{n-1})}} \exp\left(-\sum_{i=1}^{n} \frac{(x_i - x_{i-1})^2}{2(t_i - t_{i-1})} \right),$$

où par convention $x_0 = 0$.

Démonstration. Les variables $B_{t_1}, B_{t_2} - B_{t_1}, \ldots, B_{t_n} - B_{t_{n-1}}$ étant indépendantes et de lois respectives $\mathcal{N}(0, t_1), \mathcal{N}(0, t_2 - t_1), \ldots, \mathcal{N}(0, t_n - t_{n-1})$, le vecteur $(B_{t_1}, B_{t_2} - B_{t_1}, \ldots, B_{t_n} - B_{t_{n-1}})$ a pour densité

$$q(y_1, \ldots, y_n) = \frac{1}{(2\pi)^{n/2} \sqrt{t_1(t_2 - t_1) \ldots (t_n - t_{n-1})}} \exp\left(-\sum_{i=1}^{n} \frac{y_i^2}{2(t_i - t_{i-1})} \right),$$

et il suffit de faire le changement de variables $x_i = y_1 + \cdots + y_i$ pour $i \in \{1, \ldots, n\}$. $\square$

Remarque. Le Corollaire 2.1, avec la propriété $B_0 = 0$, détermine les *lois marginales de dimension finie* du pré-mouvement brownien (rappelons qu'il s'agit de la donnée, pour tout choix de $t_1, \ldots, t_p \in \mathbb{R}_+$, de la loi de $(B_{t_1}, \ldots, B_{t_p})$). La propriété (iv) de la Proposition 2.2 montre qu'un processus ayant les mêmes lois marginales qu'un pré-mouvement brownien doit aussi être un pré-mouvement brownien.

Proposition 2.3. *Soit B un pré-mouvement brownien. Alors,*

(i) *$-B$ est aussi un pré-mouvement brownien;*
(ii) *pour tout $\lambda > 0$, le processus $B_t^\lambda = \frac{1}{\lambda} B_{\lambda^2 t}$ est aussi un pré-mouvement brownien (invariance par changement d'échelle);*
(iii) *pour tout $s \geq 0$, le processus $B_t^{(s)} = B_{s+t} - B_s$ est un pré-mouvement brownien indépendant de $\sigma(B_r, r \leq s)$ (propriété de Markov simple).*

Démonstration. (i) et (ii) sont très faciles. Démontrons (iii). Avec les notations de la preuve de la Proposition 2.2, la tribu engendrée par $B^{(s)}$ est $\sigma(\tilde{H}_s)$, qui est indépendante de $\sigma(H_s) = \sigma(B_r, r \leq s)$. Pour voir que $B^{(s)}$ est un pré-mouvement brownien, il suffit de vérifier la propriété (iv) de la Proposition 2.2, ce qui est immédiat puisque $B_{t_i}^{(s)} - B_{t_{i-1}}^{(s)} = B_{s+t_i} - B_{s+t_{i-1}}$. $\square$

Si B est un pré-mouvement brownien et G est la mesure gaussienne associée, on note souvent pour $f \in L^2(\mathbb{R}_+, \mathscr{B}(\mathbb{R}_+), dt)$,

$$G(f) = \int_0^\infty f(s) \, dB_s$$

et de même

$$G(f\mathbf{1}_{[0,t]}) = \int_0^t f(s)\,dB_s \quad , \quad G(f\mathbf{1}_{]s,t]}) = \int_s^t f(r)\,dB_r \ .$$

Cette notation est justifiée par le fait que si $u < v$,

$$\int_u^v dB_s = G(]u,v]) = B_v - B_u.$$

L'application $f \mapsto \int_0^\infty f(s)\,dB_s$ (c'est-à-dire la mesure gaussienne G) est alors appelée intégrale de Wiener par rapport au pré-mouvement brownien B. Rappelons que $\int_0^\infty f(s)\,dB_s$ suit une loi gaussienne $\mathcal{N}(0, \int_0^\infty f(s)^2\,ds)$.

Comme les mesures gaussiennes ne sont pas de "vraies" mesures, la notation $\int_0^\infty f(s)\,dB_s$ ne correspond pas à une "vraie" intégrale dépendant de ω. Une partie importante de la suite de ce cours est consacrée à étendre la définition de $\int_0^\infty f(s)\,dB_s$ à des fonctions f qui peuvent dépendre de ω.

2.2 La continuité des trajectoires

Définition 2.2. Si $(X_t)_{t\in T}$ est un processus aléatoire à valeurs dans un espace E, les trajectoires de X sont les applications $T \ni t \mapsto X_t(\omega)$ obtenues en fixant ω. Les trajectoires constituent donc une famille, indexée par $\omega \in \Omega$, d'applications de T dans E.

Soit $B = (B_t)_{t\geq 0}$ un pré-mouvement brownien. Au stade où nous en sommes, on ne peut rien affirmer au sujet des trajectoires de B : il n'est même pas évident (ni vrai en général) que ces applications soient mesurables. Le but de ce paragraphe est de montrer que, quitte à modifier "un peu" B, on peut faire en sorte que ses trajectoires soient continues.

Définition 2.3. Soient $(X_t)_{t\in T}$ et $(\tilde{X}_t)_{t\in T}$ deux processus aléatoires indexés par le même ensemble T et à valeurs dans le même espace E. On dit que $\tilde{X}$ est une modification de X si

$$\forall t \in T, \qquad P[\tilde{X}_t = X_t] = 1.$$

Remarquons que le processus $\tilde{X}$ a alors mêmes lois marginales de dimension finie que X. En particulier, si X est un pré–mouvement brownien, $\tilde{X}$ est aussi un pré-mouvement brownien. En revanche, les trajectoires de $\tilde{X}$ peuvent avoir un comportement très différent de celles de X. Il peut arriver par exemple que les trajectoires de $\tilde{X}$ soient toutes continues alors que celles de X sont toutes discontinues.

Définition 2.4. Les deux processus X et $\tilde{X}$ sont dits indistinguables s'il existe un sous-ensemble négligeable N de Ω tel que

$$\forall \omega \in \Omega \setminus N, \ \forall t \in T, \quad X_t(\omega) = X'_t(\omega).$$

Dit de manière un peu différente, les processus X et $\tilde{X}$ sont indistinguables si

$$P(\forall t \in T, \, X_t = \tilde{X}_t) = 1.$$

(Cette formulation est légèrement abusive car l'événement $\{\forall t \in T, \, X_t = \tilde{X}_t\}$ n'est pas forcément mesurable.)

Si deux processus sont indistinguables, l'un est une modification de l'autre. La notion d'indistinguabilité est cependant (beaucoup) plus forte : deux processus indistinguables ont p.s. les mêmes trajectoires. Dans la suite on identifiera deux processus indistinguables. Une assertion de la forme "il existe un unique processus tel que ..." doit toujours être comprise "à indistinguabilité près", même si cela n'est pas dit explicitement.

Si $T = I$ est un intervalle de $\mathbb{R}$, et si X et $\tilde{X}$ sont deux processus dont les trajectoires sont p.s. continues, alors $\tilde{X}$ est une modification de X si et seulement si X et $\tilde{X}$ sont indistinguables. En effet, si $\tilde{X}$ est une modification de X on a p.s. $\forall t \in I \cap \mathbb{Q}$, $X_t = \tilde{X}_t$ (on écarte une réunion *dénombrable* d'ensembles de probabilité nulle) d'où p.s. $\forall t \in I, \, X_t = \tilde{X}_t$ par continuité. Le même argument marche si on suppose seulement les trajectoires continues à droite, ou à gauche.

Théorème 2.1 (lemme de Kolmogorov). *Soit $X = (X_t)_{t \in I}$ un processus aléatoire indexé par un intervalle borné I de $\mathbb{R}$, à valeurs dans un espace métrique complet (E, d). Supposons qu'il existe trois réels $q, \varepsilon, C > 0$ tels que, pour tous $s, t \in I$,*

$$E[d(X_s, X_t)^q] \leq C |t - s|^{1 + \varepsilon}.$$

Alors, il existe une modification $\tilde{X}$ de X dont les trajectoires sont höldériennes d'exposant α pour tout $\omega \in \Omega$ et tout $\alpha \in]0, \frac{\varepsilon}{q}[$: cela signifie que, pour tout $\alpha \in]0, \frac{\varepsilon}{q}[$, il existe une constante $C_\alpha(\omega)$ telle que, pour tous $s, t \in I$,

$$d(\tilde{X}_s(\omega), \tilde{X}_t(\omega)) \leq C_\alpha(\omega) |t - s|^\alpha.$$

En particulier, $\tilde{X}$ est une modification continue de X (unique à indistinguabilité près d'après ci-dessus).

Remarques. (i) Si I est non borné, par exemple si $I = \mathbb{R}_+$, on peut appliquer le Théorème 2.1 à $I = [0, 1], [1, 2], [2, 3]$, etc. et on trouve encore que X a une modification continue, qui est localement höldérienne d'exposant α pour tout $\alpha \in]0, \varepsilon/q[$.

(ii) Il suffit de montrer que pour $\alpha \in]0, \varepsilon/q[$ fixé, X a une modification dont les trajectoires sont höldériennes d'exposant α. En effet, on applique ce résultat à une suite $\alpha_k \uparrow \varepsilon/q$ en observant que les processus obtenus sont alors tous indistinguables, d'après la remarque précédant le théorème.

Démonstration. Pour simplifier l'écriture, on prend $I = [0, 1]$, mais la preuve est la même pour un intervalle borné quelconque. On note D l'ensemble (dénombrable) des nombres dyadiques de l'intervalle $[0, 1[$, c'est-à-dire des réels $t \in [0, 1]$ qui s'écrivent

$$t = \sum_{k=1}^{p} \varepsilon_k 2^{-k}$$

où $p \geq 1$ est un entier et $\varepsilon_k = 0$ ou 1, pour tout $k \in \{1, \ldots, p\}$.

L'hypothèse du théorème entraîne que, pour $a > 0$ et $s, t \in I$,

$$P[d(X_s, X_t) \geq a] \leq a^{-q} E[d(X_s, X_t)^q] \leq C a^{-q} |t - s|^{1+\varepsilon}.$$

Fixons $\alpha \in]0, \frac{\varepsilon}{q}[$ et appliquons cette inégalité à $s = (i-1)2^{-n}$, $t = i2^{-n}$ (pour $i \in \{1, \ldots, 2^n\}$) et $a = 2^{-n\alpha}$:

$$P\left[d(X_{(i-1)2^{-n}}, X_{i2^{-n}}) \geq 2^{-n\alpha}\right] \leq C 2^{nq\alpha} 2^{-(1+\varepsilon)n}.$$

En sommant sur i on trouve

$$P\left[\bigcup_{i=1}^{2^n} \{d(X_{(i-1)2^{-n}}, X_{i2^{-n}}) \geq 2^{-n\alpha}\}\right] \leq 2^n \cdot C 2^{nq\alpha - (1+\varepsilon)n} = C 2^{-n(\varepsilon - q\alpha)}.$$

Par hypothèse, $\varepsilon - q\alpha > 0$. En sommant maintenant sur n on a donc

$$\sum_{n=1}^{\infty} P\left[\bigcup_{i=1}^{2^n} \{d(X_{(i-1)2^{-n}}, X_{i2^{-n}}) \geq 2^{-n\alpha}\}\right] < \infty,$$

et le lemme de Borel-Cantelli montre que

$$\text{p.s. } \exists n_0(\omega) : \forall n \geq n_0(\omega), \ \forall i \in \{1, \ldots, 2^n\}, \quad d(X_{(i-1)2^{-n}}, X_{i2^{-n}}) \leq 2^{-n\alpha}.$$

En conséquence, la constante $K_\alpha(\omega)$ définie par

$$K_\alpha(\omega) = \sup_{n \geq 1} \left(\sup_{1 \leq i \leq 2^n} \frac{d(X_{(i-1)2^{-n}}, X_{i2^{-n}})}{2^{-n\alpha}}\right)$$

est finie p.s. (Pour $n \geq n_0(\omega)$, le terme entre parenthèses est majoré par 1, et d'autre part, il n'y a qu'un nombre fini de termes avant $n_0(\omega)$.)

A ce point nous utilisons un lemme d'analyse élémentaire, dont la preuve est reportée après la fin de la preuve du Théorème 2.1.

Lemme 2.1. *Soit f une fonction définie sur $[0, 1]$ à valeurs dans l'espace métrique (E, d). Supposons qu'il existe un réel $\alpha > 0$ et une constante $K < \infty$ tels que, pour tout entier $n \geq 1$ et tout $i \in \{1, 2, \ldots, 2^n\}$,*

$$d(f((i-1)2^{-n}), f(i2^{-n})) \leq K 2^{-n\alpha}.$$

Alors on a, pour tous $s, t \in D$,

$$d(f(s), f(t)) \leq \frac{2K}{1 - 2^{-\alpha}} |t - s|^\alpha$$

On déduit immédiatement du lemme et de la définition de $K_\alpha(\omega)$ que, sur l'ensemble $\{K_\alpha(\omega) < \infty\}$ (qui est de probabilité 1), on a, pour tous $s, t \in D$,

$$d(X_s, X_t) \leq C_\alpha(\omega) |t - s|^\alpha,$$

où $C_\alpha(\omega) = 2(1 - 2^{-\alpha})^{-1} K_\alpha(\omega)$. En conséquence, sur l'ensemble $\{K_\alpha(\omega) < \infty\}$, la fonction $t \mapsto X_t(\omega)$ est höldérienne sur D, donc uniformément continue sur D. Puisque (E, d) est complet, cette fonction a un unique prolongement continu à $I = [0, 1]$, et ce prolongement est lui aussi höldérien d'exposant α. De manière plus précise, on pose pour tout $t \in [0, 1]$

$$\tilde{X}_t(\omega) = \begin{cases} \lim_{s \to t, s \in D} X_s(\omega) & \text{si } K_\alpha(\omega) < \infty, \\ x_0 & \text{si } K_\alpha(\omega) = \infty, \end{cases}$$

où x_0 est un point de E fixé de manière arbitraire.

D'après les remarques précédentes, le processus $\tilde{X}$ a des trajectoires höldériennes d'exposant α sur $[0, 1]$. Il reste à voir que $\tilde{X}$ est une modification de X. Pour cela, fixons $t \in I$. L'hypothèse du théorème entraîne que

$$\lim_{s \to t} X_s = X_t$$

au sens de la convergence en probabilité. Comme par définition $\tilde{X}_t$ est aussi la limite p.s. de X_s quand $s \to t$, $s \in D$, on conclut que $X_t = \tilde{X}_t$ p.s.   □

Démonstration du Lemme 2.1. Fixons $s, t \in D$ avec $s < t$. Soit $p \geq 1$ le plus petit entier tel que $2^{-p} \leq t - s$. Alors il est facile de voir qu'on peut trouver un entier $k \geq 0$ et deux entiers $l, m \geq 0$ tels que

$$s = k2^{-p} - \varepsilon_{p+1} 2^{-p-1} - \ldots - \varepsilon_{p+l} 2^{-p-l}$$
$$t = k2^{-p} + \varepsilon'_p 2^{-p} + \varepsilon'_{p+1} 2^{-p-1} + \ldots + \varepsilon'_{p+m} 2^{-p-m},$$

où $\varepsilon_i, \varepsilon'_j = 0$ ou 1. Notons

$$s_i = k2^{-p} - \varepsilon_{p+1} 2^{-p-1} - \ldots - \varepsilon_{p+i} 2^{-p-i} \qquad \text{(pour } 0 \leq i \leq l)$$
$$t_j = k2^{-p} + \varepsilon'_p 2^{-p} + \varepsilon'_{p+1} 2^{-p-1} + \ldots + \varepsilon'_{p+j} 2^{-p-j} \qquad \text{(pour } 0 \leq j \leq m).$$

Alors, en observant que $s = s_l$, $t = t_m$ et qu'on peut appliquer l'hypothèse du lemme aux couples (s_0, t_0), (s_{i-1}, s_i) (pour $1 \leq i \leq l$) et (t_{j-1}, t_j) (pour $1 \leq j \leq m$), on trouve

$$d(f(s), f(t)) = d(f(s_l), f(t_m))$$
$$\leq d(f(s_0), f(t_0)) + \sum_{i=1}^{l} d(f(s_{i-1}), f(s_i)) + \sum_{j=1}^{m} d(f(t_{j-1}), f(t_j))$$
$$\leq K 2^{-p\alpha} + \sum_{i=1}^{l} K 2^{-(p+i)\alpha} + \sum_{j=1}^{m} K 2^{-(p+j)\alpha}$$
$$\leq 2K (1 - 2^{-\alpha})^{-1} 2^{-p\alpha}$$
$$\leq 2K (1 - 2^{-\alpha})^{-1} (t - s)^\alpha$$

puisque $2^{-p} \leq t - s$. Cela termine la preuve du Lemme 2.1. $\qquad\square$

Nous appliquons maintenant le Théorème 2.1 au pré-mouvement brownien.

Corollaire 2.2. *Soit $B = (B_t)_{t \geq 0}$ un pré-mouvement brownien. Le processus B a une modification dont les trajectoires sont continues, et même localement höldériennes d'exposant $\frac{1}{2} - \delta$ pour tout $\delta \in]0, \frac{1}{2}[$.*

Démonstration. Pour $s < t$, la variable $B_t - B_s$ suit une loi $\mathcal{N}(0, t - s)$, et donc $B_t - B_s$ a même loi que $\sqrt{t - s} N$, où N suit une loi $\mathcal{N}(0, 1)$. En conséquence, pour tout $q > 0$,

$$E[|B_t - B_s|^q] = (t - s)^{q/2} E[|N|^q] = C_q (t - s)^{q/2}$$

avec $C_q = E[|N|^q] < \infty$. Dès que $q > 2$, on peut appliquer le théorème avec $\varepsilon = \frac{q}{2} - 1$. On trouve ainsi que B a une modification dont les trajectoires sont continues, et même localement höldériennes d'exposant α pour tout $\alpha < (q - 2)/(2q)$. En choisissant q grand on trouve le résultat souhaité. $\qquad\square$

Définition 2.5. Un processus $(B_t)_{t \geq 0}$ est un mouvement brownien (réel, issu de 0) si :

(i) $(B_t)_{t \geq 0}$ est un pré-mouvement brownien.
(ii) Les trajectoires de B, c'est-à-dire les applications $t \mapsto B_t(\omega)$ pour $\omega \in \Omega$, sont toutes continues.

L'existence du mouvement brownien découle du corollaire précédent. En effet la modification obtenue dans ce corollaire est encore un pré-mouvement brownien, et ses trajectoires sont continues. Dans la suite on ne parlera plus de pré-mouvement brownien et on s'intéressera uniquement au mouvement brownien.

Il est important de remarquer que l'énoncé de la Proposition 2.3 reste vrai mot pour mot si on remplace partout pré-mouvement brownien par mouvement brownien. En effet, avec les notations de cette proposition, on vérifie immédiatement que les processus $-B, B^\lambda, B^{(s)}$ ont des trajectoires continues si c'est le cas pour B.

Mesure de Wiener. Notons $C(\mathbb{R}_+, \mathbb{R})$ l'espace des fonctions continues de $\mathbb{R}_+$ dans $\mathbb{R}$. La donnée d'un mouvement brownien B fournit donc une application

$$\Omega \longrightarrow C(\mathbb{R}_+, \mathbb{R})$$
$$\omega \mapsto (t \mapsto B_t(\omega))$$

et il est facile de vérifier que cette application est mesurable lorsque $C(\mathbb{R}_+, \mathbb{R})$ est muni de la plus petite tribu, notée $\mathscr{C}$, qui rende mesurables les applications coordonnées $w \mapsto w(t)$ (on montre aisément que cette tribu coïncide avec la tribu borélienne pour la topologie de la convergence uniforme sur tout compact). La **mesure de Wiener**, ou loi du mouvement brownien, est par définition la mesure-image de $P(d\omega)$ par cette application. C'est donc une mesure de probabilité sur $C(\mathbb{R}_+, \mathbb{R})$.

Si $W(dw)$ désigne la mesure de Wiener, le Corollaire 2.1 montre que, pour $0 = t_0 < t_1 < \cdots < t_n$, et $A_0, A_1, \ldots, A_n \in \mathscr{B}(\mathbb{R})$,

$$W(\{w; w(t_0) \in A_0, w(t_1) \in A_1, \ldots, w(t_n) \in A_n\})$$

$$= P(B_{t_0} \in A_0, B_{t_1} \in A_1, \ldots, B_{t_n} \in A_n)$$

$$= \mathbf{1}_{A_0}(0) \int_{A_1 \times \cdots \times A_n} \frac{dx_1 \ldots dx_n}{(2\pi)^{n/2} \sqrt{t_1(t_2 - t_1) \ldots (t_n - t_{n-1})}} \exp\left(-\sum_{i=1}^{n} \frac{(x_i - x_{i-1})^2}{2(t_i - t_{i-1})}\right),$$

où $x_0 = 0$ par convention.

Les valeurs ainsi obtenues pour $W(\{w; w(t_0) \in A_0, w(t_1) \in A_1, \ldots, w(t_n) \in A_n\})$ caractérisent la probabilité W : en effet, la classe des ensembles de la forme $\{w; w(t_0) \in A_0, w(t_1) \in A_1, \ldots, w(t_n) \in A_n\}$ (les "cylindres") est stable par intersection finie et engendre la tribu $\mathscr{C}$, ce qui, par un argument standard de classe monotone (voir l'Appendice A1), suffit pour dire qu'une mesure de probabilité sur $\mathscr{C}$ est caractérisée par ses valeurs sur cette classe. Une conséquence des considérations précédentes est le fait que la construction de la mesure de Wiener ne dépend pas du choix du mouvement brownien B : la loi du mouvement brownien est unique (et bien définie!). Si B' est un autre mouvement brownien, on aura pour tout $A \in \mathscr{C}$,

$$P((B'_t)_{t \geq 0} \in A) = W(A) = P((B_t)_{t \geq 0} \in A).$$

Remarquons que dans l'écriture $P((B_t)_{t \geq 0} \in A)$, il faut interpréter $(B_t)_{t \geq 0}$ comme la "fonction continue aléatoire" $t \mapsto B_t(\omega)$ qui est une variable aléatoire à valeurs dans $C(\mathbb{R}_+, \mathbb{R})$.

Nous utiliserons fréquemment la dernière propriété sans plus de commentaires. Voir par exemple la deuxième partie de la preuve du Corollaire 2.3 ci-dessous.

Si l'on prend maintenant comme espace de probabilité

$$\Omega = C(\mathbb{R}_+, \mathbb{R}), \quad \mathscr{F} = \mathscr{C}, \quad P(dw) = W(dw),$$

le processus, dit *canonique*,

$$X_t(w) = w(t)$$

est un mouvement brownien (d'après le Corollaire 2.1 et les formules ci-dessus). C'est la construction canonique du mouvement brownien.

2.3 Comportement des trajectoires du mouvement brownien

Dans ce paragraphe, nous obtenons quelques informations sur l'allure des trajectoires du mouvement brownien. Nous fixons donc un mouvement brownien $(B_t)_{t \geq 0}$ (issu de 0 comme c'est toujours le cas pour l'instant). Un ingrédient très utile est le résultat suivant, connu sous le nom de loi du tout ou rien de Blumenthal.

Théorème 2.2. *Pour tout $t \geq 0$, soit $\mathscr{F}_t$ la tribu définie par*

$$\mathscr{F}_t = \sigma(B_s, s \leq t),$$

et soit

$$\mathscr{F}_{0+} = \bigcap_{s>0} \mathscr{F}_s.$$

La tribu $\mathscr{F}_{0+}$ est grossière, au sens où $\forall A \in \mathscr{F}_{0+}$, $P(A) = 0$ ou 1.

Démonstration. Soient $0 < t_1 < t_2 < \cdots < t_k$ et soit $g : \mathbb{R}^k \longrightarrow \mathbb{R}$ une fonction continue bornée. Soit aussi $A \in \mathscr{F}_{0+}$. Alors, par un argument de continuité,

$$E[\mathbf{1}_A \, g(B_{t_1}, \ldots, B_{t_k})] = \lim_{\varepsilon \to 0} E[\mathbf{1}_A \, g(B_{t_1} - B_\varepsilon, \ldots, B_{t_k} - B_\varepsilon)].$$

Mais, dès que $\varepsilon < t_1$, les variables $B_{t_1} - B_\varepsilon, \ldots, B_{t_k} - B_\varepsilon$ sont indépendantes de $\mathscr{F}_\varepsilon$ (par la propriété de Markov simple) et donc aussi de la tribu $\mathscr{F}_{0+}$. Il en découle que

$$\begin{aligned} E[\mathbf{1}_A \, g(B_{t_1}, \ldots, B_{t_k})] &= \lim_{\varepsilon \to 0} P(A) \, E[g(B_{t_1} - B_\varepsilon, \ldots, B_{t_k} - B_\varepsilon)] \\ &= P(A) \, E[g(B_{t_1}, \ldots, B_{t_k})]. \end{aligned}$$

Ainsi on trouve que $\mathscr{F}_{0+}$ est indépendante de $\sigma(B_{t_1}, \ldots, B_{t_k})$. Comme cela est vrai pour toute famille finie $\{t_1, \ldots, t_k\}$ de réels strictement positifs, $\mathscr{F}_{0+}$ est indépendante de $\sigma(B_t, t > 0)$. Finalement $\sigma(B_t, t > 0) = \sigma(B_t, t \geq 0)$ puisque B_0 est la limite simple de B_t quand $t \to 0$. Comme $\mathscr{F}_{0+} \subset \sigma(B_t, t \geq 0)$, on voit que $\mathscr{F}_{0+}$ est indépendante d'elle-même, ce qui entraîne que $\mathscr{F}_{0+}$ est grossière. $\qquad \square$

Corollaire 2.3. *On a p.s., pour tout $\varepsilon > 0$,*

$$\sup_{0 \leq s \leq \varepsilon} B_s > 0, \qquad \inf_{0 \leq s \leq \varepsilon} B_s < 0.$$

Pour tout $a \in \mathbb{R}$, soit $T_a = \inf\{t \geq 0 : B_t = a\}$ (avec la convention $\inf \varnothing = \infty$). Alors,

$$p.s., \quad \forall a \in \mathbb{R}, \quad T_a < \infty.$$

En conséquence, p.s.,

$$\limsup_{t \to \infty} B_t = +\infty, \quad \liminf_{t \to \infty} B_t = -\infty.$$

Remarque. Il n'est pas a priori évident que la variable $\sup_{0 \leq s \leq \varepsilon} B_s$ soit mesurable : il s'agit d'un supremum non dénombrable de fonctions mesurables. Cependant, parce que nous savons que les trajectoires de B sont continues, on peut se restreindre aux valeurs **rationnelles** de $s \in [0, \varepsilon]$ et on obtient alors un supremum dénombrable de variables aléatoires. Nous utiliserons ce type de remarque implicitement dans la suite.

Démonstration. Soit (ε_p) une suite de réels strictement positifs décroissant vers 0, et soit

$$A = \bigcap_p \left\{ \sup_{0 \leq s \leq \varepsilon_p} B_s > 0 \right\}.$$

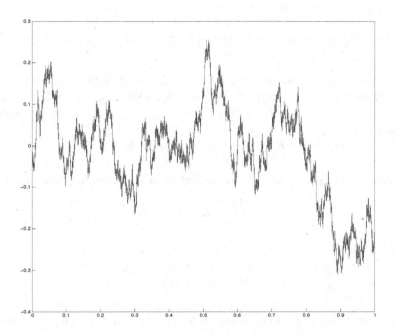

Fig. 2.1 Simulation d'une trajectoire de mouvement brownien sur l'intervalle de temps $[0, 1]$

Il s'agit d'une intersection décroissante, et il en découle aisément que l'événement A est $\mathscr{F}_{0+}$-mesurable. D'autre part,

$$P(A) = \lim_{p \to \infty} \downarrow P\left(\sup_{0 \le s \le \varepsilon_p} B_s > 0 \right),$$

et

$$P\left(\sup_{0 \le s \le \varepsilon_p} B_s > 0 \right) \ge P(B_{\varepsilon_p} > 0) = \frac{1}{2},$$

ce qui montre que $P(A) \ge 1/2$. D'après le Théorème 2.2 on a $P(A) = 1$, d'où

$$\text{p.s. } \forall \varepsilon > 0, \quad \sup_{0 \le s \le \varepsilon} B_s > 0.$$

L'assertion concernant $\inf_{0 \le s \le \varepsilon} B_s$ est obtenue en remplaçant B par $-B$.

Ensuite, on écrit

$$1 = P\left(\sup_{0 \le s \le 1} B_s > 0 \right) = \lim_{\delta \downarrow 0} \uparrow P\left(\sup_{0 \le s \le 1} B_s > \delta \right),$$

et on remarque en appliquant la propriété d'invariance d'échelle (voir la Proposition 2.3(ii) et la notation de cette proposition) avec $\lambda = 1/\delta$ que

$$P\left(\sup_{0\leq s\leq 1} B_s > \delta\right) = P\left(\sup_{0\leq s\leq 1/\delta^2} B_s^{1/\delta} > 1\right) = P\left(\sup_{0\leq s\leq 1/\delta^2} B_s > 1\right).$$

Pour la deuxième égalité, on utilise les remarques suivant la définition de la mesure de Wiener, montrant que la probabilité de l'événement $\{\sup_{0\leq s\leq 1/\delta^2} B_s > 1\}$ est la même pour n'importe quel mouvement brownien B. En faisant tendre δ vers 0, on trouve

$$P\left(\sup_{s\geq 0} B_s > 1\right) = \lim_{\delta\downarrow 0} \uparrow P\left(\sup_{0\leq s\leq 1/\delta^2} B_s > 1\right) = 1.$$

Ensuite, un nouvel argument de changement d'échelle montre que pour tout $M > 0$,

$$P\left(\sup_{s\geq 0} B_s > M\right) = 1$$

et en utilisant le changement $B \to -B$ on a aussi

$$P\left(\inf_{s\geq 0} B_s < -M\right) = 1.$$

Les dernières assertions du corollaire en découlent facilement : pour la dernière, on observe qu'une fonction continue $f : \mathbb{R}_+ \longrightarrow \mathbb{R}$ ne peut visiter tous les réels que si $\limsup_{t\to+\infty} f(t) = +\infty$ et $\liminf_{t\to+\infty} f(t) = -\infty$. $\square$

En utilisant la propriété de Markov simple, on déduit facilement du corollaire que p.s. la fonction $t \mapsto B_t$ n'est monotone sur aucun intervalle non-trivial.

Proposition 2.4. *Soit* $0 = t_0^n < t_1^n < \cdots < t_{p_n}^n = t$ *une suite de subdivisions de* $[0,t]$ *de pas tendant vers* 0 *(i.e.* $\sup_{1\leq i\leq p_n}(t_i^n - t_{i-1}^n) \to 0$*). Alors,*

$$\lim_{n\to\infty} \sum_{i=1}^{p_n} (B_{t_i^n} - B_{t_{i-1}^n})^2 = t,$$

dans L^2.

Démonstration. C'est une conséquence presque immédiate de la Proposition 1.5, en écrivant $B_{t_i^n} - B_{t_{i-1}^n} = G(]t_{i-1}^n, t_i^n])$, si G est la mesure gaussienne associée à B. $\square$

On déduit facilement de la Proposition 2.4 et de la continuité des trajectoires que p.s. la fonction $t \mapsto B_t$ n'est à variation finie sur aucun intervalle non trivial (voir le début du Chapitre 4 pour des rappels sur les fonctions continues à variation finie). En particulier, il n'est pas possible de définir "ω par ω" les intégrales de la forme $\int_0^t f(s)\mathrm{d}B_s$ comme des intégrales usuelles par rapport à une fonction à variation finie. Ceci justifie les commentaires de la fin du paragraphe 2.1.

2.4 La propriété de Markov forte

Notre but est d'étendre la propriété de Markov simple (Proposition 2.3 (iii)) au cas où l'instant déterministe s est remplacé par un temps aléatoire T. Nous devons d'abord préciser la classe des temps aléatoires admissibles. On garde la notation $\mathscr{F}_t$ introduite dans le Théorème 2.2 et on note aussi $\mathscr{F}_\infty = \sigma(B_s, s \geq 0)$.

Définition 2.6. Une variable aléatoire T à valeurs dans $[0, \infty]$ est un temps d'arrêt si, pour tout $t \geq 0$, $\{T \leq t\} \in \mathscr{F}_t$.

On peut remarquer que si T est un temps d'arrêt on a aussi pour tout $t > 0$,

$$\{T < t\} = \bigcup_{q \in [0,t[\cap \mathbb{Q}} \{T \leq q\} \in \mathscr{F}_t.$$

Exemples. Les temps $T = t$ (temps constant) ou $T = T_a$ sont des temps d'arrêt (pour le deuxième cas remarquer que $\{T_a \leq t\} = \{\inf_{0 \leq s \leq t} |B_s - a| = 0\}$). En revanche, $T = \sup\{s \leq 1 : B_s = 0\}$ n'est pas un temps d'arrêt (cela découlera par l'absurde de la propriété de Markov forte ci-dessous et de la Corollaire 2.3). Si T est un temps d'arrêt, pour tout $t \geq 0$, $T + t$ est aussi un temps d'arrêt (exercice).

Définition 2.7. Soit T un temps d'arrêt. La tribu du passé avant T est

$$\mathscr{F}_T = \{A \in \mathscr{F}_\infty : \forall t \geq 0, \, A \cap \{T \leq t\} \in \mathscr{F}_t\}.$$

On vérifie facilement que $\mathscr{F}_T$ est bien une tribu et que la variable aléatoire T est $\mathscr{F}_T$-mesurable (exercice). De plus, si on définit $\mathbf{1}_{\{T < \infty\}} B_T$ en posant

$$\mathbf{1}_{\{T < \infty\}} B_T(\omega) = \begin{cases} B_{T(\omega)}(\omega) & \text{si } T(\omega) < \infty, \\ 0 & \text{si } T(\omega) = \infty, \end{cases}$$

alors $\mathbf{1}_{\{T < \infty\}} B_T$ est aussi une variable aléatoire $\mathscr{F}_T$-mesurable. Pour le voir, on remarque que

$$\mathbf{1}_{\{T < \infty\}} B_T = \lim_{n \to \infty} \sum_{i=0}^{\infty} \mathbf{1}_{\{i2^{-n} \leq T < (i+1)2^{-n}\}} B_{i2^{-n}} = \lim_{n \to \infty} \sum_{i=0}^{\infty} \mathbf{1}_{\{T < (i+1)2^{-n}\}} \mathbf{1}_{\{i2^{-n} \leq T\}} B_{i2^{-n}}.$$

On observe ensuite que, pour tout $s \geq 0$, $B_s \mathbf{1}_{\{s \leq T\}}$ est $\mathscr{F}_T$-mesurable, parce que si A est un borélien de $\mathbb{R}$ ne contenant pas 0 (le cas $0 \in A$ est traité par passage au complémentaire) on a

$$\{B_s \mathbf{1}_{\{s \leq T\}} \in A\} \cap \{T \leq t\} = \begin{cases} \varnothing & \text{si } t < s \\ \{B_s \in A\} \cap \{s \leq T \leq t\} & \text{si } t \geq s \end{cases}$$

qui est $\mathscr{F}_t$-mesurable dans les deux cas (écrire $\{s \leq T \leq t\} = \{T \leq t\} \cap \{T < s\}^c$).

Théorème 2.3 (Propriété de Markov forte). *Soit T un temps d'arrêt. On suppose que $P(T < \infty) > 0$ et on pose, pour tout $t \geq 0$,*

$$B_t^{(T)} = \mathbf{1}_{\{T < \infty\}}(B_{T+t} - B_T)$$

Alors, sous la probabilité conditionnelle $P(\cdot \mid T < \infty)$, le processus $(B_t^{(T)})_{t \geq 0}$ est un mouvement brownien indépendant de $\mathscr{F}_T$.

Démonstration. Nous établissons d'abord le théorème dans le cas où $T < \infty$ p.s. Pour cela, nous allons montrer que, si $A \in \mathscr{F}_T$, $0 \leq t_1 < \cdots < t_p$ et F est une fonction continue bornée de $\mathbb{R}^p$ dans $\mathbb{R}_+$, on a

$$E[\mathbf{1}_A F(B_{t_1}^{(T)}, \ldots, B_{t_p}^{(T)})] = P[A]\, E[F(B_{t_1}, \ldots, B_{t_p})]. \tag{2.1}$$

Cela suffit pour établir les différentes assertions du théorème : le cas $A = \Omega$ montre que $B^{(T)}$ est un mouvement brownien (remarquer que les trajectoires de $B^{(T)}$ sont continues) et d'autre part (2.1) entraîne que pour tout choix de $0 \leq t_1 < \cdots < t_p$, le vecteur $(B_{t_1}^{(T)}, \ldots, B_{t_p}^{(T)})$ est indépendant de $\mathscr{F}_T$, d'où il découle par un argument de classe monotone (Appendice A1) que $B^{(T)}$ est indépendant de $\mathscr{F}_T$.

Pour tout entier $n \geq 1$, notons $[T]_n$ le plus petit réel de la forme $k2^{-n}$ supérieur ou égal à T, avec $[T]_n = \infty$ si $T = \infty$ (il est facile de voir que $[T]_n$ est un temps d'arrêt, mais nous n'aurons pas besoin de cela). Pour montrer (2.1), on observe d'abord que p.s.

$$F(B_{t_1}^{(T)}, \ldots, B_{t_p}^{(T)}) = \lim_{n \to \infty} F(B_{t_1}^{([T]_n)}, \ldots, B_{t_p}^{([T]_n)}),$$

d'où par convergence dominée,

$$E[\mathbf{1}_A F(B_{t_1}^{(T)}, \ldots, B_{t_p}^{(T)})]$$

$$= \lim_{n \to \infty} E[\mathbf{1}_A F(B_{t_1}^{([T]_n)}, \ldots, B_{t_p}^{([T]_n)})]$$

$$= \lim_{n \to \infty} \sum_{k=0}^{\infty} E[\mathbf{1}_A \mathbf{1}_{\{(k-1)2^{-n} < T \leq k2^{-n}\}} F(B_{k2^{-n}+t_1} - B_{k2^{-n}}, \ldots, B_{k2^{-n}+t_p} - B_{k2^{-n}})],$$

où pour la dernière égalité on a distingué les valeurs possibles de $[T]_n$. Pour $A \in \mathscr{F}_T$, l'événement $A \cap \{(k-1)2^{-n} < T \leq k2^{-n}\} = (A \cap \{T \leq k2^{-n}\}) \cap \{T \leq (k-1)2^{-n}\}^c$ est $\mathscr{F}_{k2^{-n}}$-mesurable. D'après la propriété de Markov simple (Proposition 2.3 (iii)), on a donc

$$E[\mathbf{1}_{A \cap \{(k-1)2^{-n} < T \leq k2^{-n}\}} F(B_{k2^{-n}+t_1} - B_{k2^{-n}}, \ldots, B_{k2^{-n}+t_p} - B_{k2^{-n}})]$$

$$= P[A \cap \{(k-1)2^{-n} < T \leq k2^{-n}\}]\, E[F(B_{t_1}, \ldots, B_{t_p})],$$

et il ne reste plus qu'à sommer sur k pour arriver au résultat souhaité.

Finalement, lorsque $P[T = \infty] > 0$, les mêmes arguments conduisent à

$$E[\mathbf{1}_{A \cap \{T < \infty\}} F(B_{t_1}^{(T)}, \ldots, B_{t_p}^{(T)})] = P[A \cap \{T < \infty\}]\, E[F(B_{t_1}, \ldots, B_{t_p})]$$

et le résultat recherché en découle à nouveau. $\square$

Une application importante de la propriété de Markov forte est le principe de réflexion illustré dans la preuve du théorème suivant.

Théorème 2.4. *Pour tout $t > 0$, notons $S_t = \sup_{s \leq t} B_s$. Alors, si $a \geq 0$ et $b \leq a$, on a*

$$P[S_t \geq a, B_t \leq b] = P[B_t \geq 2a - b].$$

En particulier, S_t a même loi que $|B_t|$.

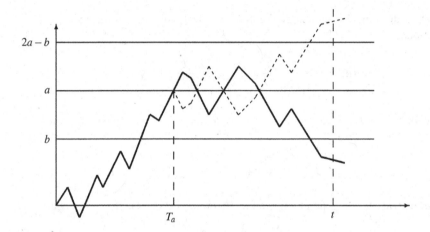

Fig. 2.2 Illustration du principe de réflexion : la probabilité, conditionnellement à $\{T_a \leq t\}$, que la courbe soit sous b à l'instant t coïncide avec la probabilité que la courbe réfléchie au niveau a après T_a (en pointillés) soit au-dessus de $2a - b$ à l'instant t

Démonstration. On applique la propriété de Markov forte au temps d'arrêt

$$T_a = \inf\{t \geq 0 : B_t = a\}.$$

On a déjà vu (Corollaire 2.3) que $T_a < \infty$ p.s. Ensuite, avec la notation du Théorème 2.3, on a

$$P[S_t \geq a, B_t \leq b] = P[T_a \leq t, B_t \leq b] = P[T_a \leq t, B^{(T_a)}_{t-T_a} \leq b - a],$$

puisque $B^{(T_a)}_{t-T_a} = B_t - B_{T_a} = B_t - a$. Notons $B' = B^{(T_a)}$, de sorte que d'après le Théorème 2.3, le processus B' est un mouvement brownien indépendant de $\mathscr{F}_{T_a}$ donc en particulier de T_a. Comme B' a même loi que $-B'$, le couple (T_a, B') a aussi même loi que $(T_a, -B')$. Soit $H = \{(s, w) \in \mathbb{R}_+ \times C(\mathbb{R}_+, \mathbb{R}) : s \leq t, w(t - s) \leq b - a\}$. La probabilité précédente vaut

$$P[(T_a, B') \in H] = P[(T_a, -B') \in H]$$

$$= P[T_a \leq t, -B_{t-T_a}^{(T_a)} \leq b - a]$$
$$= P[T_a \leq t, B_t \geq 2a - b]$$
$$= P[B_t \geq 2a - b]$$

parce que l'événement $\{B_t \geq 2a - b\}$ est p.s. contenu dans $\{T_a \leq t\}$.

Pour la deuxième assertion on observe que

$$P[S_t \geq a] = P[S_t \geq a, B_t \geq a] + P[S_t \geq a, B_t \leq a] = 2P[B_t \geq a] = P[|B_t| \geq a],$$

d'où le résultat voulu.   □

On déduit immédiatement du théorème précédent que la loi du couple (S_t, B_t) a pour densité

$$g(a,b) = \frac{2(2a-b)}{\sqrt{2\pi t^3}} \exp\left(-\frac{(2a-b)^2}{2t}\right) \mathbf{1}_{\{a>0, b<a\}}.$$

Corollaire 2.4. *Pour tout $a > 0$, T_a a même loi que $\dfrac{a^2}{B_1^2}$ et a donc pour densité*

$$f(t) = \frac{a}{\sqrt{2\pi t^3}} \exp\left(-\frac{a^2}{2t}\right) \mathbf{1}_{\{t>0\}}.$$

Démonstration. On écrit, en utilisant le Théorème 2.4 dans la deuxième égalité,

$$P[T_a \leq t] = P[S_t \geq a] = P[|B_t| \geq a] = P[B_t^2 \geq a^2] = P[tB_1^2 \geq a^2] = P[\frac{a^2}{B_1^2} \leq t].$$

Ensuite, puisque B_1 suit une loi $\mathcal{N}(0,1)$ on calcule facilement la densité de a^2/B_1^2.   □

Généralisations. Soit Z une variable aléatoire réelle. Un processus $(X_t)_{t \geq 0}$ est appelé mouvement brownien (réel) issu de Z si on peut écrire $X_t = Z + B_t$ où B est un mouvement brownien issu de 0 et *indépendant* de Z.

Un processus $B_t = (B_t^1, \ldots, B_t^d)$ à valeurs dans $\mathbb{R}^d$ est un mouvement brownien en dimension d issu de 0 si ses composantes $B^1, \ldots, B^d$ sont des mouvements browniens réels issus de 0 *indépendants*. On vérifie facilement que si Φ est une isométrie vectorielle de $\mathbb{R}^d$, le processus $(\Phi(B_t))_{t \geq 0}$ est encore un mouvement brownien en dimension d.

Enfin, si Z est une variable aléatoire à valeurs dans $\mathbb{R}^d$ et $X_t = (X_t^1, \ldots, X_t^d)$ un processus à valeurs dans $\mathbb{R}^d$, on dit que X est un mouvement brownien en dimension d issu de Z si on peut écrire $X_t = Z + B_t$ où B est un mouvement brownien en dimension d issu de 0 et *indépendant* de Z.

La plupart des résultats qui précèdent peuvent être étendus au mouvement brownien en dimension d. En particulier, la propriété de Markov forte reste vraie, avec exactement la même démonstration.

Exercices

Dans tous les exercices ci-dessous, $(B_t)_{t \geq 0}$ désigne un mouvement brownien réel issu de 0. On note $S_t = \sup_{0 \leq s \leq t} B_s$.

Exercice 2.1. (Inversion du temps)
1. Montrer que le processus $(W_t)_{t \geq 0}$ défini par $W_0 = 0$ et $W_t = tB_{1/t}$ pour $t > 0$ est indistinguable d'un mouvement brownien réel issu de 0 (vérifier d'abord que W est un pré-mouvement brownien).
2. En déduire que $\lim_{t \to \infty} \dfrac{B_t}{t} = 0$ p.s.

Exercice 2.2. Pour tout réel $a \geq 0$, on pose $T_a = \inf\{t \geq 0 : B_t = a\}$. Montrer que le processus $(T_a)_{a \geq 0}$ est à accroissements indépendants et stationnaires, au sens où, pour tous $0 \leq a \leq b$, la variable $T_b - T_a$ est indépendante de la tribu $\sigma(T_c, 0 \leq c \leq a)$ et a même loi que T_{b-a}.

Exercice 2.3. (Pont brownien) On pose $W_t = B_t - tB_1$ pour tout $t \in [0,1]$.
1. Montrer que $(W_t)_{t \in [0,1]}$ est un processus gaussien centré et donner sa fonction de covariance.
2. Soient $0 < t_1 < t_2 < \cdots < t_p < 1$. Montrer que la loi de $(W_{t_1}, W_{t_2}, \ldots, W_{t_p})$ a pour densité

$$g(x_1, \ldots, x_p) = \sqrt{2\pi}\, p_{t_1}(x_1) p_{t_2 - t_1}(x_2 - x_1) \cdots p_{t_p - t_{p-1}}(x_p - x_{p-1}) p_{1-t_p}(-x_p),$$

où $p_t(x) = \frac{1}{\sqrt{2\pi t}} \exp(-x^2/2t)$. Justifier le fait que la loi de $(W_{t_1}, W_{t_2}, \ldots, W_{t_p})$ peut être interprétée comme la loi de $(B_{t_1}, B_{t_2}, \ldots, B_{t_p})$ conditionnellement à $B_1 = 0$.
3. Vérifier que les deux processus $(W_t)_{t \in [0,1]}$ et $(W_{1-t})_{t \in [0,1]}$ ont même loi (comme dans la définition de la mesure de Wiener cette loi est une mesure de probabilité sur l'espace des fonctions continues de $[0,1]$ dans $\mathbb{R}$).

Exercice 2.4. (Maxima locaux) Montrer que p.s. les maxima locaux du mouvement brownien sont distincts : p.s. pour tout choix des rationnels p, q, r, s tels que $p < q < r < s$ on a

$$\sup_{p \leq t \leq q} B_t \neq \sup_{r \leq t \leq s} B_t .$$

Exercice 2.5. (Non-différentiabilité) A l'aide de la loi du tout ou rien, montrer que, p.s.,

$$\limsup_{t \downarrow 0} \frac{B_t}{\sqrt{t}} = +\infty \quad , \quad \liminf_{t \downarrow 0} \frac{B_t}{\sqrt{t}} = -\infty .$$

En déduire que pour tout $s \geq 0$, la fonction $t \mapsto B_t$ n'est p.s. pas dérivable à droite en s.

Exercice 2.6. (Zéros du mouvement brownien) Soit $H := \{t \in [0,1] : B_t = 0\}$. En utilisant le Corollaire 2.3 et la propriété de Markov forte, montrer que H est p.s. un sous-ensemble compact sans point isolé et de mesure de Lebesgue nulle de l'intervalle $[0,1]$.

Exercice 2.7. (Retournement du temps) On pose $B'_t = B_1 - B_{1-t}$ pour tout $t \in [0,1]$. Montrer que les deux processus $(B_t)_{t \in [0,1]}$ et $(B'_t)_{t \in [0,1]}$ ont même loi (comme dans la définition de la mesure de Wiener ces lois sont des mesures de probabilité sur l'espace des fonctions continues de $[0,1]$ dans $\mathbb{R}$).

Exercice 2.8. (Loi de l'arcsinus) On pose $T := \inf\{t \geq 0 : B_t = S_1\}$.
1. Montrer que $T < 1$ p.s. (on pourra utiliser l'exercice précédent) puis que T n'est pas un temps d'arrêt.
2. Vérifier que les trois variables aléatoires S_t, $S_t - B_t$ et $|B_t|$ ont même loi.
3. Montrer que T suit la loi dite de l'arcsinus qui a pour densité

$$g(t) = \frac{1}{\pi \sqrt{t(1-t)}} \mathbf{1}_{]0,1[}(t).$$

4. Montrer que les résultats des questions **1.** et **3.** restent vrais si on remplace T par $L := \sup\{t \leq 1 : B_t = 0\}$.

Exercice 2.9. (Loi du logarithme itéré) Le but de l'exercice est de montrer la propriété suivante:

$$\limsup_{t \to \infty} \frac{B_t}{\sqrt{2t \log \log t}} = 1 \quad \text{p.s.}$$

On pose $h(t) = \sqrt{2t \log \log t}$.

1. Montrer que, pour tout $t > 0$, $P(S_t > u\sqrt{t}) \sim \dfrac{e^{-u^2/2}}{u\sqrt{2\pi}}$, quand u tend vers $+\infty$.

2. On se donne deux réels r et c tels que $1 < r < c^2$. Etudier le comportement des probabilités $P(S_{r^n} > c\,h(r^{n-1}))$ quand $n \to \infty$ et en déduire que p.s.

$$\limsup_{t \to \infty} \frac{B_t}{\sqrt{2t \log \log t}} \leq 1.$$

3. Montrer qu'il existe p.s. une infinité de valeurs de n telles que

$$B_{r^n} - B_{r^{n-1}} \geq \sqrt{\frac{r-1}{r}} h(r^n).$$

En déduire le résultat annoncé.
4. Que vaut la limite $\liminf\limits_{t \to \infty} \dfrac{B_t}{\sqrt{2t \log \log t}}$?

Chapitre 3
Filtrations et martingales

Résumé Dans ce chapitre, nous introduisons les rudiments de la théorie générale des processus sur un espace de probabilité muni d'une filtration. Cela nous amène à généraliser plusieurs notions introduites dans le chapitre précédent dans le cadre du mouvement brownien. Dans un second temps, nous développons la théorie des martingales à temps continu et nous établissons en particulier les résultats de régularité des trajectoires, ainsi que plusieurs formes des théorèmes d'arrêt pour les martingales et les surmartingales.

3.1 Filtrations et processus

Dans ce chapitre, les processus sont indexés par $\mathbb{R}_+$.

Définition 3.1. Soit $(\Omega, \mathscr{F}, P)$ un espace de probabilité. Une filtration sur cet espace est une famille croissante $(\mathscr{F}_t)_{0 \leq t \leq \infty}$, indexée par $[0, \infty]$, de sous-tribus de $\mathscr{F}$.

On a alors, pour tous $0 \leq s < t$,

$$\mathscr{F}_0 \subset \mathscr{F}_s \subset \mathscr{F}_t \subset \mathscr{F}_\infty \subset \mathscr{F}.$$

On dira parfois que $(\Omega, \mathscr{F}, (\mathscr{F}_t), P)$ est un espace de probabilité filtré.

Exemple. Si B est un mouvement brownien, on peut prendre

$$\mathscr{F}_t = \sigma(B_s, 0 \leq s \leq t), \quad \mathscr{F}_\infty = \sigma(B_s, s \geq 0).$$

Plus généralement, si $X = (X_t, t \geq 0)$ est un processus indexé par $\mathbb{R}_+$, la *filtration canonique* de X est définie par $\mathscr{F}_t = \sigma(X_s, s \leq t)$ et $\mathscr{F}_\infty = \sigma(X_s, s \geq 0)$. Cette filtration canonique sera souvent complétée, comme nous le définirons plus loin.

Soit $(\mathscr{F}_t)_{0 \leq t \leq \infty}$ une filtration sur $(\Omega, \mathscr{F}, P)$. On pose pour tout $t \geq 0$

$$\mathscr{F}_{t+} = \bigcap_{s>t} \mathscr{F}_s.$$

J.-F. Le Gall, *Mouvement brownien, martingales et calcul stochastique*,
Mathématiques et Applications 71, DOI: 10.1007/978-3-642-31898-6_3,
© Springer-Verlag Berlin Heidelberg 2013

La famille $(\mathscr{F}_{t+})_{0 \leq t \leq \infty}$ (avec $\mathscr{F}_{\infty+} = \mathscr{F}_{\infty}$) est aussi une filtration. On dit que la filtration $(\mathscr{F}_t)$ est *continue à droite* si

$$\mathscr{F}_{t+} = \mathscr{F}_t, \qquad \forall t \geq 0.$$

Soit $(\mathscr{F}_t)$ une filtration et soit $\mathscr{N}$ la classe des ensembles P-négligeables de $\mathscr{F}_{\infty}$ (i.e. $A \in \mathscr{N}$ s'il existe $A' \in \mathscr{F}_{\infty}$ tel que $A \subset A'$ et $P(A') = 0$). La filtration est dite *complète* si $\mathscr{N} \subset \mathscr{F}_0$ (et donc $\mathscr{N} \subset \mathscr{F}_t$ pour tout t). Si $(\mathscr{F}_t)$ n'est pas complète, on peut la compléter en posant $\mathscr{F}'_t = \mathscr{F}_t \vee \mathscr{N}$, pour tout $t \in [0, \infty]$, de sorte que $(\mathscr{F}'_t)$ est une filtration complète.

On dira qu'une filtration $(\mathscr{F}_t)$ satisfait les *conditions habituelles* si elle est à la fois continue à droite et complète. Partant d'une filtration quelconque $(\mathscr{F}_t)$ on peut construire une filtration qui satisfait les conditions habituelles, simplement en complétant la filtration $(\mathscr{F}_{t+})$. C'est ce qu'on appelle aussi l'*augmentation habituelle* de la filtration $(\mathscr{F}_t)$.

Définition 3.2. Un processus $X = (X_t)_{t \geq 0}$ à valeurs dans un espace mesurable E est dit mesurable si l'application

$$(\omega, t) \mapsto X_t(\omega)$$

définie sur $\Omega \times \mathbb{R}_+$ muni de la tribu produit $\mathscr{F} \otimes \mathscr{B}(\mathbb{R}_+)$ est mesurable.

Cette propriété est plus forte que de dire que, pour tout $t \geq 0$, X_t est $\mathscr{F}$-mesurable. Cependant, si l'on suppose que E est un espace métrique muni de sa tribu borélienne et que les trajectoires de X sont continues, ou seulement continues à droite, il est facile de voir que les deux propriétés sont équivalentes (approcher X par des processus "en escalier" qui sont mesurables).

Dans toute la suite de ce chapitre on suppose qu'on s'est fixé une filtration $(\mathscr{F}_t)$ sur un espace de probabilité $(\Omega, \mathscr{F}, P)$, et de nombreuses notions parmi celles que nous allons introduire dépendent du choix de cette filtration.

Définition 3.3. Un processus $(X_t)_{t \geq 0}$ est dit adapté si, pour tout $t \geq 0$, X_t est $\mathscr{F}_t$-mesurable. Ce processus est dit progressif si, pour tout $t \geq 0$, l'application

$$(\omega, s) \mapsto X_s(\omega)$$

définie sur $\Omega \times [0, t]$ est mesurable pour la tribu $\mathscr{F}_t \otimes \mathscr{B}([0, t])$.

Remarquons qu'un processus progressif est adapté et mesurable (dire qu'un processus est mesurable est équivalent à dire que, pour tout $t \geq 0$, l'application $(\omega, s) \mapsto X_s(\omega)$ définie sur $\Omega \times [0, t]$ est mesurable pour la tribu $\mathscr{F} \otimes \mathscr{B}([0, t])$).

Proposition 3.1. *Soit $(X_t)_{t \geq 0}$ un processus à valeurs dans un espace métrique (E, d). Supposons que X est adapté et à trajectoires continues à droite (i.e. pour tout $\omega \in \Omega$, $t \mapsto X_t(\omega)$ est continue à droite). Alors X est progressif.*

Démonstration. Fixons $t > 0$. Pour tout entier $n \geq 1$ et pour tout $s \in [0,t]$, définissons une variable aléatoire X_s^n en posant

$$X_s^n = X_{kt/n} \quad \text{si } s \in [(k-1)t/n, kt/n[, \; k \in \{1,\ldots,n\},$$

et $X_t^n = X_t$. La continuité à droite des trajectoires assure que, pour tous $s \in [0,t]$ et $\omega \in \Omega$,

$$X_s(\omega) = \lim_{n \to \infty} X_s^n(\omega).$$

Par ailleurs, pour tout borélien A de E,

$$\{(\omega,s) \in \Omega \times [0,t] : X_s^n(\omega) \in A\} = (\{X_t \in A\} \times \{t\})$$

$$\bigcup \left(\bigcup_{k=1}^{n} \left(\{X_{kt/n} \in A\} \times [\frac{(k-1)t}{n}, \frac{kt}{n}[\right) \right)$$

qui est clairement dans la tribu $\mathscr{F}_t \otimes \mathscr{B}([0,t])$. Donc, pour tout $n \geq 1$, l'application $(\omega,s) \mapsto X_s^n(\omega)$, définie sur $\Omega \times [0,t]$, est mesurable pour $\mathscr{F}_t \otimes \mathscr{B}([0,t])$. Une limite simple de fonctions mesurables étant mesurable, la même propriété de mesurabilité reste vraie pour l'application $(\omega,s) \mapsto X_s(\omega)$ définie sur $\Omega \times [0,t]$. On conclut que le processus X est progressif. □

Remarque. On peut remplacer continu à droite par continu à gauche dans l'énoncé de la proposition. La preuve est exactement analogue.

Tribu progressive. La famille des parties $A \in \mathscr{F} \otimes \mathscr{B}(\mathbb{R}_+)$ telles que le processus $X_t(\omega) = \mathbf{1}_A(\omega,t)$ soit progressif forme une tribu sur $\Omega \times \mathbb{R}_+$, appelée la *tribu progressive*. Il est alors facile de vérifier (exercice!) qu'un processus X est progressif si et seulement si l'application $(\omega,t) \mapsto X_t(\omega)$ est mesurable sur $\Omega \times \mathbb{R}_+$ muni de la tribu progressive.

3.2 Temps d'arrêt et tribus associées

Dans ce paragraphe, nous généralisons les notions de temps d'arrêt et de tribu du passé avant un temps d'arrêt, qui ont déjà été vues dans un cadre particulier dans le chapitre précédent.

Définition 3.4. Une variable aléatoire $T : \Omega \longrightarrow [0,\infty]$ est un temps d'arrêt de la filtration $(\mathscr{F}_t)$ si, pour tout $t \geq 0$, $\{T \leq t\} \in \mathscr{F}_t$.

Dans la suite, sauf précision contraire, "temps d'arrêt" voudra dire "temps d'arrêt de la filtration $(\mathscr{F}_t)$" (nous rencontrerons d'autres filtrations). Remarquons que, si T est un temps d'arrêt, $\{T = \infty\} = (\cup_{n \in \mathbb{N}} \{T \leq n\})^c$ est dans $\mathscr{F}_\infty$.

On associe à un temps d'arrêt T la tribu du passé avant T définie par

$$\mathscr{F}_T = \{A \in \mathscr{F}_\infty : \forall t \geq 0, A \cap \{T \leq t\} \in \mathscr{F}_t\}.$$

Proposition 3.2. *Notons* $\mathscr{G}_t = \mathscr{F}_{t+}$ *la filtration des limites à droite de* $\mathscr{F}_t$. *Alors, pour tout temps d'arrêt* T, *on a*

$$\mathscr{G}_T = \{A \in \mathscr{F}_\infty : \forall t > 0, A \cap \{T < t\} \in \mathscr{F}_t\}.$$

On notera

$$\mathscr{F}_{T+} := \mathscr{G}_T.$$

Démonstration. D'abord, si $A \in \mathscr{G}_T$, on a pour tout $t \geq 0$, $A \cap \{T \leq t\} \in \mathscr{G}_t$. Donc

$$A \cap \{T < t\} = \bigcup_{n \geq 1} \left(A \cap \{T \leq t - \frac{1}{n}\} \right) \in \mathscr{F}_t$$

puisque $A \cap \{T \leq t - \frac{1}{n}\} \in \mathscr{G}_{t-1/n} \subset \mathscr{F}_t$, pour tout $n \geq 1$.

Inversement, supposons $A \cap \{T < t\} \in \mathscr{F}_t$ pour tout $t > 0$. Alors, pour tout $t \geq 0$, et tout $s > t$,

$$A \cap \{T \leq t\} = \bigcap_{n \geq 1} \left(A \cap \{T < t + \frac{1}{n}\} \right) \in \mathscr{F}_s$$

puisqu'on peut limiter l'intersection aux valeurs $n \geq n_0$, avec n_0 tel que $t + \frac{1}{n_0} < s$. On obtient ainsi que $A \cap \{T \leq t\} \in \mathscr{F}_{t+} = \mathscr{G}_t$ et donc $A \in \mathscr{G}_T$. $\qquad\square$

Propriétés des temps d'arrêt et des tribus associées.

(a) Pour tout temps d'arrêt T, on a $\mathscr{F}_T \subset \mathscr{F}_{T+}$. Si la filtration $(\mathscr{F}_t)$ est continue à droite, on a $\mathscr{F}_{T+} = \mathscr{F}_T$.

(b) Une fonction $T : \Omega \to \bar{\mathbb{R}}_+$ est un temps d'arrêt de la filtration $(\mathscr{F}_{t+})$ si et seulement si, pour tout $t \geq 0$, $\{T < t\} \in \mathscr{F}_t$. Cela équivaut encore à dire que $T \wedge t$ est $\mathscr{F}_t$-mesurable, pour tout t.

(c) Si $T = t$ est un temps d'arrêt constant, $\mathscr{F}_T = \mathscr{F}_t$, $\mathscr{F}_{T+} = \mathscr{F}_{t+}$.

(d) Soit T un temps d'arrêt. Pour $A \in \mathscr{F}_\infty$, posons

$$T^A(\omega) = \begin{cases} T(\omega) & \text{si } \omega \in A \\ +\infty & \text{si } \omega \notin A \end{cases}$$

Alors $A \in \mathscr{F}_T$ si et seulement si T^A est un temps d'arrêt.

(e) Soit T un temps d'arrêt. Alors T est $\mathscr{F}_T$-mesurable.

(f) Soient S, T deux temps d'arrêt. Si $S \leq T$, alors $\mathscr{F}_S \subset \mathscr{F}_T$ et $\mathscr{F}_{S+} \subset \mathscr{F}_{T+}$. En général, $S \vee T$ et $S \wedge T$ sont deux temps d'arrêt et $\mathscr{F}_{S \wedge T} = \mathscr{F}_S \cap \mathscr{F}_T$. De plus, $\{S \leq T\} \in \mathscr{F}_{S \wedge T}$, $\{S = T\} \in \mathscr{F}_{S \wedge T}$.

(g) Si (S_n) est une suite croissante de temps d'arrêt, alors $S = \lim \uparrow S_n$ est aussi un temps d'arrêt.

(h) Si (S_n) est une suite décroissante de temps d'arrêt, alors $S = \lim \downarrow S_n$ est un temps d'arrêt de la filtration $(\mathscr{F}_{t+})$, et

$$\mathscr{F}_{S+} = \bigcap_n \mathscr{F}_{S_n+}.$$

(i) Si (S_n) est une suite décroissante *stationnaire* de temps d'arrêt (i.e. $\forall \omega$, $\exists N(\omega)$: $\forall n \geq N(\omega)$, $S_n(\omega) = S(\omega)$) alors $S = \lim \downarrow S_n$ est aussi un temps d'arrêt, et

$$\mathscr{F}_S = \bigcap_n \mathscr{F}_{S_n}.$$

(j) Soit T un temps d'arrêt. Une fonction $\omega \mapsto Y(\omega)$ définie sur l'ensemble $\{T < \infty\}$ et à valeurs dans un espace mesurable $(E, \mathscr{E})$ est $\mathscr{F}_T$-mesurable si et seulement si, pour tout $t \geq 0$, la restriction de Y à l'ensemble $\{T \leq t\}$ est $\mathscr{F}_t$-mesurable.

Remarque. Dans la propriété (j) nous utilisons la notion évidente de $\mathscr{G}$-mesurabilité pour une variable $\omega \mapsto Y(\omega)$ définie seulement sur une partie $\mathscr{G}$-mesurable de l'espace Ω ($\mathscr{G}$ étant une tribu sur Ω). Cette notion interviendra de nouveau dans le Théorème 3.1 ci-dessous.

La preuve des propriétés précédentes est facile. Nous laissons en exercice la preuve des cinq premières et démontrons les cinq dernières.

(f) Si $S \leq T$ et $A \in \mathscr{F}_S$ alors

$$A \cap \{T \leq t\} = (A \cap \{S \leq t\}) \cap \{T \leq t\} \in \mathscr{F}_t,$$

d'où $A \in \mathscr{F}_T$. Le même argument (utilisant cette fois la Proposition 3.2) donne $\mathscr{F}_{S+} \subset \mathscr{F}_{T+}$.

En général,

$$\{S \wedge T \leq t\} = \{S \leq t\} \cup \{T \leq t\} \in \mathscr{F}_t,$$
$$\{S \vee T \leq t\} = \{S \leq t\} \cap \{T \leq t\} \in \mathscr{F}_t.$$

Il est immédiat d'après la première assertion de (f) que $\mathscr{F}_{S \wedge T} \subset (\mathscr{F}_S \cap \mathscr{F}_T)$. De plus, si $A \in \mathscr{F}_S \cap \mathscr{F}_T$,

$$A \cap \{S \wedge T \leq t\} = (A \cap \{S \leq t\}) \cup (A \cap \{T \leq t\}) \in \mathscr{F}_t,$$

d'où $A \in \mathscr{F}_{S \wedge T}$.

Ensuite, pour $t \geq 0$,

$$\{S \leq T\} \cap \{T \leq t\} = \{S \leq t\} \cap \{T \leq t\} \cap \{S \wedge t \leq T \wedge t\} \in \mathscr{F}_t$$
$$\{S \leq T\} \cap \{S \leq t\} = \{S \wedge t \leq T \wedge t\} \cap \{S \leq t\} \in \mathscr{F}_t,$$

car $S \wedge t$ et $T \wedge t$ sont $\mathscr{F}_t$-mesurables d'après (b). Cela donne $\{S \leq T\} \in \mathscr{F}_S \cap \mathscr{F}_T = \mathscr{F}_{S \wedge T}$. Ensuite, on écrit $\{S = T\} = \{S \leq T\} \cap \{T \leq S\}$.

(g) Il suffit d'écrire

$$\{S \leq t\} = \bigcap_n \{S_n \leq t\} \in \mathscr{F}_t.$$

(h) On écrit

$$\{S < t\} = \bigcup_n \{S_n < t\} \in \mathscr{F}_t.$$

De plus, d'après (f) on a $\mathscr{F}_{S+} \subset \mathscr{F}_{S_n+}$ pour tout n, et inversement si $A \in \bigcap_n \mathscr{F}_{S_n+}$,

$$A \cap \{S < t\} = \bigcup_n (A \cap \{S_n < t\}) \in \mathscr{F}_t,$$

d'où $A \in \mathscr{F}_{S+}$.

(i) Dans ce cas on a aussi

$$\{S \leq t\} = \bigcup_n \{S_n \leq t\} \in \mathscr{F}_t,$$

et pour $A \in \bigcap_n \mathscr{F}_{S_n}$,

$$A \cap \{S \leq t\} = \bigcup_n (A \cap \{S_n \leq t\}) \in \mathscr{F}_t,$$

d'où $A \in \mathscr{F}_S$.

(j) Supposons d'abord que, pour tout $t \geq 0$, la restriction de Y à $\{T \leq t\}$ est $\mathscr{F}_t$-mesurable. On a alors, pour toute partie mesurable A de E,

$$\{Y \in A\} \cap \{T \leq t\} \in \mathscr{F}_t.$$

En faisant tendre t vers ∞, on obtient d'abord que $\{Y \in A\} \in \mathscr{F}_\infty$, puis on déduit de l'égalité précédente que $\{Y \in A\}$ est dans $\mathscr{F}_T$. On conclut que Y est $\mathscr{F}_T$-mesurable. Inversement, si Y est $\mathscr{F}_T$-mesurable, $\{Y \in A\} \in \mathscr{F}_T$ et donc $\{Y \in A\} \cap \{T \leq t\} \in \mathscr{F}_t$, d'où le résultat voulu.   □

Théorème 3.1. *Soit $(X_t)_{t \geq 0}$ un processus progressif à valeurs dans un espace mesurable $(E, \mathscr{E})$, et soit T un temps d'arrêt. Alors la fonction $\omega \mapsto X_T(\omega) = X_{T(\omega)}(\omega)$, définie sur l'ensemble $\{T < \infty\}$, est $\mathscr{F}_T$-mesurable.*

Démonstration. On applique la propriété (j) ci-dessus : la restriction à $\{T \leq t\}$ de l'application $\omega \mapsto X_T(\omega)$ est la composition des deux applications

$$\{T \leq t\} \ni \omega \mapsto (\omega, T(\omega))$$
$$\mathscr{F}_t \qquad \mathscr{F}_t \otimes \mathscr{B}([0,t])$$

et

$$(\omega, s) \mapsto X_s(\omega)$$
$$\mathscr{F}_t \otimes \mathscr{B}([0,t]) \qquad \mathscr{E}$$

qui sont toutes les deux mesurables (la deuxième par définition d'un processus progressif). On obtient que la restriction à $\{T \leq t\}$ de l'application $\omega \mapsto X_T(\omega)$ est $\mathscr{F}_t$-mesurable, ce qui suffit pour conclure d'après la propriété (j).   □

Proposition 3.3. *Soient T un temps d'arrêt et S une variable aléatoire $\mathscr{F}_T$-mesurable telle que $S \geq T$. Alors S est aussi un temps d'arrêt.*

En particulier, si T est un temps d'arrêt,

$$T_n = \sum_{k=0}^{\infty} \frac{k+1}{2^n} \mathbf{1}_{\{k2^{-n} < T \le (k+1)2^{-n}\}} + \infty \cdot \mathbf{1}_{\{T=\infty\}}, \qquad n = 0, 1, 2, \ldots$$

définit une suite de temps d'arrêt qui décroît vers T.

Démonstration. On écrit

$$\{S \le t\} = \{S \le t\} \cap \{T \le t\} \in \mathscr{F}_t$$

puisque $\{S \le t\}$ est $\mathscr{F}_T$-mesurable. La deuxième assertion en découle puisque T_n est clairement $\mathscr{F}_T$-mesurable et $T_n \ge T$. $\qquad\qquad\qquad\qquad\qquad\square$

Nous terminons ce paragraphe avec un théorème général qui permet la construction de nombreux temps d'arrêt.

Théorème 3.2. *On suppose que la filtration $(\mathscr{F}_t)$ vérifie les conditions habituelles (elle est complète et continue à droite). Soit $A \subset \Omega \times \mathbb{R}_+$ un ensemble progressif (i.e. tel que le processus $X_t(\omega) = \mathbf{1}_A(\omega, t)$ soit progressif) et soit D_A le début de A défini par*

$$D_A(\omega) = \inf\{t \ge 0 : (\omega, t) \in A\} \qquad \text{(avec } \inf \varnothing = \infty\text{).}$$

Alors D_A est un temps d'arrêt.

La preuve de ce théorème repose sur le résultat difficile de théorie de la mesure qui suit.

Théorème. *Soit $(\Lambda, \mathscr{G}, \Pi)$ un espace de probabilité complet, au sens où la tribu $\mathscr{G}$ contient tous les ensembles Π-négligeables. Soit $H \subset \Lambda \times \mathbb{R}_+$ un ensemble mesurable pour la tribu produit $\mathscr{G} \otimes \mathscr{B}(\mathbb{R}_+)$. Alors la projection de H,*

$$p(H) = \{\omega \in \Lambda : \exists t \ge 0, (\omega, t) \in H\}$$

appartient à la tribu $\mathscr{G}$.

(Pour une preuve voir par exemple le Chapitre III de [1].)

Démonstration du Théorème 3.2. On applique le théorème ci-dessus en fixant $t \ge 0$, en prenant $(\Lambda, \mathscr{G}, \Pi) = (\Omega, \mathscr{F}_t, P)$ et $H = (\Omega \times [0, t[) \cap A$. La définition d'un processus progressif montre que H est mesurable pour $\mathscr{F}_t \otimes \mathscr{B}(\mathbb{R}_+)$. En conséquence,

$$p(H) = \{\omega \in \Omega : \exists s < t, (\omega, s) \in A\} \in \mathscr{F}_t.$$

Or $\{D_A < t\} = p(H)$. On a donc obtenu $\{D_A < t\} \in \mathscr{F}_t$ et puisque la filtration est continue à droite, la propriété (b) montre que D_A est un temps d'arrêt. $\qquad\qquad\square$

Dans la suite, nous n'utiliserons pas le résultat du Théorème 3.2 mais seulement des résultats plus faibles que l'on peut obtenir sans hypothèse sur la filtration $(\mathscr{F}_t)$.

Proposition 3.4. *Soit* $(X_t)_{t\geq 0}$ *un processus adapté, à valeurs dans un espace métrique* (E,d).

(i) *Supposons que les trajectoires de X sont continues à droite, et soit O un ouvert de E. Alors*

$$T_O = \inf\{t \geq 0 : X_t \in O\}$$

est un temps d'arrêt de la filtration $(\mathscr{F}_{t+})$.

(ii) *Supposons que les trajectoires de X sont continues, et soit F un fermé de E. Alors*

$$T_F = \inf\{t \geq 0 : X_t \in F\}$$

est un temps d'arrêt.

Démonstration. (i) On a pour tout $t \geq 0$,

$$\{T_O < t\} = \bigcup_{s \in [0,t[\cap \mathbb{Q}} \{X_s \in O\} \in \mathscr{F}_t.$$

(ii) De même,

$$\{T_F \leq t\} = \left\{ \inf_{0 \leq s \leq t} d(X_s, F) = 0 \right\} = \left\{ \inf_{s \in [0,t]\cap \mathbb{Q}} d(X_s, F) = 0 \right\} \in \mathscr{F}_t. \qquad \square$$

3.3 Martingales et surmartingales à temps continu

Rappelons qu'on a fixé un espace de probabilité filtré $(\Omega, \mathscr{F}, (\mathscr{F}_t), P)$. Dans la suite de ce chapitre, tous les processus sont à valeurs réelles.

Définition 3.5. Un processus $(X_t)_{t\geq 0}$ adapté et tel que $X_t \in L^1$ pour tout $t \geq 0$, est appelé

· martingale si, pour tous $0 \leq s < t$, $E[X_t \mid \mathscr{F}_s] = X_s$;

· surmartingale si, pour tous $0 \leq s < t$, $E[X_t \mid \mathscr{F}_s] \leq X_s$;

· sous-martingale si, pour tous $0 \leq s < t$, $E[X_t \mid \mathscr{F}_s] \geq X_s$.

Cette définition généralise de manière évidente les notions analogues à temps discret, où on considère un processus $(Y_n)_{n\in\mathbb{N}}$ indexé par les entiers positifs, ainsi qu'une filtration discrète $(\mathscr{G}_n)_{n\in\mathbb{N}}$ (voir l'Appendice A2 ci-dessous).

Si $(X_t)_{t\geq 0}$ est une surmartingale, $(-X_t)_{t\geq 0}$ est une sous-martingale. Pour cette raison, une partie des résultats qui suivent sont énoncés seulement pour des surmartingales, les analogues pour des sous-martingales en découlant immédiatement.

Exemple important. On dit qu'un processus $(Z_t)_{t\geq 0}$ (à valeurs réelles) est un processus à accroissements indépendants (PAI) par rapport à la filtration $(\mathscr{F}_t)$ si Z est adapté et si, pour tous $0 \leq s < t$, $Z_t - Z_s$ est indépendant de la tribu $\mathscr{F}_s$ (par exemple un mouvement brownien est un PAI par rapport à sa filtration canonique, complétée ou non). Si Z est un PAI par rapport à $(\mathscr{F}_t)$, alors

(i) si $Z_t \in L^1$ pour tout $t \geq 0$, $\widetilde{Z}_t = Z_t - E[Z_t]$ est une martingale;

(ii) si $Z_t \in L^2$ pour tout $t \geq 0$, $X_t = \widetilde{Z}_t^2 - E[\widetilde{Z}_t^2]$ est une martingale;

(iii) s'il existe $\theta \in \mathbb{R}$ tel que $E[e^{\theta Z_t}] < \infty$ pour tout $t \geq 0$,

$$X_t = \frac{e^{\theta Z_t}}{E[e^{\theta Z_t}]}$$

est une martingale.

Les démonstrations sont très faciles. Dans le deuxième cas, on a pour $0 \leq s < t$,

$$
\begin{aligned}
E[(\widetilde{Z}_t)^2 \mid \mathscr{F}_s] &= E[(\widetilde{Z}_s + \widetilde{Z}_t - \widetilde{Z}_s)^2 \mid \mathscr{F}_s] \\
&= \widetilde{Z}_s^2 + 2\widetilde{Z}_s E[\widetilde{Z}_t - \widetilde{Z}_s \mid \mathscr{F}_s] + E[(\widetilde{Z}_t - \widetilde{Z}_s)^2 \mid \mathscr{F}_s] \\
&= \widetilde{Z}_s^2 + E[(\widetilde{Z}_t - \widetilde{Z}_s)^2] \\
&= \widetilde{Z}_s^2 + E[\widetilde{Z}_t^2] - 2E[\widetilde{Z}_s \widetilde{Z}_t] + E[\widetilde{Z}_s^2] \\
&= \widetilde{Z}_s^2 + E[\widetilde{Z}_t^2] - E[\widetilde{Z}_s^2],
\end{aligned}
$$

parce que $E[\widetilde{Z}_s \widetilde{Z}_t] = E[\widetilde{Z}_s E[\widetilde{Z}_t \mid \mathscr{F}_s]] = E[\widetilde{Z}_s^2]$. Le résultat voulu en découle. Dans le troisième cas,

$$E[X_t \mid \mathscr{F}_s] = \frac{e^{\theta Z_s} E[e^{\theta(Z_t - Z_s)} \mid \mathscr{F}_s]}{E[e^{\theta Z_s}] E[e^{\theta(Z_t - Z_s)}]} = \frac{e^{\theta Z_s}}{E[e^{\theta Z_s}]} = X_s.$$

Considérons le cas particulier du mouvement brownien : on dit que B est un $(\mathscr{F}_t)$-mouvement brownien si B est un mouvement brownien, et si B est (adapté et) à accroissements indépendants par rapport à $(\mathscr{F}_t)$ au sens donné ci-dessus. Cette dernière propriété est toujours vraie si $(\mathscr{F}_t)$ est la filtration canonique (éventuellement complétée) de B. Si B est un $(\mathscr{F}_t)$-mouvement brownien, on voit que les processus

$$B_t \ , \ B_t^2 - t \ , \ e^{\theta B_t - \frac{\theta^2}{2} t}$$

sont des martingales. Les processus $e^{\theta B_t - \frac{\theta^2}{2} t}$ sont appelés des martingales exponentielles du mouvement brownien : ces processus et leurs généralisations joueront un rôle important dans la suite.

On peut aussi prendre pour $f \in L^2(\mathbb{R}_+, \mathscr{B}(\mathbb{R}_+), dt)$,

$$Z_t = \int_0^t f(s) \, dB_s.$$

Les propriétés des mesures gaussiennes montrent que Z est un PAI par rapport à la filtration canonique de B, et donc

$$\int_0^t f(s) dB_s \ , \ \left(\int_0^t f(s) dB_s \right)^2 - \int_0^t f(s)^2 ds \ , \ \exp\left(\theta \int_0^t f(s) dB_s - \frac{\theta^2}{2} \int_0^t f(s)^2 ds \right)$$

sont des martingales.

On peut enfin prendre $Z = N$, processus de Poisson standard (et pour $(\mathscr{F}_t)$ la filtration canonique de N), et on trouve alors en particulier que

$$N_t - t \ , \ (N_t - t)^2 - t$$

sont des martingales.

Proposition 3.5. *Soit $(X_t)_{t \geq 0}$ une martingale (respectivement une sous-martingale) et soit $f : \mathbb{R} \longrightarrow \mathbb{R}_+$ une fonction convexe (resp. une fonction convexe croissante). Supposons aussi que $E[f(X_t)] < \infty$ pour tout $t \geq 0$. Alors, $(f(X_t))_{t \geq 0}$ est une sous-martingale.*

Démonstration. D'après l'inégalité de Jensen, on a pour $s < t$

$$E[f(X_t) \mid \mathscr{F}_s] \geq f(E[X_t \mid \mathscr{F}_s]) \geq f(X_s),$$

la dernière inégalité utilisant le caractère croissant de f lorsque (X_t) est une sous-martingale.   □

Conséquences. Si $(X_t)_{t \geq 0}$ est une martingale, $|X_t|$ est une sous-martingale, et plus généralement, pour tout réel $p \geq 1$, $|X_t|^p$ est une sous-martingale, à condition qu'on ait $E[|X_t|^p] < \infty$ pour tout $t \geq 0$. Si $(X_t)_{t \geq 0}$ est une sous-martingale, $(X_t)^+$ est aussi une sous-martingale.

Remarque. Si $(X_t)_{t \geq 0}$ est une martingale quelconque, l'inégalité de Jensen montre que, pour tout $p \geq 1$, $E[|X_t|^p]$ est fonction croissante de t à valeurs dans $[0, \infty]$.

Proposition 3.6. *Soit $(X_t)_{t \geq 0}$ une sous-martingale ou une surmartingale. Alors pour tout $t > 0$,*

$$\sup_{0 \leq s \leq t} E[|X_s|] < \infty.$$

Démonstration. Il suffit bien sûr de traiter le cas où $(X_t)_{t \geq 0}$ est une sous-martingale. Puisque $(X_t)^+$ est aussi une sous-martingale, on a pour tout $s \in [0, t]$,

$$E[(X_s)^+] \leq E[(X_t)^+].$$

D'autre part, puisque X est une sous-martingale on a aussi pour $s \in [0, t]$,

$$E[X_s] \geq E[X_0].$$

En combinant ces deux inégalités, et en remarquant que $|x| = 2x^+ - x$, on trouve

$$\sup_{s \in [0, t]} E[|X_s|] \leq 2E[(X_t)^+] - E[X_0] < \infty,$$

d'où le résultat voulu.   □

La proposition suivante sera très utile dans l'étude des martingales de carré intégrable.

Proposition 3.7. *Soit* $(M_t)_{t \geq 0}$ *une martingale de carré intégrable* ($M_t \in L^2$ *pour tout* $t \geq 0$). *Soient* $0 \leq s < t$ *et soit* $s = t_0 < t_1 < \cdots < t_p = t$ *une subdivision de l'intervalle* $[s,t]$. *Alors,*

$$E\left[\sum_{i=1}^{p}(M_{t_i} - M_{t_{i-1}})^2 \,\Big|\, \mathscr{F}_s\right] = E[M_t^2 - M_s^2 \mid \mathscr{F}_s] = E[(M_t - M_s)^2 \mid \mathscr{F}_s].$$

En particulier,

$$E\left[\sum_{i=1}^{p}(M_{t_i} - M_{t_{i-1}})^2\right] = E[M_t^2 - M_s^2] = E[(M_t - M_s)^2].$$

Démonstration. Pour tout $i = 1, \ldots, p$,

$$
\begin{aligned}
E[(M_{t_i} - M_{t_{i-1}})^2 \mid \mathscr{F}_s] &= E[E[(M_{t_i} - M_{t_{i-1}})^2 \mid \mathscr{F}_{t_{i-1}}] \mid \mathscr{F}_s] \\
&= E\left[E[M_{t_i}^2 \mid \mathscr{F}_{t_{i-1}}] - 2M_{t_{i-1}} E[M_{t_i} \mid \mathscr{F}_{t_{i-1}}] + M_{t_{i-1}}^2 \,\Big|\, \mathscr{F}_s\right] \\
&= E\left[E[M_{t_i}^2 \mid \mathscr{F}_{t_{i-1}}] - M_{t_{i-1}}^2 \,\Big|\, \mathscr{F}_s\right] \\
&= E[M_{t_i}^2 - M_{t_{i-1}}^2 \mid \mathscr{F}_s]
\end{aligned}
$$

d'où aisément le résultat voulu. $\qquad\square$

Notre objectif est maintenant d'établir des résultats de régularité des trajectoires pour les martingales et les surmartingales à temps continu. Nous commençons par établir des analogues d'inégalités classiques à temps discret.

Proposition 3.8. (i) (Inégalité maximale) *Soit* $(X_t)_{t \geq 0}$ *une surmartingale à trajectoires continues à droite. Alors, pour tout* $t > 0$ *et tout* $\lambda > 0$,

$$\lambda P\left[\sup_{0 \leq s \leq t} |X_s| > \lambda\right] \leq E[|X_0|] + 2E[|X_t|].$$

(ii) (Inégalité de Doob dans L^p) *Soit* $(X_t)_{t \geq 0}$ *une martingale à trajectoires continues à droite. Alors pour tout* $t > 0$ *et tout* $p > 1$,

$$E\left[\sup_{0 \leq s \leq t} |X_s|^p\right] \leq \left(\frac{p}{p-1}\right)^p E[|X_t|^p].$$

Démonstration. (i) Fixons $t > 0$ et considérons un sous-ensemble dénombrable dense D de $\mathbb{R}_+$ tel que $0 \in D$ et $t \in D$. On peut écrire $D \cap [0, t]$ comme la réunion croissante d'une suite $(D_m)_{m \geq 1}$ de parties finies de $[0, t]$ de la forme $D_m = \{t_0^m, t_1^m, \ldots, t_m^m\}$ avec $0 = t_0^m < t_1^m < \cdots < t_m^m = t$. Pour chaque valeur de m fixée on peut appliquer l'inégalité maximale (voir l'Appendice A2 ci-dessous) à la suite $Y_n = X_{t_{n \wedge m}^m}$ qui est une surmartingale discrète relativement à la filtration $\mathscr{G}_n = \mathscr{F}_{t_{n \wedge m}^m}$. On trouve ainsi

$$\lambda P\left[\sup_{s \in D_m} |X_s| > \lambda\right] \leq E[|X_0|] + 2E[|X_t|].$$

Mais il est immédiat que

$$P\left[\sup_{s\in D_m}|X_s|>\lambda\right]\uparrow P\left[\sup_{s\in D\cap[0,t]}|X_s|>\lambda\right]$$

quand $m\uparrow\infty$. On a donc aussi

$$\lambda P\left[\sup_{s\in D\cap[0,t]}|X_s|>\lambda\right]\leq E[|X_0|]+2E[|X_t|].$$

Enfin, la continuité à droite des trajectoires, et le fait que $t\in D$, assurent que

$$\sup_{s\in D\cap[0,t]}|X_s|=\sup_{s\in[0,t]}|X_s|. \qquad (3.1)$$

La majoration de (i) découle de ces observations.

(ii) En suivant la même démarche que dans la preuve de (i), et en utilisant l'inégalité de Doob dans L^p pour les martingales discrètes (voir l'Appendice A2), on trouve, pour tout entier $m\geq 1$,

$$E\left[\sup_{s\in D_m}|X_s|^p\right]\leq\left(\frac{p}{p-1}\right)^p E[|X_t|^p].$$

Il suffit maintenant de faire tendre m vers l'infini, en utilisant le théorème de convergence monotone, et ensuite d'appliquer (3.1). □

Remarque. Si on ne suppose pas que les trajectoires sont continues à droite, la preuve ci-dessus montre que, pour tout sous-ensemble dénombrable dense D de $\mathbb{R}_+$ et tout $t>0$,

$$P\left[\sup_{s\in D\cap[0,t]}|X_s|>\lambda\right]\leq\frac{1}{\lambda}(E[|X_0|]+2E[|X_t|]).$$

En faisant tendre λ vers ∞, on a en particulier

$$\sup_{s\in D\cap[0,t]}|X_s|<\infty, \quad \text{p.s.}$$

Nombres de montées. Si $f:I\longrightarrow\mathbb{R}$ est une fonction définie sur une partie I de $\mathbb{R}_+$, et si $a<b$, le nombre de montées de f le long de $[a,b]$, noté $M_{ab}^f(I)$ est le supremum des entiers $k\geq 1$ tels que l'on puisse trouver une suite finie croissante $s_1<t_1<\cdots<s_k<t_k$ d'éléments de I tels que $f(s_i)<a$ et $f(t_i)>b$ pour tout $i\in\{1,\ldots,k\}$ (s'il n'existe de telle suite pour aucun entier $k\geq 1$, on prend $M_{ab}^f(I)=0$). Il est commode d'utiliser les nombres de montées pour étudier la régularité des fonctions.

Dans le lemme suivant, la notation

$$\lim_{s\downarrow\downarrow t}f(s) \qquad (\text{resp. } \lim_{s\uparrow\uparrow t}f(s))$$

signifie

$$\lim_{s\downarrow t, s>t} f(s) \qquad (\text{resp. } \lim_{s\uparrow t, s<t} f(s)\,).$$

On dit qu'une fonction $g : \mathbb{R}_+ \to \mathbb{R}$ est càdlàg si elle est continue à droite et si elle admet une limite à gauche en tout $t > 0$.

Lemme 3.1. *Soit D un sous-ensemble dénombrable dense de $\mathbb{R}_+$ et soit f une fonction définie sur D et à valeurs réelles. Supposons que, pour tout réel $T \in D$, la fonction f est bornée sur $D \cap [0,T]$, et que, pour tout choix des rationnels a et b tels que $a < b$ on a*

$$M_{ab}^{f}(D \cap [0,T]) < \infty.$$

Alors, la limite à droite

$$f(t+) := \lim_{s\downarrow\downarrow t, s\in D} f(s)$$

existe pour tout réel $t \geq 0$, et de même la limite à gauche

$$f(t-) := \lim_{s\uparrow\uparrow t, s\in D} f(s)$$

existe pour tout réel $t > 0$. De plus, la fonction $g : \mathbb{R}_+ \longrightarrow \mathbb{R}$ définie par $g(t) = f(t+)$ est càdlàg.

La preuve de ce lemme d'analyse est laissée au lecteur. Il est important de noter que les limites à droite et à gauche $f(t+)$ et $f(t-)$ sont définies pour tout réel t ($t > 0$ dans le cas de $f(t-)$) et pas seulement pour $t \in D$.

Théorème 3.3. *Soit $(X_t)_{t\geq 0}$ une surmartingale et soit D un sous-ensemble dénombrable dense de $\mathbb{R}_+$.*

(i) *Pour presque tout $\omega \in \Omega$, la restriction à D de l'application $s \mapsto X_s(\omega)$ admet en tout point t de $\mathbb{R}_+$ une limite à droite finie notée $X_{t+}(\omega)$ et en tout point t de $\mathbb{R}_+ \setminus \{0\}$ une limite à gauche finie notée $X_{t-}(\omega)$.*

(ii) *Pour tout $t \in \mathbb{R}_+$, $X_{t+} \in L^1$ et*

$$X_t \geq E[X_{t+} \mid \mathscr{F}_t]$$

avec égalité si la fonction $t \longrightarrow E[X_t]$ est continue à droite (en particulier si X est une martingale). Le processus $(X_{t+})_{t\geq 0}$ est une surmartingale par rapport à la filtration $(\mathscr{F}_{t+})$, une martingale si X en est une.

Remarque. Pour les assertions de (ii), particulièrement la dernière, il faut que $X_{t+}(\omega)$ soit défini pour tout $\omega \in \Omega$ et pas seulement en dehors d'un ensemble négligeable comme dans (i) : ce point sera précisé dans la preuve qui suit.

Démonstration. (i) Fixons $T \in D$. D'après la remarque suivant la Proposition 3.8, on a

$$\sup_{s\in D\cap[0,T]} |X_s| < \infty, \quad \text{p.s.}$$

Comme dans la preuve de la Proposition 3.8, on peut choisir une suite $(D_m)_{m\geq 1}$ de sous-ensembles finis de D croissant vers $D \cap [0,T]$ (et tels que $0, T \in D_m$) et l'inégalité des nombres de montées de Doob (voir l'Appendice A2) donne, pour tous $a < b$ et tout $m \geq 1$,

$$E[M_{ab}^X(D_m)] \leq \frac{1}{b-a} E[(X_T - a)^-].$$

On peut faire tendre m vers ∞ et obtenir par convergence monotone

$$E[M_{ab}^X(D \cap [0,T])] \leq \frac{1}{b-a} E[(X_T - a)^-] < \infty.$$

On a donc

$$M_{ab}^X([0,T] \cap D) < \infty, \quad \text{p.s.}$$

Posons

$$N = \bigcup_{T \in D} \left(\left\{ \sup_{t \in D \cap [0,T]} |X_t| = \infty \right\} \cup \bigcup_{a,b \in \mathbb{Q}, a<b} \{ M_{ab}^X(D \cap [0,T]) = \infty \} \right). \tag{3.2}$$

Alors $P(N) = 0$, et d'autre part si $\omega \notin N$, la fonction $D \ni t \mapsto X_t(\omega)$ satisfait les hypothèses du Lemme 3.1, ce qui donne le résultat de (i).

(ii) Pour que $X_{t+}(\omega)$ soit défini pour tout ω et pas seulement sur l'ensemble $\Omega \setminus N$, on pose

$$X_{t+}(\omega) = \begin{cases} \lim_{s \downarrow \downarrow t, s \in D} X_s(\omega) & \text{si la limite existe} \\ 0 & \text{sinon.} \end{cases}$$

Avec cette convention, X_{t+} est $\mathscr{F}_{t+}$-mesurable.

Fixons $t \geq 0$ et choisissons une suite $(t_n)_{n \in \mathbb{N}}$ dans D telle que t_n décroît strictement vers t quand $n \to \infty$. Alors, par construction on a p.s.,

$$X_{t+} = \lim_{n \to \infty} X_{t_n}.$$

De plus, posons, pour tout entier $k \leq 0$, $Y_k = X_{t-k}$. Alors Y est une surmartingale rétrograde par rapport à la filtration $\mathscr{H}_k = \mathscr{F}_{t-k}$ (voir l'Appendice A2). D'après la Proposition 3.6, on a $\sup_{k \leq 0} E[|Y_k|] < \infty$. Le théorème de convergence pour les surmartingales discrètes rétrogrades (voir l'Appendice A2) entraîne alors que la suite X_{t_n} converge dans L^1 vers X_{t+}. En particulier $X_{t+} \in L^1$.

Grâce à la convergence dans L^1, on peut passer à la limite dans l'inégalité $X_t \geq E[X_{t_n} \mid \mathscr{F}_t]$, et on trouve

$$X_t \geq E[X_{t+} \mid \mathscr{F}_t].$$

De plus, toujours grâce à la convergence dans L^1, on a $E[X_{t+}] = \lim E[X_{t_n}]$ et donc, si la fonction $s \longrightarrow E[X_s]$ est continue à droite, on doit avoir $E[X_{t+}] = E[X_t]$. Clairement, l'inégalité $X_t \geq E[X_{t+} \mid \mathscr{F}_t]$ n'est alors possible que si $X_t = E[X_{t+} \mid \mathscr{F}_t]$.

Nous avons déjà remarqué que X_{t+} est $\mathscr{F}_{t+}$-mesurable. Soient ensuite $s < t$ et soit aussi une suite $(s_n)_{n \in \mathbb{N}}$ dans D qui décroît strictement vers s. On peut bien sûr supposer $s_n \leq t_n$ pour tout n. Alors X_{s_n} converge vers X_{s+} dans L^1, et donc, si $A \in \mathscr{F}_{s+} \subset \mathscr{F}_{s_n}$ pour tout n,

$$E[X_{s+}\mathbf{1}_A] = \lim_{n\to\infty} E[X_{s_n}\mathbf{1}_A] \geq \lim_{n\to\infty} E[X_{t_n}\mathbf{1}_A] = E[X_{t+}\mathbf{1}_A] = E[E[X_{t+} \mid \mathscr{F}_{s+}]\mathbf{1}_A],$$

ce qui entraîne $X_{s+} \geq E[X_{t+} \mid \mathscr{F}_{s+}]$ puisque X_{s+} et $E[X_{t+} \mid \mathscr{F}_{s+}]$ sont toutes deux $\mathscr{F}_{s+}$-mesurables. Enfin, si X est une martingale, on peut remplacer dans le calcul précédent l'inégalité $\geq$ par une égalité. $\square$

Théorème 3.4. *Supposons que la filtration* $(\mathscr{F}_t)$ *satisfait les conditions habituelles. Si* $X = (X_t)_{t\geq 0}$ *est une surmartingale et si la fonction* $t \longrightarrow E[X_t]$ *est continue à droite, alors* X *a une modification, qui est aussi une* $(\mathscr{F}_t)$-*surmartingale, dont les trajectoires sont càdlàg.*

Démonstration. Fixons un ensemble D comme dans le Théorème 3.3. Soit N l'ensemble négligeable défini par (3.2). Posons alors, pour tout $t \geq 0$,

$$Y_t(\omega) = \begin{cases} X_{t+}(\omega) & \text{si } \omega \notin N \\ 0 & \text{si } \omega \in N. \end{cases}$$

Le Lemme 3.1 montre alors que les trajectoires de Y sont càdlàg.

Rappelons que la variable X_{t+} est $\mathscr{F}_{t+}$-mesurable, et donc ici $\mathscr{F}_t$-mesurable puisque la filtration est continue à droite. Puisque l'ensemble négligeable N est dans $\mathscr{F}_\infty$, le fait que la filtration soit complète assure aussi que Y_t est $\mathscr{F}_t$-mesurable. Enfin, on a d'après le Théorème 3.3 (ii),

$$X_t = E[X_{t+} \mid \mathscr{F}_t] = X_{t+} = Y_t, \quad \text{p.s.}$$

puisque X_{t+} est $\mathscr{F}_t$-mesurable. On voit ainsi que Y est une modification de X. Le processus Y est adapté à la filtration $(\mathscr{F}_t)$ et il est aussi immédiat que Y est une $(\mathscr{F}_t)$-surmartingale. $\square$

Remarque. Si la filtration est quelconque, on peut toujours appliquer le théorème précédent à l'augmentation habituelle de $(\mathscr{F}_t)$ et au processus (X_{t+}) du Théorème 3.3 (remarquer que l'application $t \mapsto E[X_{t+}]$ est toujours continue à droite). On trouve ainsi que (X_{t+}) a une modification càdlàg.

En particulier, si on sait à l'avance que les trajectoires de X sont continues à droite, on en déduit que p.s. elles ont aussi des limites à gauche (une modification continue à droite est unique à indistinguabilité près).

3.4 Théorèmes d'arrêt

Nous commençons par un théorème de convergence pour les surmartingales.

Théorème 3.5. *Soit* X *une surmartingale à trajectoires continues à droite et bornée dans* L^1. *Alors, il existe une variable* $X_\infty \in L^1$ *telle que*

$$\lim_{t\to\infty} X_t = X_\infty, \quad \text{p.s.}$$

Démonstration. Soit D un sous-ensemble dénombrable dense de $\mathbb{R}_+$. D'après la preuve du Théorème 3.3, on a pour tout $T \in D$ et $a < b$,

$$E[M_{ab}^X(D \cap [0,T])] \le \frac{1}{b-a} E[(X_T - a)^-].$$

Par convergence monotone, on a pour tous $a < b$,

$$E[M_{ab}^X(D)] \le \frac{1}{b-a} \sup_{t \ge 0} E[(X_t - a)_-] < \infty,$$

puisque la famille $(X_t)_{t \ge 0}$ est bornée dans L^1. Donc, p.s. pour tous rationnels $a<b$ on a $M_{ab}^X(D)<\infty$. Cela suffit pour obtenir que la limite

$$X_\infty := \lim_{D \ni t \to \infty} X_t \tag{3.3}$$

existe p.s. dans $[-\infty, \infty]$. Le lemme de Fatou montre alors que

$$E[|X_\infty|] \le \liminf_{D \ni t \to \infty} E[|X_t|] < \infty.$$

Donc $X_\infty \in L^1$ (en particulier $|X_\infty| < \infty$ p.s.). La continuité à droite des trajectoires permet de supprimer la restriction $t \in D$ dans la limite (3.3). $\qquad\square$

Définition 3.6. Une martingale $(X_t)_{t \ge 0}$ est dite fermée s'il existe une variable $Z \in L^1$ telle que, pour tout $t \ge 0$,
$$X_t = E[Z \mid \mathscr{F}_t].$$

La proposition suivante est l'analogue continu d'un résultat pour les martingales discrètes rappelé dans l'Appendice A2.

Proposition 3.9. *Soit $(X_t)_{t \ge 0}$ une martingale à trajectoires continues à droite. Alors il y a équivalence entre*

(i) *$(X_t)_{t \ge 0}$ est fermée;*
(ii) *X_t converge p.s. et dans L^1 quand $t \to \infty$, vers une variable notée X_∞;*
(iii) *la famille $(X_t)_{t \ge 0}$ est uniformément intégrable.*

De plus si ces propriétés sont satisfaites on a $X_t = E[X_\infty \mid \mathscr{F}_t]$ pour tout $t \ge 0$.

Démonstration. L'implication (i)⇒(iii) est facile : si $Z \in L^1$, la famille des variables $E[Z \mid \mathscr{G}]$, lorsque $\mathscr{G}$ décrit l'ensemble des sous-tribus de $\mathscr{F}$, est uniformément intégrable. Si (iii) est vrai, la Théorème 3.5 entraîne que X_t converge p.s. vers X_∞, donc aussi dans L^1 par uniforme intégrabilité. Enfin, si (ii) est vérifié, on peut passer à la limite $t \to \infty$ dans L^1 dans l'égalité $X_s = E[X_t \mid \mathscr{F}_s]$ et on trouve $X_s = E[X_\infty \mid \mathscr{F}_s]$. $\qquad\square$

Nous utilisons maintenant les théorèmes d'arrêt du cas discret pour établir des résultats analogues à temps continu. Si $(X_t)_{t \ge 0}$ est une martingale ou une surmartingale à trajectoires continues à droite et qui converge p.s. quand $t \to \infty$ vers une limite notée X_∞, pour tout temps d'arrêt T, on notera X_T la variable

$$X_T(\omega) = \mathbf{1}_{\{T(\omega)<\infty\}} X_{T(\omega)}(\omega) + \mathbf{1}_{\{T(\omega)=\infty\}} X_\infty(\omega).$$

Comparer avec le Théorème 3.1 où la variable X_T était seulement définie sur l'ensemble $\{T < \infty\}$. Avec cette nouvelle définition, la variable X_T reste $\mathscr{F}_T$-mesurable : utiliser le Théorème 3.1 et le fait, facile à vérifier, que $\mathbf{1}_{\{T=\infty\}} X_\infty$ est $\mathscr{F}_T$-mesurable.

Théorème 3.6 (Théorème d'arrêt pour les martingales). *Soit $(X_t)_{t\geq 0}$ une martingale à trajectoires continues à droite et uniformément intégrable. Soient S et T deux temps d'arrêt avec $S \leq T$. Alors X_S et X_T sont dans L^1 et*

$$X_S = E[X_T \mid \mathscr{F}_S].$$

En particulier, pour tout temps d'arrêt S, on a

$$X_S = E[X_\infty \mid \mathscr{F}_S],$$

et

$$E[X_S] = E[X_\infty] = E[X_0].$$

Démonstration. Posons pour tout entier $n \geq 0$,

$$T_n = \sum_{k=0}^\infty \frac{k+1}{2^n} \mathbf{1}_{\{k2^{-n}<T\leq(k+1)2^{-n}\}} + \infty \cdot \mathbf{1}_{\{T=\infty\}}$$

et de même

$$S_n = \sum_{k=0}^\infty \frac{k+1}{2^n} \mathbf{1}_{\{k2^{-n}<S\leq(k+1)2^{-n}\}} + \infty \cdot \mathbf{1}_{\{S=\infty\}}.$$

La Proposition 3.3 montre que (T_n) et (S_n) sont deux suites de temps d'arrêt qui décroissent respectivement vers T et vers S. De plus on a $S_n \leq T_n$ pour tout $n \geq 0$.

Observons maintenant que pour chaque n fixé, S_n et T_n sont des temps d'arrêt de la filtration discrète $(\mathscr{F}_{k/2^n})_{k\geq 0}$. En appliquant le théorème d'arrêt pour les martingales discrètes fermées (voir l'Appendice A2) on a

$$X_{S_n} = E[X_{T_n} \mid \mathscr{F}_{S_n}]$$

(il y a ici une petite subtilité : il faut vérifier que la tribu du passé avant S_n lorsque S_n est vu comme temps d'arrêt de la filtration discrète $(\mathscr{F}_{k/2^n})_{k\geq 0}$ coïncide bien avec la tribu $\mathscr{F}_{S_n}$ – cela ne pose cependant aucune difficulté).

Soit maintenant $A \in \mathscr{F}_S$. Puisque $\mathscr{F}_S \subset \mathscr{F}_{S_n}$, on a $A \in \mathscr{F}_{S_n}$ et donc

$$E[\mathbf{1}_A X_{S_n}] = E[\mathbf{1}_A X_{T_n}].$$

Par continuité à droite des trajectoires on a p.s.

$$X_S = \lim_{n\to\infty} X_{S_n}, \quad X_T = \lim_{n\to\infty} X_{T_n}.$$

Ces limites ont aussi lieu dans L^1. En effet, toujours d'après le théorème d'arrêt pour les martingales discrètes fermées, on a $X_{S_n} = E[X_\infty \mid \mathscr{F}_{S_n}]$ pour tout n, et donc la suite (X_{S_n}) est uniformément intégrable (et de même pour la suite (X_{T_n})).

La convergence L^1 montre que X_S et X_T sont dans L^1, et permet aussi de passer à la limite dans l'égalité $E[\mathbf{1}_A X_{S_n}] = E[\mathbf{1}_A X_{T_n}]$ pour obtenir

$$E[\mathbf{1}_A X_S] = E[\mathbf{1}_A X_T].$$

Comme ceci est vrai pour tout $A \in \mathscr{F}_S$, et comme la variable X_S est $\mathscr{F}_S$-mesurable (d'après les remarques précédant le théorème), on conclut que

$$X_S = E[X_T \mid \mathscr{F}_S]$$

ce qui achève la preuve. □

Nous donnons maintenant deux corollaires du Théorème 3.6.

Corollaire 3.1. *Soit $(X_t)_{t \geq 0}$ une martingale à trajectoires continues à droite et soient $S \leq T$ deux temps d'arrêt bornés. Alors X_S et X_T sont dans L^1 et*

$$X_S = E[X_T \mid \mathscr{F}_S].$$

Démonstration. Soit $a \geq 0$ tel que $T \leq a$. On applique le théorème précédent à $(X_{t \wedge a})_{t \geq 0}$ qui est bien sûr fermée par X_a. □

Le second corollaire montre qu'une martingale (resp. une martingale uniformément intégrable) arrêtée à un temps d'arrêt reste une martingale (resp. une martingale uniformément intégrable). Ce résultat jouera un rôle particulièrement important dans les chapitres qui suivent.

Corollaire 3.2. *Soit $(X_t)_{t \geq 0}$ une martingale à trajectoires continues à droite, et soit T un temps d'arrêt.*

(i) Le processus $(X_{t \wedge T})_{t \geq 0}$ est encore une martingale.

(ii) Supposons de plus la martingale $(X_t)_{t \geq 0}$ uniformément intégrable. Alors le processus $(X_{t \wedge T})_{t \geq 0}$ est aussi une martingale uniformément intégrable, et on a pour tout $t \geq 0$,

$$X_{t \wedge T} = E[X_T \mid \mathscr{F}_t]. \tag{3.4}$$

Démonstration. On commence par montrer (ii). Rappelons que $X_T \in L^1$ d'après le Théorème 3.6. Il suffit donc d'établir (3.4). D'après le Théorème 3.6, on a aussi

$$X_{t \wedge T} = E[X_T \mid \mathscr{F}_{t \wedge T}].$$

Puisque $X_T \mathbf{1}_{\{T < \infty\}}$ est $\mathscr{F}_T$-mesurable, on sait que $X_T \mathbf{1}_{\{T \leq t\}}$ est $\mathscr{F}_t$-mesurable (d'après la propriété (j) ci-dessus), et aussi $\mathscr{F}_T$-mesurable, donc $\mathscr{F}_{t \wedge T}$-mesurable. Il en découle que

$$E[X_T \mathbf{1}_{\{T \leq t\}} \mid \mathscr{F}_{t \wedge T}] = X_T \mathbf{1}_{\{T \leq t\}} = E[X_T \mathbf{1}_{\{T \leq t\}} \mid \mathscr{F}_t].$$

Pour compléter la preuve, il reste à voir que

$$E[X_T \mathbf{1}_{\{T>t\}} \mid \mathscr{F}_{t \wedge T}] = E[X_T \mathbf{1}_{\{T>t\}} \mid \mathscr{F}_t]. \tag{3.5}$$

Or si $A \in \mathscr{F}_t$, on vérifie très facilement que $A \cap \{T > t\} \in \mathscr{F}_T$. On a également $A \cap \{T > t\} \in \mathscr{F}_t$, et donc $A \cap \{T > t\} \in \mathscr{F}_t \cap \mathscr{F}_T = \mathscr{F}_{t \wedge T}$, ce qui entraîne

$$E[\mathbf{1}_A \mathbf{1}_{\{T>t\}} X_T] = E[\mathbf{1}_A \mathbf{1}_{\{T>t\}} E[X_T \mid \mathscr{F}_{t \wedge T}]] = E[\mathbf{1}_A E[X_T \mathbf{1}_{\{T>t\}} \mid \mathscr{F}_{t \wedge T}]].$$

On voit ainsi que la variable $E[X_T \mathbf{1}_{\{T>t\}} \mid \mathscr{F}_{t \wedge T}]$, qui est $\mathscr{F}_t$-mesurable, vérifie la propriété caractéristique de $E[X_T \mathbf{1}_{\{T>t\}} \mid \mathscr{F}_t]$. L'égalité (3.5) en découle, ce qui complète la preuve de (3.4) et de (ii).

Pour obtenir (i), il suffit maintenant d'appliquer (ii) à la martingale (uniformément intégrable) $(X_{t \wedge a})_{a \geq 0}$, pour tout choix de $a \geq 0$. □

Exemples d'application. Avant tout, le théorème d'arrêt est un outil de calcul explicite de probabilités et de lois. Donnons deux exemples typiques et importants de telles applications (plusieurs autres exemples se trouvent dans les exercices de ce chapitre et des chapitres suivants). Soit B un mouvement brownien réel issu de 0. Pour tout réel a, posons $T_a = \inf\{t \geq 0 : B_t = a\}$. Rappelons que $T_a < \infty$ p.s.

(a) *Loi du point de sortie d'un intervalle.* Pour tout choix de $a < 0 < b$, on a

$$P(T_a < T_b) = \frac{b}{b-a} \quad , \quad P(T_b < T_a) = \frac{-a}{b-a}.$$

Pour obtenir ce résultat on considère le temps d'arrêt $T = T_a \wedge T_b$ et la martingale arrêtée $M_t = B_{t \wedge T}$ (c'est une martingale d'après le Corollaire 3.2). Manifestement M est bornée par $b \vee |a|$, donc uniformément intégrable, et on peut donc appliquer le théorème d'arrêt pour obtenir

$$0 = E[M_0] = E[M_T] = b P(T_b < T_a) + a P(T_a < T_b).$$

Comme on a aussi $P(T_b < T_a) + P(T_a < T_b) = 1$, la formule annoncée en découle. En fait la preuve montre que ce résultat est valable plus généralement si on remplace le mouvement brownien par une martingale à trajectoires continues issue de 0, à condition de savoir que le processus sort p.s. de $]a, b[$.

(b) *Transformée de Laplace des temps d'atteinte.* Nous fixons maintenant $a > 0$ et notre but est de calculer la transformée de Laplace de T_a. Pour tout $\lambda \in \mathbb{R}$, considérons la martingale exponentielle

$$N_t^\lambda = \exp(\lambda B_t - \frac{\lambda^2}{2} t).$$

Supposons d'abord $\lambda > 0$. D'après le Corollaire 3.2, le processus $N_{t \wedge T_a}^\lambda$ est encore une martingale, et on voit immédiatement que cette martingale est bornée par $e^{\lambda a}$, donc uniformément intégrable. En appliquant la dernière assertion du Théorème 3.6 à cette martingale et au temps d'arrêt $S = T_a$ (ou $S = \infty$) on trouve

$$e^{\lambda a} E[e^{-\frac{\lambda^2}{2} T_a}] = E[N_{T_a}^\lambda] = 1 \,.$$

En remplaçant λ par $\sqrt{2\lambda}$, on conclut que, pour tout $\lambda > 0$,

$$E[e^{-\lambda T_a}] = e^{-a\sqrt{2\lambda}}. \tag{3.6}$$

(Cette formule pourrait aussi être déduite de la connaissance de la densité de T_a, voir le Corollaire 2.4.) Il est instructif d'essayer de reproduire le raisonnement précédent en utilisant la martingale N_t^λ pour $\lambda < 0$: on aboutit alors à un résultat absurde, ce qui s'explique par le fait que la martingale arrêtée $N_{t \wedge T_a}^\lambda$ n'est **pas uniformément intégrable** lorsque $\lambda < 0$. Il est crucial de toujours vérifier l'uniforme intégrabilité lorsqu'on applique le Théorème 3.6 : dans l'immense majorité des cas, cela se fait en montrant que la martingale locale arrêtée au temps d'arrêt considéré est bornée.

Exercice. Pour $a > 0$, posons $U_a = \inf\{t \geq 0 : |B_t| = a\}$. Montrer que, pour tout $\lambda > 0$,

$$E[\exp(-\lambda U_a)] = \frac{1}{\mathrm{ch}(a\sqrt{2\lambda})}.$$

Nous terminons avec une forme du théorème d'arrêt pour les surmartingales, qui nous sera utile dans des applications ultérieures aux processus de Markov.

Proposition 3.10. *Soit* $(Z_t)_{t \geq 0}$ *est une surmartingale positive à trajectoires continues à droite. Soient U et V deux temps d'arrêt avec $U \leq V$. Alors, Z_U et Z_V sont dans L^1, et*

$$E[Z_V \mathbf{1}_{\{V < \infty\}}] \leq E[Z_U \mathbf{1}_{\{U < \infty\}}].$$

Démonstration. Nous supposons d'abord que U et V sont bornés. Soit $p \geq 1$ un entier tel que $U \leq p$ et $V \leq p$. Posons, pour tout entier $n \geq 0$,

$$U_n = \sum_{k=0}^{p2^n - 1} \frac{k+1}{2^n} \mathbf{1}_{\{k2^{-n} < U \leq (k+1)2^{-n}\}}, \quad V_n = \sum_{k=0}^{p2^n - 1} \frac{k+1}{2^n} \mathbf{1}_{\{k2^{-n} < V \leq (k+1)2^{-n}\}}$$

de sorte que (d'après la Proposition 3.3) (U_n) et (V_n) sont deux suites de temps d'arrêt bornés qui décroissent respectivement vers U et V, et $U_n \leq V_n$ pour tout $n \geq 0$. La continuité à droite des trajectoires montre en particulier que $Z_{U_n} \longrightarrow Z_U$ et $Z_{V_n} \longrightarrow Z_V$ quand $n \to \infty$, p.s. Ensuite, une application du théorème d'arrêt pour les surmartingales discrètes dans le cas borné (voir l'Appendice A2), dans la filtration $(\mathscr{F}_{k/2^{n+1}})_{k \geq 0}$, montre que, pour tout entier $n \geq 0$,

$$Z_{U_{n+1}} \geq E[Z_{U_n} \mid \mathscr{F}_{U_{n+1}}].$$

En posant $Y_n = Z_{U_{-n}}$ et $\mathscr{H}_n = \mathscr{F}_{U_{-n}}$, pour tout $n \in -\mathbb{N}$, on voit alors que la suite $(Y_n)_{n \in -\mathbb{N}}$ forme une surmartingale rétrograde dans la filtration $(\mathscr{H}_n)_{n \in -\mathbb{N}}$. Comme, pour tout $n \in \mathbb{N}$, $E[Z_{U_n}] \leq E[Z_0]$ (par application à nouveau du théorème d'arrêt discret), la suite $(Y_n)_{n \in -\mathbb{N}}$ est bornée dans L^1, et, d'après les résultats sur les surmartingales rétrogrades (voir l'Appendice A2), elle converge dans L^1. Donc la convergence de Z_{U_n} vers Z_U a aussi lieu dans L^1 et de même la convergence de Z_{V_n} vers

Z_V a lieu dans L^1. Mais, en appliquant à nouveau le théorème d'arrêt pour les sur-martingales discrètes, on a $E[Z_{U_n}] \geq E[Z_{V_n}]$ pour tout entier $n \geq 0$, et il suffit de faire tendre n vers ∞, en utilisant la convergence L^1, pour obtenir que $E[Z_U] \geq E[Z_V]$.

Considérons maintenant le cas général. La première partie de la preuve assure que, pour tout entier $p \geq 1$,

$$E[Z_{U \wedge p}] \geq E[Z_{V \wedge p}].$$

Mais puisque Z est à valeurs positives, il est aussi immédiat que

$$E[Z_{U \wedge p} \mathbf{1}_{\{U > p\}}] = E[Z_p \mathbf{1}_{\{U > p\}}] \leq E[Z_p \mathbf{1}_{\{V > p\}}] = E[Z_{V \wedge p} \mathbf{1}_{\{V > p\}}].$$

En retranchant cette inégalité de la précédente, on trouve

$$E[Z_{U \wedge p} \mathbf{1}_{\{U \leq p\}}] \geq E[Z_{V \wedge p} \mathbf{1}_{\{V \leq p\}}] = E[Z_V \mathbf{1}_{\{V \leq p\}}].$$

Mais $E[Z_U \mathbf{1}_{\{U < \infty\}}] \geq E[Z_{U \wedge p} \mathbf{1}_{\{U \leq p\}}]$, et d'autre part $E[Z_V \mathbf{1}_{\{V \leq p\}}] \uparrow E[Z_V \mathbf{1}_{\{V < \infty\}}]$ quand $p \uparrow \infty$, par convergence monotone. L'inégalité annoncée en découle. $\square$

Exercices

Dans les exercices qui suivent, on se place sur un espace de probabilité $(\Omega, \mathscr{F}, P)$ muni d'une filtration complète $(\mathscr{F}_t)_{t \in [0, \infty]}$.

Exercice 3.1. 1. Soit M une martingale à trajectoires continues telle que $M_0 = x \in \mathbb{R}_+$. On suppose que $M_t \geq 0$ pour tout $t \geq 0$ et que $M_t \to 0$ quand $t \to \infty$, p.s. Montrer que, pour tout $y > x$,

$$P\left(\sup_{t \geq 0} M_t \geq y\right) = \frac{x}{y}.$$

2. En déduire la loi de

$$\sup_{t \leq T_0} B_t$$

lorsque B est un mouvement brownien issu de $x > 0$ et $T_0 = \inf\{t \geq 0 : B_t = 0\}$.

3. Supposons maintenant que B est un mouvement brownien issu de 0, et soit $\mu > 0$. En introduisant une martingale exponentielle bien choisie, montrer que

$$\sup_{t \geq 0} (B_t - \mu t)$$

suit la loi exponentielle de paramètre 2μ.

Exercice 3.2. Soit B un $(\mathscr{F}_t)$-mouvement brownien réel issu de 0. Pour tout $x \in \mathbb{R}$, on note

$$T_x = \inf\{t \geq 0 : B_t = x\}.$$

On fixe deux réels a et b avec $a < 0 < b$, et on note

$$T = T_a \wedge T_b \,.$$

1. Montrer que, pour tout $\lambda > 0$,

$$E[\exp(-\lambda T)] = \frac{\operatorname{ch}(\frac{b+a}{2}\sqrt{2\lambda})}{\operatorname{ch}(\frac{b-a}{2}\sqrt{2\lambda})}\,.$$

(Il pourra être utile de considérer une martingale de la forme

$$M_t = \exp\left(\sqrt{2\lambda}(B_t - \alpha) - \lambda t\right) + \exp\left(-\sqrt{2\lambda}(B_t - \alpha) - \lambda t\right)$$

avec un choix convenable de α.)

2. Montrer de même que, pour tout $\lambda > 0$,

$$E[\exp(-\lambda T)\mathbf{1}_{\{T=T_a\}}] = \frac{\operatorname{sh}(b\sqrt{2\lambda})}{\operatorname{sh}((b-a)\sqrt{2\lambda})}\,.$$

3. A l'aide de la question **2.**, retrouver l'expression de $P(T_a < T_b)$.

Exercice 3.3. Soit $(B_t)_{t\geq 0}$ un $(\mathscr{F}_t)$-mouvement brownien issu de 0. Soit $a > 0$ et

$$\sigma_a = \inf\{t \geq 0 : B_t \leq t - a\}.$$

1. Montrer que σ_a est un temps d'arrêt et que $\sigma_a < \infty$ p.s.
2. En introduisant une martingale exponentielle arrêtée bien choisie, montrer que, pour tout $\lambda \geq 0$,

$$E[\exp(-\lambda\sigma_a)] = \exp(-a(\sqrt{1+2\lambda} - 1)).$$

On admettra que cette formule reste vraie pour $\lambda \in [-\frac{1}{2}, 0[$.

3. Soit $\mu \in \mathbb{R}$ et $M_t = \exp(\mu B_t - \frac{\mu^2}{2}t)$. Montrer que la martingale arrêtée $M_t^{\sigma_a} = M_{\sigma_a \wedge t}$ est fermée si et seulement si $\mu \leq 1$ (on remarquera d'abord que cette martingale est fermée si et seulement si $E[M_{\sigma_a}] = 1$).

Exercice 3.4. Soit $(Y_t)_{t\geq 0}$ une martingale à trajectoires continues uniformément intégrable, telle que $Y_0 = 0$. On note $Y_\infty = \lim_{t\to\infty} Y_t$. Soit aussi $p \geq 1$ un réel fixé. On dit que la martingale Y vérifie la propriété (P) s'il existe une constante C telle que, pour tout temps d'arrêt T, on ait

$$E[|Y_\infty - Y_T|^p \mid \mathscr{F}_T] \leq C.$$

1. Montrer que si Y_∞ est bornée, la martingale Y vérifie la propriété (P).
2. Soit B un $(\mathscr{F}_t)$-mouvement brownien réel issu de 0. Montrer que la martingale $Y_t = B_{t\wedge 1}$ vérifie la propriété (P). *(On pourra observer que la variable aléatoire $\sup_{t\leq 1}|B_t|$ est dans L^p.)*
3. Montrer que Y vérifie la propriété (P) avec la constante C, si et seulement si pour tout temps d'arrêt T,

$$E[|Y_T - Y_\infty|^p] \leq C\,P[T < \infty].$$

(*On pourra utiliser les temps d'arrêt T^A définis pour $A \in \mathscr{F}_T$ dans la propriété (d) des temps d'arrêt.*)

4. On suppose que Y vérifie la propriété (P) avec la constante C. Soit S un temps d'arrêt et soit Y^S la "martingale arrêtée" définie par $Y_t^S = Y_{t \wedge S}$ (cf. Corollaire 3.2). Montrer que Y^S vérifie la propriété (P) avec la même constante C. On pourra commencer par observer que, si S et T sont des temps d'arrêt, on a $Y_T^S = Y_{S \wedge T} = Y_S^T = E[Y_T \mid \mathscr{F}_S]$.

5. On suppose dans cette question et la suivante que Y vérifie la propriété (P) avec la constante $C = 1$. Soit $a > 0$, et soit $(R_n)_{n \in \mathbb{N}}$ la suite de temps d'arrêt définis par récurrence par

$$R_0 = 0, \qquad R_{n+1} = \inf\{t \geq R_n : |Y_t - Y_{R_n}| \geq a\} \qquad (\inf \varnothing = \infty).$$

Montrer que, pour tout entier $n \geq 0$,

$$a^p\, P(R_{n+1} < \infty) \leq P(R_n < \infty).$$

6. En déduire que, pour tout $x > 0$,

$$P\!\left(\sup_{t \geq 0} Y_t > x\right) \leq 2^p\, 2^{-px/2}.$$

Chapitre 4
Semimartingales continues

Résumé Les semimartingales continues constituent la classe générale de processus à trajectoires continues pour laquelle on peut développer une théorie de l'intégrale stochastique, qui sera traitée dans le chapitre suivant. Par définition, une semimartingale est la somme d'une martingale (locale) et d'un processus à variation finie. Dans ce chapitre nous étudions séparément ces deux classes de processus. En particulier, nous introduisons la notion de variation quadratique d'une martingale, qui jouera plus tard un rôle fondamental. Tous les processus considérés dans ce chapitre sont indexés par $\mathbb{R}_+$ et à valeurs réelles.

4.1 Processus à variation finie

4.1.1 Fonctions à variation finie

Dans ce paragraphe, nous discutons brièvement les fonctions à variation finie sur $\mathbb{R}_+$. Nous nous limitons au cas des fonctions *continues*, qui est le seul qui interviendra dans la suite.

Définition 4.1. Soit $T > 0$. Une fonction continue $a : [0, T] \longrightarrow \mathbb{R}$ telle que $a(0) = 0$ est dite à variation finie s'il existe une mesure signée (i.e. différence de deux mesures positives finies) μ sur $[0, T]$ telle que $a(t) = \mu([0, t])$ pour tout $t \in [0, T]$.

La mesure μ est alors déterminée de façon unique. La décomposition de μ comme différence de deux mesures positives finies n'est bien sûr pas unique, mais il existe une seule décomposition $\mu = \mu_+ - \mu_-$ telle que μ_+ et μ_- soient deux mesures positives finies portées par des boréliens disjoints. Pour obtenir l'existence d'une telle décomposition, on peut partir d'une décomposition quelconque $\mu = \mu_1 - \mu_2$, poser $\nu = \mu_1 + \mu_2$ puis utiliser le théorème de Radon-Nikodym pour trouver deux fonctions boréliennes positives h_1 et h_2 sur $[0, T]$ telles que

$$\mu_1(\mathrm{d}t) = h_1(t)\nu(\mathrm{d}t), \quad \mu_2(\mathrm{d}t) = h_2(t)\nu(\mathrm{d}t).$$

J.-F. Le Gall, *Mouvement brownien, martingales et calcul stochastique*,
Mathématiques et Applications 71, DOI: 10.1007/978-3-642-31898-6_4,
© Springer-Verlag Berlin Heidelberg 2013

Ensuite, si $h(t) = h_1(t) - h_2(t)$ on a

$$\mu(\mathrm{d}t) = h(t)\nu(\mathrm{d}t) = h(t)^+ \nu(\mathrm{d}t) - h(t)^- \nu(\mathrm{d}t)$$

ce qui donne la décomposition $\mu = \mu_+ - \mu_-$ avec $\mu_+(\mathrm{d}t) = h(t)^+ \nu(\mathrm{d}t)$, $\mu_-(\mathrm{d}t) = h(t)^- \nu(\mathrm{d}t)$, les mesures μ_+ et μ_- étant portées respectivement par les boréliens disjoints $D_+ = \{t : h(t) > 0\}$ et $D_- = \{t : h(t) < 0\}$. L'unicité de la décomposition $\mu = \mu_+ - \mu_-$ découle du fait que l'on a nécessairement, pour tout $A \in \mathscr{B}([0,T])$,

$$\mu_+(A) = \sup\{\mu(C) : C \in \mathscr{B}([0,T]),\ C \subset A\}.$$

On note $|\mu|$ la mesure positive $|\mu| = \mu_+ + \mu_-$. La mesure $|\mu|$ est appelée la *variation totale* de a. On a $|\mu(A)| \leq |\mu|(A)$ pour tout $A \in \mathscr{B}([0,T])$. De plus, la dérivée de Radon-Nikodym de μ par rapport à $|\mu|$ est

$$\frac{\mathrm{d}\mu}{\mathrm{d}|\mu|} = \mathbf{1}_{D_+} - \mathbf{1}_{D_-}.$$

On a $a(t) = \mu_+([0,t]) - \mu_-([0,t])$, ce qui montre que la fonction a est différence de deux fonctions croissantes continues et nulles en 0 (la continuité de a entraîne que μ n'a pas d'atomes, et il en va alors de même pour μ_+ et μ_-). Inversement une différence de fonctions croissantes (continues et nulles en 0) est aussi à variation finie au sens précédent. En effet, cela découle du fait bien connu que la formule $g(t) = \nu([0,t])$ établit une bijection entre les fonctions croissantes continues à droite $g : [0,T] \longrightarrow \mathbb{R}_+$ et les mesures positives finies sur $[0,T]$.

Soit $f : [0,T] \longrightarrow \mathbb{R}$ une fonction mesurable telle que $\int_{[0,T]} |f(s)|\,|\mu|(\mathrm{d}s) < \infty$. On note

$$\int_0^T f(s)\,\mathrm{d}a(s) = \int_{[0,T]} f(s)\,\mu(\mathrm{d}s),$$
$$\int_0^T f(s)\,|\mathrm{d}a(s)| = \int_{[0,T]} f(s)\,|\mu|(\mathrm{d}s).$$

On vérifie facilement l'inégalité

$$\left| \int_0^T f(s)\,\mathrm{d}a(s) \right| \leq \int_0^T |f(s)|\,|\mathrm{d}a(s)|.$$

Remarquons de plus que la fonction $t \mapsto \int_0^t f(s)\,\mathrm{d}a(s)$ est aussi à variation finie (la mesure associée est simplement $\mu'(\mathrm{d}s) = f(s)\mu(\mathrm{d}s)$).

Proposition 4.1. *Pour tout $t \in\,]0,T]$,*

$$|\mu|([0,t]) = \sup \left\{ \sum_{i=1}^p |a(t_i) - a(t_{i-1})| \right\},$$

où le supremum porte sur toutes les subdivisions $0 = t_0 < t_1 < \cdots < t_p = t$ de
$[0,t]$. Plus précisément, pour toute suite $0 = t_0^n < t_1^n < \cdots < t_{p_n}^n = t$ de subdivisions
emboîtées de $[0,t]$ de pas tendant vers 0 on a

$$\lim_{n \to \infty} \sum_{i=1}^{p_n} |a(t_i^n) - a(t_{i-1}^n)| = |\mu|([0,t]).$$

Remarque. Dans la présentation habituelle des fonctions à variation finie, on part
de la propriété que le supremum ci-dessus est fini.

Démonstration. Il suffit clairement de traiter le cas $t = T$. L'inégalité $\geq$ dans la
première assertion est très facile puisque

$$|a(t_i) - a(t_{i-1})| = |\mu(]t_{i-1}, t_i])| \leq |\mu|(]t_{i-1}, t_i]).$$

Pour l'autre inégalité, il suffit d'établir la seconde assertion. Considérons pour simplifier les subdivisions dyadiques $t_i^n = i2^{-n}T$, $0 \leq i \leq 2^n$ (l'argument est facilement adapté au cas général). Bien qu'il s'agisse d'un résultat "déterministe", nous
allons utiliser un argument de martingales en introduisant l'espace de probabilité
$\Omega = [0,T]$ muni de la tribu borélienne $\mathscr{B} = \mathscr{B}([0,T])$ et de la probabilité $P(\mathrm{d}s) =$
$(|\mu|([0,T]))^{-1} |\mu|(\mathrm{d}s)$. Introduisons sur cet espace la filtration discrète $(\mathscr{B}_n)_{n \in \mathbb{N}}$
telle que, pour tout $n \in \mathbb{N}$, $\mathscr{B}_n$ est engendrée par les intervalles $](i-1)2^{-n}T, i2^{-n}T]$,
$1 \leq i \leq 2^n$. Posons enfin

$$X(s) = \mathbf{1}_{D_+}(s) - \mathbf{1}_{D_-}(s) = \frac{\mathrm{d}\mu}{\mathrm{d}|\mu|}(s),$$

et, pour chaque $n \in \mathbb{N}$,

$$X_n = E[X \mid \mathscr{B}_n].$$

Les propriétés de l'espérance conditionnelle montrent que X_n est constante sur
chaque intervalle $](i-1)2^{-n}T, i2^{-n}T]$ et vaut sur cet intervalle

$$\frac{\mu(](i-1)2^{-n}T, i2^{-n}T])}{|\mu|(](i-1)2^{-n}T, i2^{-n}T])} = \frac{a(i2^{-n}T) - a((i-1)2^{-n}T)}{|\mu|(](i-1)2^{-n}T, i2^{-n}T])}.$$

D'autre part, il est clair que la suite (X_n) est une martingale fermée, relativement à
la filtration $(\mathscr{B}_n)$. Puisque X est mesurable par rapport à $\mathscr{B} = \bigvee_n \mathscr{B}_n$, cette martingale converge p.s. et dans L^1 vers X, d'après le théorème de convergence pour les
martingales discrètes fermées (voir l'Appendice A2). En particulier,

$$\lim_{n \to \infty} E[|X_n|] = E[|X|] = 1,$$

cette dernière égalité étant claire puisque $|X(s)| = 1$, $|\mu|(\mathrm{d}s)$ p.p. Le résultat annoncé
en découle puisque, d'après ci-dessus,

$$E[|X_n|] = (|\mu|([0,T]))^{-1} \sum_{i=1}^{2^n} |a(i2^{-n}T) - a((i-1)2^{-n}T)|. \qquad \square$$

Lemme 4.1. *Si* $f : [0,T] \longrightarrow \mathbb{R}$ *est une fonction continue et si* $0 = t_0^n < t_1^n < \cdots < t_{p_n}^n = T$ *est une suite de subdivisions de* $[0,T]$ *de pas tendant vers* 0 *on a*

$$\int_0^T f(s)\,\mathrm{d}a(s) = \lim_{n \to \infty} \sum_{i=1}^{p_n} f(t_{i-1}^n)\,(a(t_i^n) - a(t_{i-1}^n)).$$

Démonstration. Soit f_n la fonction définie par $f_n(s) = f(t_{i-1}^n)$ si $s \in]t_{i-1}^n, t_i^n]$. Alors,

$$\sum_{i=1}^{p_n} f(t_{i-1}^n)\,(a(t_i^n) - a(t_{i-1}^n)) = \int_{[0,T]} f_n(s)\,\mu(\mathrm{d}s),$$

et le résultat voulu en découle par convergence dominée. □

On dira qu'une fonction continue $a : \mathbb{R}_+ \longrightarrow \mathbb{R}$ est à variation finie sur $\mathbb{R}_+$ si la restriction de a à $[0,T]$ est à variation finie, pour tout $T > 0$. Il est alors facile d'étendre les définitions précédentes. En particulier, on peut définir $\int_0^\infty f(s)\mathrm{d}a(s)$ pour toute fonction f telle que $\int_0^\infty |f(s)||\mathrm{d}a(s)| = \sup_{T>0} \int_0^T |f(s)||\mathrm{d}a(s)| < \infty$.

4.1.2 *Processus à variation finie*

On se place maintenant sur un espace de probabilité filtré $(\Omega, \mathscr{F}, (\mathscr{F}_t), P)$.

Définition 4.2. Un processus à variation finie $A = (A_t)_{t \geq 0}$ est un processus adapté dont toutes les trajectoires sont à variation finie au sens de la définition précédente. Le processus A est appelé processus croissant si de plus les trajectoires de A sont croissantes.

Remarque. En particulier on a $A_0 = 0$ et les trajectoires de A sont continues.

Si A est un processus à variation finie, le processus

$$V_t = \int_0^t |\mathrm{d}A_s|$$

est un processus croissant. En effet il est clair que les trajectoires de V sont croissantes (et aussi continues et nulles en $t = 0$). Le fait que la variable V_t soit $\mathscr{F}_t$-mesurable découle de la deuxième partie de la Proposition 4.1.

Proposition 4.2. *Soit A un processus à variation finie et soit H un processus progressif tel que*

$$\forall t \geq 0, \ \forall \omega \in \Omega \, , \int_0^t |H_s(\omega)|\,|\mathrm{d}A_s(\omega)| < \infty.$$

Alors le processus $H \cdot A$ défini par

$$(H \cdot A)_t = \int_0^t H_s\,\mathrm{d}A_s$$

est aussi un processus à variation finie.

Démonstration. D'après des remarques précédentes, il est clair que les trajectoires de $H \cdot A$ sont à variation finie. Il reste donc à montrer que $H \cdot A$ est adapté. Pour cela, il suffit de voir que, si $h : \Omega \times [0,t] \longrightarrow \mathbb{R}$ est mesurable pour la tribu produit $\mathscr{F}_t \otimes \mathscr{B}([0,t])$ et si $\int_0^t |h(\omega,s)| |dA_s(\omega)|$ est fini pour tout ω, alors la variable $\int_0^t h(\omega,s) dA_s(\omega)$ est $\mathscr{F}_t$-mesurable.

Si $h(\omega,s) = \mathbf{1}_{]u,v]}(s) \mathbf{1}_\Gamma(\omega)$ avec $]u,v] \subset [0,t]$ et $\Gamma \in \mathscr{F}_t$, le résultat est évident. On passe ensuite au cas $h = \mathbf{1}_G$, $G \in \mathscr{F}_t \otimes \mathscr{B}([0,t])$ par un argument de classe monotone. Enfin, dans le cas général, on observe qu'on peut toujours écrire h comme limite ponctuelle d'une suite de fonctions étagées h_n telles que $|h_n| \leq |h|$ pour tout n, ce qui assure que $\int_0^t h_n(\omega,s) dA_s(\omega) \longrightarrow \int_0^t h(\omega,s) dA_s(\omega)$ par convergence dominée.

$\square$

Remarques. (i) Il arrive souvent qu'on ait l'hypothèse plus faible

$$\text{p.s.} \quad \forall t \geq 0, \quad \int_0^t |H_s(\omega)| |dA_s(\omega)| < \infty.$$

Si la filtration est complète, on peut encore définir $H \cdot A$ comme processus à variation finie : on remplace H par H' défini par

$$H'_t(\omega) = \begin{cases} H_t(\omega) & \text{si } \int_0^n |H_s(\omega)| |dA_s(\omega)| < \infty, \forall n, \\ 0 & \text{sinon.} \end{cases}$$

Grâce au fait que la filtration est complète, le processus H' reste adapté ce qui permet de définir $H \cdot A = H' \cdot A$. Nous ferons systématiquement cette extension dans la suite.

(ii) Sous des hypothèses convenables (si $\int_0^t |H_s| |dA_s| < \infty$ et $\int_0^t |H_s K_s| |dA_s| < \infty$ pour tout $t \geq 0$), on a la propriété d'associativité $K \cdot (H \cdot A) = (KH) \cdot A$.

Un cas particulier important est celui où $A_t = t$. Si H est un processus progressif tel que

$$\forall t \geq 0, \forall \omega \in \Omega, \quad \int_0^t |H_s(\omega)| ds < \infty,$$

le processus $\int_0^t H_s \, ds$ est un processus à variation finie.

4.2 Martingales locales

Nous nous plaçons à nouveau sur un espace de probabilité filtré $(\Omega, \mathscr{F}, (\mathscr{F}_t), P)$. Si T est un temps d'arrêt et $X = (X_t)_{t \geq 0}$ est un processus à trajectoires continues, on note X^T le processus arrêté $X_t^T = X_{t \wedge T}$ pour tout $t \geq 0$.

Définition 4.3. Un processus adapté à trajectoires continues $M = (M_t)_{t \geq 0}$ tel que $M_0 = 0$ p.s. est une martingale locale (continue) s'il existe une suite croissante $(T_n)_{n \in \mathbb{N}}$ de temps d'arrêt telle que $T_n \uparrow \infty$ et, pour tout n, le processus arrêté M^{T_n} est une martingale uniformément intégrable.

Plus généralement, lorsque $M_0 \neq 0$, on dit que M est une martingale locale si $M_t = M_0 + N_t$, où le processus N est une martingale locale issue de 0.

Dans tous les cas, on dit que la suite de temps d'arrêt $T_n \uparrow \infty$ réduit M si, pour tout n, le processus arrêté M^{T_n} est une martingale uniformément intégrable.

Remarques. (i) On n'impose pas dans la définition d'une martingale locale que les variables M_t soient dans L^1 (comparer avec la définition des martingales). En particulier, on voit sur la définition précédente que M_0 peut être n'importe quelle variable $\mathscr{F}_0$-mesurable.

(ii) Donnons des exemples de martingales locales M qui ne sont pas de vraies martingales. Partant d'un $(\mathscr{F}_t)$-mouvement brownien B issu de 0, et d'une variable Z $\mathscr{F}_0$-mesurable, on peut poser $M_t = Z + B_t$, qui ne sera pas une vraie martingale si $E[|Z|] = \infty$. Si on veut avoir la propriété $M_0 = 0$, on peut aussi prendre $M_t = ZB_t$ qui est toujours une martingale locale (voir l'Exercice 4.1) mais pas une vraie martingale si $E[|Z|] = \infty$. Pour un exemple moins artificiel, voir la question **8.** de l'Exercice 5.9.

(iii) On peut définir une notion de martingale locale à trajectoires seulement continues à droite. Cependant dans ce cours, nous ne considérons que des martingales locales à trajectoires continues (et donc une martingale locale sera toujours pour nous un processus à trajectoires continues).

Les propriétés qui suivent sont très faciles à établir.

Propriétés des martingales locales.

(a) Une martingale à trajectoires continues est une martingale locale (et la suite $T_n = n$ réduit M).

(b) Dans la définition d'une martingale locale issue de 0 on peut remplacer "martingale uniformément intégrable" par "martingale" (en effet on peut ensuite remplacer T_n par $T_n \wedge n$).

(c) Si M est une martingale locale, pour tout temps d'arrêt T, M^T est une martingale locale (cf. Corollaire 3.2).

(d) Si (T_n) réduit M et si S_n est une suite de temps d'arrêt telle que $S_n \uparrow \infty$, alors la suite $(T_n \wedge S_n)$ réduit aussi M.

(e) L'espace des martingales locales est un espace vectoriel (utiliser la propriété précédente).

Proposition 4.3. (i) *Une martingale locale positive M telle que $M_0 \in L^1$ est une surmartingale.*

(ii) *Une martingale locale M bornée, ou plus généralement telle qu'il existe une variable $Z \in L^1$ telle que, pour tout $t \geq 0$, $|M_t| \leq Z$, est une martingale (automatiquement uniformément intégrable).*

(iii) *Si M est une martingale locale avec $M_0 = 0$, la suite de temps d'arrêt*

$$T_n = \inf\{t \geq 0 : |M_t| \geq n\}$$

réduit M.

Démonstration. (i) Ecrivons $M_t = M_0 + N_t$. Par définition, il existe une suite (T_n) de temps d'arrêt qui réduit N. Alors, si $s \leq t$, on a pour tout n,

$$N_{s \wedge T_n} = E[N_{t \wedge T_n} \mid \mathscr{F}_s].$$

En ajoutant des deux côtés la variable M_0 (qui est $\mathscr{F}_0$-mesurable et dans L^1), on trouve

$$M_{s \wedge T_n} = E[M_{t \wedge T_n} \mid \mathscr{F}_s]. \tag{4.1}$$

Puisque M est à valeurs positives, on peut faire tendre n vers ∞ et appliquer le lemme de Fatou (pour les espérances conditionnelles) qui donne

$$M_s \geq E[M_t \mid \mathscr{F}_s].$$

En prenant $s = 0$, on voit que $E[M_t] \leq E[M_0] < \infty$, donc $M_t \in L^1$ pour tout $t \geq 0$. L'inégalité précédente montre alors que M est une surmartingale.

(ii) Si M est bornée (ou plus généralement dominée par une variable intégrable), le même raisonnement que ci-dessus donne pour $s \leq t$

$$M_{s \wedge T_n} = E[M_{t \wedge T_n} \mid \mathscr{F}_s].$$

Or par convergence dominée la suite $M_{t \wedge T_n}$ converge dans L^1 vers M_t, et donc on peut passer à la limite $n \to \infty$ pour trouver $M_s = E[M_t \mid \mathscr{F}_s]$.

(iii) C'est une conséquence immédiate de (ii) puisque M^{T_n} est une martingale locale bornée. $\qquad\square$

Remarque. Au vu de la propriété (ii) de la proposition, on pourrait croire qu'une martingale locale M telle que la famille $(M_t)_{t \geq 0}$ est uniformément intégrable (ou même satisfait la propriété plus forte d'être bornée dans un espace L^p avec $p > 1$) est automatiquement une vraie martingale. Cela est faux!! Par exemple, si B est un mouvement brownien en dimension trois issu de $x \neq 0$, le processus $M_t = 1/|B_t|$ est une martingale locale bornée dans L^2 mais n'est pas une vraie martingale : voir l'Exercice 5.9.

Théorème 4.1. *Soit M une martingale locale. Alors si M est un processus à variation finie, M est indistinguable de 0.*

Démonstration. Supposons que M est un processus à variation finie (donc en particulier $M_0 = 0$) et posons pour tout $n \in \mathbb{N}$,

$$\tau_n = \inf\{t \geq 0 : \int_0^t |\mathrm{d}M_s| \geq n\}.$$

Les temps τ_n sont des temps d'arrêt d'après la Proposition 3.4 (remarquer que le processus $\int_0^t |\mathrm{d}M_s|$ a des trajectoires continues et est adapté). Fixons $n \geq 1$ et posons $N = M^{\tau_n}$. Alors N est une martingale locale issue de 0 telle que $\int_0^\infty |\mathrm{d}N_s| \leq n$, et donc en particulier $|N_t| \leq n$. D'après la Proposition 4.3, N est une (vraie) martingale bornée. Ensuite, fixons $t > 0$ et soit $0 = t_0 < t_1 < \cdots < t_p = t$ une subdivision de $[0, t]$. Alors, en utilisant la Proposition 3.7,

$$E[N_t^2] = \sum_{i=1}^{p} E[(N_{t_i} - N_{t_{i-1}})^2]$$

$$\leq E\left[\left(\sup_{1 \leq i \leq p} |N_{t_i} - N_{t_{i-1}}|\right) \sum_{i=1}^{p} |N_{t_i} - N_{t_{i-1}}|\right]$$

$$\leq n E\left[\sup_{1 \leq i \leq p} |N_{t_i} - N_{t_{i-1}}|\right]$$

en utilisant la Proposition 4.1. On applique l'inégalité précédente à une suite $0 = t_0^k < t_1^k < \cdots < t_{p_k}^k = t$ de subdivisions de $[0, t]$ de pas tendant vers 0. En utilisant la continuité des trajectoires, et le fait que N est bornée (pour justifier la convergence dominée), on a

$$\lim_{k \to \infty} E\left[\sup_{1 \leq i \leq p_k} |N_{t_i^k} - N_{t_{i-1}^k}|\right] = 0.$$

On conclut alors que $E[N_t^2] = 0$, soit $E[M_{t \wedge \tau_n}^2] = 0$. En faisant tendre n vers ∞ on obtient $E[M_t^2] = 0$.   □

4.3 Variation quadratique d'une martingale locale

Jusqu'à la fin de ce chapitre (et dans le chapitre suivant), nous supposons que la filtration $(\mathscr{F}_t)$ est complète. Le théorème ci-dessous joue un rôle très important dans la suite.

Théorème 4.2. *Soit $M = (M_t)_{t \geq 0}$ une martingale locale. Il existe un processus croissant noté $(\langle M, M \rangle_t)_{t \geq 0}$, unique à indistinguabilité près, tel que $M_t^2 - \langle M, M \rangle_t$ soit une martingale locale. De plus, pour tout $T > 0$, si $0 = t_0^n < t_1^n < \cdots < t_{p_n}^n = T$ est une suite de subdivisions emboîtées de $[0, T]$ de pas tendant vers 0, on a*

$$\langle M, M \rangle_T = \lim_{n \to \infty} \sum_{i=1}^{p_n} (M_{t_i^n} - M_{t_{i-1}^n})^2$$

au sens de la convergence en probabilité. Le processus $\langle M, M \rangle$ est appelé la variation quadratique de M.

Observons immédiatement que le processus $\langle M, M \rangle$ ne dépend pas de la valeur initiale M_0, mais seulement des accroissements de M : si on écrit $M_t = M_0 + N_t$, on a $\langle M, M \rangle = \langle N, N \rangle$. Cela est évident à partir de l'approximation donnée dans le théorème, et cela sera aussi clair dans la preuve qui va suivre.

Remarques. (i) Si $M = B$ est un mouvement brownien, la Proposition 2.4 montre que $\langle B, B \rangle_t = t$.

(ii) Dans la dernière assertion du théorème, il n'est en fait pas nécessaire de supposer que les subdivisions soient emboîtées.

Démonstration. L'unicité est une conséquence facile du Théorème 4.1. En effet, soient A et A' deux processus croissants satisfaisant la condition de l'énoncé. Alors, le processus $A_t - A'_t = (M_t^2 - A'_t) - (M_t^2 - A_t)$ doit être à la fois une martingale locale et un processus à variation finie, et donc $A - A' = 0$.

Pour l'existence considérons d'abord le cas où $M_0 = 0$ et M est bornée (donc en particulier est une vraie martingale, d'après la Proposition 4.3 (ii)). Fixons $T > 0$ et $0 = t_0^n < t_1^n < \cdots < t_{p_n}^n = T$ une suite de subdivisions emboîtées de $[0,T]$ de pas tendant vers 0.

Une vérification très simple montre que, pour tout n et tout $i = 1, \ldots, p_n$, le processus

$$X_t^{n,i} = M_{t_{i-1}^n}(M_{t_i^n \wedge t} - M_{t_{i-1}^n \wedge t})$$

est une martingale (bornée). En conséquence, si on pose

$$X_t^n = \sum_{i=1}^{p_n} M_{t_{i-1}^n}(M_{t_i^n \wedge t} - M_{t_{i-1}^n \wedge t}),$$

le processus X^n est aussi une martingale. La raison de considérer ces martingales vient de l'identité suivante, qui découle d'un calcul simple : pour tout n, pour tout $j \in \{1, \ldots, p_n\}$,

$$M_{t_j^n}^2 - 2X_{t_j^n}^n = \sum_{i=1}^{j}(M_{t_i^n} - M_{t_{i-1}^n})^2, \tag{4.2}$$

Lemme 4.2. *On a*

$$\lim_{n,m \to \infty} E[(X_T^n - X_T^m)^2] = 0.$$

Démonstration du lemme. Fixons d'abord $n \leq m$ et évaluons le produit $E[X_T^n X_T^m]$. Ce produit vaut

$$\sum_{i=1}^{p_n}\sum_{j=1}^{p_m} E[M_{t_{i-1}^n}(M_{t_i^n} - M_{t_{i-1}^n})M_{t_{j-1}^m}(M_{t_j^m} - M_{t_{j-1}^m})]$$

Dans cette somme double, les seuls termes susceptibles d'être non nuls sont ceux qui corrrespondent à des indices i et j tels que l'intervalle $]t_{j-1}^m, t_j^m]$ est contenu dans $]t_{i-1}^n, t_i^n]$. En effet, supposons $t_i^n \leq t_{j-1}^m$ (le cas symétrique $t_j^m \leq t_{i-1}^n$ est traité de manière analogue). Alors, en conditionnant par la tribu $\mathscr{F}_{t_{j-1}^m}$,

$$E[M_{t_{i-1}^n}(M_{t_i^n} - M_{t_{i-1}^n})M_{t_{j-1}^m}(M_{t_j^m} - M_{t_{j-1}^m})]$$
$$= E[M_{t_{i-1}^n}(M_{t_i^n} - M_{t_{i-1}^n})M_{t_{j-1}^m} E[M_{t_j^m} - M_{t_{j-1}^m} \mid \mathscr{F}_{t_{j-1}^m}]] = 0.$$

Pour tout $j = 1, \ldots, p_m$, notons $i_{n,m}(j)$ l'unique indice i tel que $]t_{j-1}^m, t_j^m] \subset]t_{i-1}^n, t_i^n]$. On a donc obtenu

$$E[X_T^n X_T^m] = \sum_{1 \leq j \leq p_m,\, i = i_{n,m}(j)} E[M_{t_{i-1}^n}(M_{t_i^n} - M_{t_{i-1}^n})M_{t_{j-1}^m}(M_{t_j^m} - M_{t_{j-1}^m})].$$

Dans chaque terme $E[M_{t_{i-1}^n}(M_{t_i^n} - M_{t_{i-1}^n})M_{t_{j-1}^m}(M_{t_j^m} - M_{t_{j-1}^m})]$ on peut maintenant décomposer

$$M_{t_i^n} - M_{t_{i-1}^n} = \sum_{k:i_{n,m}(k)=i} (M_{t_k^m} - M_{t_{k-1}^m})$$

et observer qu'on a si $k \neq j$,

$$E[M_{t_{i-1}^n}(M_{t_k^m} - M_{t_{k-1}^m})M_{t_{j-1}^m}(M_{t_j^m} - M_{t_{j-1}^m})] = 0$$

(conditionner par rapport à $\mathscr{F}_{t_{k-1}^m}$ si $k > j$ et par rapport à $\mathscr{F}_{t_{j-1}^m}$ si $k < j$). Il ne reste donc que le cas $k = j$ à considérer, et on a obtenu

$$E[X_T^n X_T^m] = \sum_{1 \le j \le p_m,\, i=i_{n,m}(j)} E[M_{t_{i-1}^n} M_{t_{j-1}^m}(M_{t_j^m} - M_{t_{j-1}^m})^2].$$

En remplaçant n par m on a

$$E[(X_T^m)^2] = \sum_{1 \le j \le p_m} E[M_{t_{j-1}^m}^2(M_{t_j^m} - M_{t_{j-1}^m})^2].$$

On a donc aussi, en utilisant la Proposition 3.7 à la troisième égalité,

$$\begin{aligned}
E[(X_T^n)^2] &= \sum_{1 \le i \le p_n} E[M_{t_{i-1}^n}^2(M_{t_i^n} - M_{t_{i-1}^n})^2] \\
&= \sum_{1 \le i \le p_n} E[M_{t_{i-1}^n}^2 E[(M_{t_i^n} - M_{t_{i-1}^n})^2 \mid \mathscr{F}_{t_{i-1}^n}]] \\
&= \sum_{1 \le i \le p_n} E\Big[M_{t_{i-1}^n}^2 \sum_{j:i_{n,m}(j)=i} E[(M_{t_j^m} - M_{t_{j-1}^m})^2 \mid \mathscr{F}_{t_{i-1}^n}]\Big] \\
&= \sum_{1 \le j \le p_m,\, i=i_{n,m}(j)} E[M_{t_{i-1}^n}^2(M_{t_j^m} - M_{t_{j-1}^m})^2]
\end{aligned}$$

En combinant les trois identités obtenues, on trouve

$$E[(X_T^n - X_T^m)^2] = E\Big[\sum_{1 \le j \le p_m,\, i=i_{n,m}(j)} (M_{t_{i-1}^n} - M_{t_{j-1}^m})^2 (M_{t_j^m} - M_{t_{j-1}^m})^2\Big].$$

En utilisant l'inégalité de Cauchy-Schwarz, il vient

$$\begin{aligned}
E[(X_T^n - X_T^m)^2] \le\ & E\Big[\sup_{1 \le j \le p_m,\, i=i_{n,m}(j)} (M_{t_{i-1}^n} - M_{t_{j-1}^m})^4\Big]^{1/2} \\
&\times E\Big[\Big(\sum_{1 \le j \le p_m} (M_{t_j^m} - M_{t_{j-1}^m})^2\Big)^2\Big]^{1/2}.
\end{aligned}$$

La continuité des trajectoires assure, par convergence dominée, que

$$\lim_{n,m \to \infty,\, n \le m} E\Big[\sup_{1 \le j \le p_m,\, i=i_{n,m}(j)} (M_{t_{i-1}^n} - M_{t_{j-1}^m})^4\Big] = 0.$$

Pour terminer la preuve du lemme, il suffit donc de montrer l'existence d'une constante C telle que, pour tout m,

$$E\left[\left(\sum_{1\le j\le p_m}(M_{t_j^m}-M_{t_{j-1}^m})^2\right)^2\right]\le C. \tag{4.3}$$

Notons K une constante telle que $|M_t|\le K$ pour tout $t\ge 0$. En développant le carré et en utilisant (deux fois) la Proposition 3.7,

$$E\left[\left(\sum_{1\le j\le p_m}(M_{t_j^m}-M_{t_{j-1}^m})^2\right)^2\right]$$

$$=E\left[\sum_{1\le j\le p_m}(M_{t_j^m}-M_{t_{j-1}^m})^4\right]+2E\left[\sum_{1\le j<k\le p_m}(M_{t_j^m}-M_{t_{j-1}^m})^2(M_{t_k^m}-M_{t_{k-1}^m})^2\right]$$

$$\le 4K^2 E\left[\sum_{1\le j\le p_m}(M_{t_j^m}-M_{t_{j-1}^m})^2\right]$$

$$+2\sum_{j=1}^{p_m-1}E\left[(M_{t_j^m}-M_{t_{j-1}^m})^2 E\left[\sum_{k=j+1}^{p_m}(M_{t_k^m}-M_{t_{k-1}^m})^2\,\Big|\,\mathscr{F}_{t_j^m}\right]\right]$$

$$=4K^2 E\left[\sum_{1\le j\le p_m}(M_{t_j^m}-M_{t_{j-1}^m})^2\right]$$

$$+2\sum_{j=1}^{p_m-1}E\left[(M_{t_j^m}-M_{t_{j-1}^m})^2 E[(M_T-M_{t_j^m})^2\,|\,\mathscr{F}_{t_j^m}]\right]$$

$$\le 12K^2 E\left[\sum_{1\le j\le p_m}(M_{t_j^m}-M_{t_{j-1}^m})^2\right]$$

$$=12K^2 E[(M_T-M_0)^2]$$

$$\le 48K^4$$

ce qui donne bien la majoration (4.3) avec $C=48K^4$. Cela termine la preuve. $\qquad\square$

Nous revenons maintenant à la preuve du théorème. Via l'inégalité de Doob dans L^2 (Proposition 3.8 (ii)), le Lemme 4.2 entraîne que

$$\lim_{n,m\to\infty}E\left[\sup_{t\le T}(X_t^n-X_t^m)^2\right]=0.$$

On peut donc trouver une suite strictement croissante $(n_k)_{k\ge 1}$ telle que, pour tout $k\ge 1$,

$$E\left[\sup_{t\le T}(X_t^{n_{k+1}}-X_t^{n_k})^2\right]\le 2^{-k}.$$

Il en découle que

$$E\left[\sum_{k=1}^{\infty}\sup_{t\le T}|X_t^{n_{k+1}}-X_t^{n_k}|\right]<\infty$$

et donc

$$\sum_{k=1}^{\infty} \sup_{t \leq T} |X_t^{n_{k+1}} - X_t^{n_k}| < \infty, \quad \text{p.s.}$$

En conséquence, sauf sur un ensemble négligeable $\mathcal{N}$, la suite de fonctions aléatoires $(X_t^{n_k}, 0 \leq t \leq T)$ converge uniformément sur $[0, T]$ vers une fonction aléatoire limite $(Y_t, 0 \leq t \leq T)$. On prend $Y_t(\omega) = 0$ pour tout $t \in [0, T]$ si $\omega \in \mathcal{N}$. Le processus $(Y_t)_{0 \leq t \leq T}$ a des trajectoires continues et est adapté à la filtration $(\mathscr{F}_t)_{0 \leq t \leq T}$ (on utilise ici le caractère complet de la filtration). De plus, pour chaque $t \in [0, T]$, Y_t est aussi la limite dans L^2 de $X_t^{n_k}$, et en passant à la limite dans l'égalité de martingale pour X^n, on voit que Y est une martingale à trajectoires continues (définie seulement sur l'intervalle de temps $[0, T]$).

Par ailleurs, l'identité (4.2) montre que le processus $M_t^2 - 2X_t^n$ est croissant le long de la subdivision $(t_i^n, 0 \leq i \leq p_n)$. En passant à la limite $n \to \infty$, on voit que la fonction $t \mapsto M_t^2 - 2Y_t$ doit être croissante sur $[0, T]$, sauf éventuellement sur le négligeable $\mathcal{N}$. Sur $\Omega \setminus \mathcal{N}$, on pose, pour $t \in [0, T]$, $\langle M, M \rangle_t = M_t^2 - 2Y_t$ et sur $\mathcal{N}$ on prend $\langle M, M \rangle_t = 0$. Alors, $\langle M, M \rangle$ est un processus croissant et $M_t^2 - \langle M, M \rangle_t = 2Y_t$ est une martingale, sur l'intervalle de temps $[0, T]$.

Il est facile d'étendre la définition de $\langle M, M \rangle_t$ à tout $t \in \mathbb{R}_+$: on applique ce qui précède avec $T = k$ pour tout entier $k \geq 1$, en remarquant que le processus croissant obtenu avec $T = k$ doit être indistinguable de la restriction à $[0, k]$ de celui obtenu avec $T = k + 1$, à cause de l'argument d'unicité. Le processus $\langle M, M \rangle_t$ ainsi étendu satisfait manifestement la première propriété de l'énoncé.

La partie unicité montre aussi que le processus $\langle M, M \rangle_t$ ne dépend pas de la suite de subdivisions choisie pour le construire. On déduit alors de (4.2) (avec $j = p_n$) que pour tout $T > 0$, pour n'importe quelle suite de subdivisions emboîtées de $[0, T]$ de pas tendant vers 0, on a

$$\lim_{n \to \infty} \sum_{j=1}^{p_n} (M_{t_j^n} - M_{t_{j-1}^n})^2 = \langle M, M \rangle_T$$

dans L^2. Cela achève la preuve du théorème dans le cas borné.

Considérons maintenant le cas général. En écrivant $M_t = M_0 + N_t$, donc $M_t^2 = M_0^2 + 2M_0 N_t + N_t^2$, et en remarquant que $M_0 N_t$ est une martingale locale (exercice!), on se ramène facilement au cas où $M_0 = 0$. On pose alors

$$T_n = \inf\{t \geq 0 : |M_t| \geq n\}$$

et on peut appliquer ce qui précède aux martingales bornées M^{T_n}. Notons $A^n = \langle M^{T_n}, M^{T_n} \rangle$. Grâce à la partie unicité, on voit facilement que les processus $A_{t \wedge T_n}^{n+1}$ et A_t^n sont indistinguables. On en déduit qu'il existe un processus croissant A tel que, pour tout n, $A_{t \wedge T_n}$ et A_t^n soient indistinguables. Par construction, $M_{t \wedge T_n}^2 - A_{t \wedge T_n}$ est une martingale, ce qui entraîne précisément que $M_t^2 - A_t$ est une martingale locale. On prend $\langle M, M \rangle_t = A_t$ et cela termine la preuve de la partie existence.

Enfin, la deuxième assertion du théorème est vraie si on remplace M et $\langle M, M \rangle_T$ par M^{T_n} et $\langle M, M \rangle_{T \wedge T_n}$ (même avec convergence L^2). Il suffit alors de faire tendre n

vers ∞ en observant que, pour tout $T > 0$, $P[T \leq T_n]$ converge vers 1 quand $n \to \infty$.

□

Propriété. *Si T est un temps d'arrêt on a p.s. pour tout $t \geq 0$,*

$$\langle M^T, M^T \rangle_t = \langle M, M \rangle_{t \wedge T}.$$

Cela découle du fait que $M^2_{t \wedge T} - \langle M, M \rangle_{t \wedge T}$ est une martingale locale comme martingale locale arrêtée (cf. propriété (c) des martingales locales).

Nous énonçons maintenant un théorème qui montre comment les propriétés d'une martingale locale sont liées à celles de sa variation quadratique. Si A est un processus croissant, A_∞ désigne de manière évidente la limite croissante de A_t quand $t \to \infty$ (cette limite existe toujours dans $[0, \infty]$).

Théorème 4.3. *Soit M une martingale locale avec $M_0 = 0$.*

   (i) *Il y a équivalence entre :*

     (a) *M est une (vraie) martingale bornée dans L^2.*

     (b) *$E[\langle M, M \rangle_\infty] < \infty$.*

De plus si ces conditions sont satisfaites, le processus $M^2_t - \langle M, M \rangle_t$ est une (vraie) martingale uniformément intégrable, et en particulier $E[M^2_\infty] = E[\langle M, M \rangle_\infty]$.

   (ii) *Il y a équivalence entre :*

     (a) *M est une (vraie) martingale de carré intégrable ($E[M^2_t] < \infty$ pour tout $t \geq 0$).*

     (b) *$E[\langle M, M \rangle_t] < \infty$ pour tout $t \geq 0$.*

De plus si ces conditions sont satisfaites, $M^2_t - \langle M, M \rangle_t$ est une martingale.

Remarque. Dans la propriété (a) de (i) (ou de (ii)), il est essentiel de supposer que M est une martingale, et pas seulement une martingale locale. L'inégalité de Doob utilisée dans la preuve suivante n'est pas valable pour une martingale locale!

Démonstration. (i) Supposons d'abord que M est une martingale bornée dans L^2. L'inégalité de Doob dans L^2 (Proposition 3.8 (ii)) montre que, pour tout $T > 0$,

$$E\left[\sup_{0 \leq t \leq T} M^2_t\right] \leq 4 E[M^2_T].$$

En faisant tendre T vers ∞, on a

$$E\left[\sup_{t \geq 0} M^2_t\right] \leq 4 \sup_{t \geq 0} E[M^2_t] < \infty.$$

Soit (T_n) une suite de temps d'arrêt qui réduit la martingale locale $M^2 - \langle M, M \rangle$. Alors, pour tout $t \geq 0$, la variable $M^2_{t \wedge T_n} - \langle M, M \rangle_{t \wedge T_n}$ est intégrable et vérifie

$$E[M^2_{t \wedge T_n} - \langle M, M \rangle_{t \wedge T_n}] = 0.$$

Puisque $M^2_{t \wedge T_n}$, qui est dominée par $\sup_{s \geq 0} M^2_s$, est aussi intégrable, on a

$$E[\langle M,M\rangle_{t\wedge T_n}] = E[M_{t\wedge T_n}^2] \le E\left[\sup_{s\ge 0} M_s^2\right].$$

En faisait tendre d'abord n, puis t vers ∞, on obtient par convergence monotone que

$$E[\langle M,M\rangle_\infty] \le E\left[\sup_{s\ge 0} M_s^2\right] < \infty.$$

Inversement supposons que $E[\langle M,M\rangle_\infty] < \infty$. Considérons comme ci-dessus une suite de temps d'arrêt (T_n) qui réduit la martingale locale $M^2 - \langle M,M\rangle$, et posons pour tout n,

$$S_n = T_n \wedge \inf\{t \ge 0 : |M_t| \ge n\}.$$

de sorte que (S_n) réduit aussi $M^2 - \langle M,M\rangle$, et les martingales locales arêtées M^{S_n} sont bornées. Comme dans la première partie de la preuve, on obtient l'égalité

$$E[M_{t\wedge S_n}^2] = E[\langle M,M\rangle_{t\wedge S_n}] \le E[\langle M,M\rangle_\infty] < \infty.$$

D'après le lemme de Fatou, cela entraîne aussi $E[M_t^2] \le E[\langle M,M\rangle_\infty]$ pour tout $t \ge 0$, et donc la famille $(M_t)_{t\ge 0}$ est bornée dans L^2. Par ailleurs, pour t fixé, l'inégalité précédente montre aussi que la suite $(M_{t\wedge S_n})$ est bornée dans L^2, donc uniformément intégrable. Il en découle que cette suite converge dans L^1 vers M_t quand $n \to \infty$. Cela permet de passer à la limite dans l'égalité

$$E[M_{t\wedge S_n} \mid \mathscr{F}_s] = M_{s\wedge S_n} \qquad (\text{pour } s < t)$$

et d'obtenir

$$E[M_t \mid \mathscr{F}_s] = M_s$$

ce qui montre que M est une vraie martingale, bornée dans L^2 d'après ce qui précède.

Enfin, si les propriétés (a) et/ou (b) sont satisfaites, la martingale locale $M^2 - \langle M,M\rangle$ est dominée par la variable intégrable

$$\sup_{t\ge 0} M_t^2 + \langle M,M\rangle_\infty$$

et est donc (Proposition 4.3 (ii)) une vraie martingale uniformément intégrable.

(ii) Il suffit d'appliquer (i) à $(M_{t\wedge a})_{t\ge 0}$ pour tout choix de $a \ge 0$. $\square$

Corollaire 4.1. *Soit M une martingale locale telle que $M_0 = 0$. Alors on a $\langle M,M\rangle_t = 0$ p.s. pour tout $t \ge 0$ si et seulement si M est indistinguable de 0.*

Démonstration. Supposons $\langle M,M\rangle_t = 0$ p.s. pour tout $t \ge 0$. D'après la partie (i) du théorème ci-dessus, M_t^2 est une martingale uniformément intégrable, d'où $E[M_t^2] = E[M_0^2] = 0$. $\square$

Crochet de deux martingales locales. Si M et N sont deux martingales locales, on pose

$$\langle M,N\rangle_t = \frac{1}{2}(\langle M+N, M+N\rangle_t - \langle M,M\rangle_t - \langle N,N\rangle_t).$$

Proposition 4.4. (i) $\langle M, N \rangle$ *est l'unique (à indistinguabilité près) processus à variation finie tel que* $M_t N_t - \langle M, N \rangle_t$ *soit une martingale locale.*

(ii) *L'application* $(M, N) \mapsto \langle M, N \rangle$ *est bilinéaire symétrique.*

(iii) *Si* $0 = t_0^n < t_1^n < \cdots < t_{p_n}^n = t$ *est une suite de subdivisions emboîtées de* $[0, t]$ *de pas tendant vers* 0, *on a*

$$\lim_{n \to \infty} \sum_{i=1}^{p_n} (M_{t_i^n} - M_{t_{i-1}^n})(N_{t_i^n} - N_{t_{i-1}^n}) = \langle M, N \rangle_t.$$

en probabilité.

(iv) *Pour tout temps d'arrêt* T, $\langle M^T, N^T \rangle_t = \langle M^T, N \rangle_t = \langle M, N \rangle_{t \wedge T}$.

(v) *Si* M *et* N *sont deux martingales bornées dans* L^2, $M_t N_t - \langle M, N \rangle_t$ *est une martingale uniformément intégrable. En particulier,* $\langle M, N \rangle_\infty$ *est bien défini (comme la limite p.s. de* $\langle M, N \rangle_t$ *quand* $t \to \infty$), *est intégrable et vérifie*

$$E[M_\infty N_\infty] = E[M_0 N_0] + E[\langle M, N \rangle_\infty].$$

Démonstration. (i) découle de la caractérisation analogue dans le Théorème 4.2 (et l'unicité découle du Théorème 4.1). (iii) est de même une conséquence de l'assertion analogue dans le Théorème 4.2. (ii) découle de (iii). Ensuite, on peut voir (iv) comme une conséquence de la propriété (iii), en remarquant que cette propriété entraîne, pour tous $0 \leq s \leq t$, p.s.

$$\langle M^T, N^T \rangle_t = \langle M^T, N \rangle_t = \langle M, N \rangle_t \qquad \text{sur } \{T \geq t\},$$
$$\langle M^T, N^T \rangle_t - \langle M^T, N^T \rangle_s = \langle M^T, N \rangle_t - \langle M^T, N \rangle_s = 0 \qquad \text{sur } \{T \leq s < t\}.$$

Enfin, (v) est une conséquence facile du Théorème 4.3 (i). $\qquad\qquad\square$

Remarque. Une conséquence de (iv) est que $M^T(N - N^T)$ est une martingale locale, ce qui n'est pas si facile à voir directement.

Définition 4.4. Deux martingales locales M et N sont dites orthogonales si $\langle M, N \rangle = 0$, ce qui équivaut à dire que le produit MN est une martingale locale.

Exemple important. Nous avons déjà observé qu'un $(\mathscr{F}_t)$-mouvement brownien B est une (vraie) martingale de variation quadratique $\langle B, B \rangle_t = t$. Deux $(\mathscr{F}_t)$-mouvements browniens *indépendants* B et B' sont des martingales orthogonales. Le plus simple pour le voir est d'observer que le processus $\frac{1}{\sqrt{2}}(B_t + B_t')$ est encore une $(\mathscr{F}_t)$-martingale locale, et d'autre part il est très facile de vérifier que c'est aussi un mouvement brownien. Donc la Proposition 2.4 montre que sa variation quadratique est t, et par bilinéarité du crochet cela entraîne $\langle B, B' \rangle_t = 0$.

Si M et N sont deux (vraies) martingales bornées dans L^2 et orthogonales, on a $E[M_t N_t] = E[M_0 N_0]$, et même $E[M_S N_S] = E[M_0 N_0]$ pour tout temps d'arrêt S. Cela découle en effet du Théorème 3.6, en utilisant la propriété (v) de la Proposition 4.4.

Proposition 4.5 (Inégalité de Kunita-Watanabe). *Soient* M *et* N *deux martingales locales et* H *et* K *deux processus mesurables. Alors, p.s.,*

$$\int_0^\infty |H_s|\,|K_s|\,|\mathrm{d}\langle M,N\rangle_s| \leq \Big(\int_0^\infty H_s^2\,\mathrm{d}\langle M,M\rangle_s\Big)^{1/2}\Big(\int_0^\infty K_s^2\,\mathrm{d}\langle N,N\rangle_s\Big)^{1/2}.$$

Démonstration. Notons $\langle M,N\rangle_s^t = \langle M,N\rangle_t - \langle M,N\rangle_s$ pour $s \leq t$. On commence par remarquer que p.s. pour tous $s < t$ rationnels (donc aussi par continuité pour tous $s < t$) on a

$$|\langle M,N\rangle_s^t| \leq \sqrt{\langle M,M\rangle_s^t}\sqrt{\langle N,N\rangle_s^t}.$$

En effet, cela découle immédiatement des approximations de $\langle M,M\rangle$ et $\langle M,N\rangle$ données dans le Théorème 4.2 et la Proposition 4.4 respectivement, ainsi que de l'inégalité de Cauchy-Schwarz. A partir de maintenant, on fixe ω tel que l'inégalité précédente soit vraie pour tous $s < t$, et on raisonne sur cette valeur de ω. On remarque d'abord qu'on a aussi

$$\int_s^t |\mathrm{d}\langle M,N\rangle_u| \leq \sqrt{\langle M,M\rangle_s^t}\sqrt{\langle N,N\rangle_s^t}. \tag{4.4}$$

En effet, il suffit d'utiliser la Proposition 4.1 et de majorer, pour toute subdivision $s = t_0 < t_1 < \cdots < t_p = t$,

$$\sum_{i=1}^p |\langle M,N\rangle_{t_{i-1}}^{t_i}| \leq \sum_{i=1}^p \sqrt{\langle M,M\rangle_{t_{i-1}}^{t_i}}\sqrt{\langle N,N\rangle_{t_{i-1}}^{t_i}}$$

$$\leq \Big(\sum_{i=1}^p \langle M,M\rangle_{t_{i-1}}^{t_i}\Big)^{1/2}\Big(\sum_{i=1}^p \langle N,N\rangle_{t_{i-1}}^{t_i}\Big)^{1/2}$$

$$= \sqrt{\langle M,M\rangle_s^t}\sqrt{\langle N,N\rangle_s^t}.$$

On peut généraliser et obtenir, pour toute partie borélienne bornée A de $\mathbb{R}_+$,

$$\int_A |\mathrm{d}\langle M,N\rangle_u| \leq \sqrt{\int_A \mathrm{d}\langle M,M\rangle_u}\sqrt{\int_A \mathrm{d}\langle N,N\rangle_u}.$$

Lorsque $A=[s,t]$, c'est l'inégalité (4.4). Si A est une réunion finie d'intervalles, cela découle de (4.4) et d'une nouvelle application de l'inégalité de Cauchy-Schwarz. Un argument de classe monotone montre alors que cette inégalité est vraie pour toute partie borélienne bornée (on utilise ici une version du lemme de classe monotone différente de celle de l'Appendice A1 : précisément, la plus petite classe stable par réunion croissante et intersection décroissante dénombrables, et contenant une algèbre de parties, contient aussi la tribu engendrée par cette algèbre – voir le premier chapitre de [7]).

Soient $h = \sum \lambda_i \mathbf{1}_{A_i}$ et $k = \sum \mu_i \mathbf{1}_{A_i}$ deux fonctions étagées positives. Alors,

$$\int h(s)k(s)|\mathrm{d}\langle M,N\rangle_s| = \sum \lambda_i \mu_i \int_{A_i} |\mathrm{d}\langle M,N\rangle_s|$$

$$\leq \Big(\sum \lambda_i^2 \int_{A_i} \mathrm{d}\langle M,M\rangle_s\Big)^{1/2}\Big(\sum \mu_i^2 \int_{A_i} \mathrm{d}\langle N,N\rangle_s\Big)^{1/2}$$

$$= \left(\int h(s)^2 \mathrm{d}\langle M, M \rangle_s \right)^{1/2} \left(\int k(s)^2 \mathrm{d}\langle N, N \rangle_s \right)^{1/2},$$

ce qui donne l'inégalité voulue pour des fonctions étagées. Il ne reste qu'à écrire une fonction mesurable positive quelconque comme limite croissante de fonctions étagées.   □

4.4 Semimartingales continues

Définition 4.5. Un processus $X = (X_t)_{t \geq 0}$ est une semimartingale continue s'il s'écrit sous la forme

$$X_t = M_t + A_t,$$

où M est une martingale locale et A est un processus à variation finie.

La décomposition ci-dessus est unique à indistinguabilité près, toujours à cause du Théorème 4.1.

Si $Y_t = M'_t + A'_t$ est une autre semimartingale continue on pose par définition

$$\langle X, Y \rangle_t = \langle M, M' \rangle_t.$$

En particulier, $\langle X, X \rangle_t = \langle M, M \rangle_t.$

Proposition 4.6. *Soit $0 = t_0^n < t_1^n < \cdots < t_{p_n}^n = t$ une suite de subdivisions emboîtées de $[0, t]$ de pas tendant vers 0. Alors,*

$$\lim_{n \to \infty} \sum_{i=1}^{p_n} (X_{t_i^n} - X_{t_{i-1}^n})(Y_{t_i^n} - Y_{t_{i-1}^n}) = \langle X, Y \rangle_t$$

en probabilité.

Démonstration. Pour simplifier, traitons seulement le cas où $X = Y$. Alors,

$$\sum_{i=1}^{p_n} (X_{t_i^n} - X_{t_{i-1}^n})^2 = \sum_{i=1}^{p_n} (M_{t_i^n} - M_{t_{i-1}^n})^2 + \sum_{i=1}^{p_n} (A_{t_i^n} - A_{t_{i-1}^n})^2$$

$$+ 2 \sum_{i=1}^{p_n} (M_{t_i^n} - M_{t_{i-1}^n})(A_{t_i^n} - A_{t_{i-1}^n}).$$

On sait déjà (Théorème 4.2) que

$$\lim_{n \to \infty} \sum_{i=1}^{p_n} (M_{t_i^n} - M_{t_{i-1}^n})^2 = \langle M, M \rangle_t = \langle X, X \rangle_t,$$

en probabilité. D'autre part,

$$\sum_{i=1}^{p_n} (A_{t_i^n} - A_{t_{i-1}^n})^2 \leq \left(\sup_{1 \leq i \leq p_n} |A_{t_i^n} - A_{t_{i-1}^n}| \right) \sum_{i=1}^{p_n} |A_{t_i^n} - A_{t_{i-1}^n}|$$

$$\leq \left(\int_0^t |dA_s| \right) \sup_{1 \leq i \leq p_n} |A_{t_i^n} - A_{t_{i-1}^n}|,$$

qui tend vers 0 p.s. quand $n \to \infty$ par continuité de la fonction $s \mapsto A_s$. Le même raisonnement montre que

$$\left| \sum_{i=1}^{p_n} (A_{t_i^n} - A_{t_{i-1}^n})(M_{t_i^n} - M_{t_{i-1}^n}) \right| \leq \left(\int_0^t |dA_s| \right) \sup_{1 \leq i \leq p_n} |M_{t_i^n} - M_{t_{i-1}^n}|$$

tend vers 0 p.s.   □

Exercices

Dans les exercices qui suivent, on se place sur un espace de probabilité $(\Omega, \mathscr{F}, P)$ muni d'une filtration complète $(\mathscr{F}_t)_{t \in [0,\infty]}$.

Exercice 4.1. Soit U une variable aléatoire réelle $\mathscr{F}_0$-mesurable, et soit M une martingale locale. Montrer que le processus $N_t = U M_t$ est encore une martingale locale. *(Ce résultat a été utilisé dans la construction de la variation quadratique d'une martingale locale.)*

Exercice 4.2. 1. Soit M une (vraie) martingale à trajectoires continues issue de $M_0 = 0$. On suppose que $(M_t)_{t \geq 0}$ est aussi un processus gaussien. Montrer alors que pour tout $t \geq 0$ et tout $s > 0$, la variable aléatoire $M_{t+s} - M_t$ est indépendante de $\sigma(M_r, 0 \leq r \leq t)$.
2. Sous les hypothèses de la question 1., montrer qu'il existe une fonction croissante continue $f : \mathbb{R}_+ \to \mathbb{R}_+$ telle que $\langle M, M \rangle_t = f(t)$ pour tout $t \geq 0$.

Exercice 4.3. Soit M une martingale locale issue de 0.
1. Pour tout entier $n \geq 1$, on pose $T_n = \inf\{t \geq 0 : |M_t| = n\}$. Montrer que p.s.

$$\left\{ \lim_{t \to \infty} M_t \text{ existe et est finie} \right\} = \bigcup_{n=1}^{\infty} \{T_n = \infty\} \subset \{\langle M, M \rangle_\infty < \infty\}.$$

2. On pose $S_n = \inf\{t \geq 0 : \langle M, M \rangle_t = n\}$ pour tout entier $n \geq 1$. Montrer qu'on a aussi p.s.

$$\{\langle M, M \rangle_\infty < \infty\} = \bigcup_{n=1}^{\infty} \{S_n = \infty\} \subset \left\{ \lim_{t \to \infty} M_t \text{ existe et est finie} \right\},$$

et conclure que

$$\left\{ \lim_{t \to \infty} M_t \text{ existe et est finie} \right\} = \{ \langle M, M \rangle_\infty < \infty \} \quad , \text{p.s.}$$

Exercice 4.4. Pour tout entier $n \geq 1$, soit $M^n = (M_t^n)_{t \geq 0}$ une martingale locale issue de 0. On suppose dans tout l'exercice que

$$\lim_{n \to \infty} \langle M^n, M^n \rangle_\infty = 0$$

en probabilité.

1. Soit $\varepsilon > 0$, et, pour tout $n \geq 1$, soit

$$T_\varepsilon^n = \inf\{t \geq 0 : \langle M^n, M^n \rangle_t \geq \varepsilon\}.$$

Justifier le fait que T_ε^n est un temps d'arrêt, puis montrer que la martingale locale arrêtée

$$M_t^{n,\varepsilon} = M_{t \wedge T_\varepsilon^n}^n, \qquad \forall t \geq 0,$$

est une vraie martingale bornée dans L^2.

2. Montrer que

$$E\left[\sup_{t \geq 0} |M_t^{n,\varepsilon}|^2 \right] \leq 4\varepsilon.$$

3. En écrivant, pour tout $a > 0$,

$$P\left[\sup_{t \geq 0} |M_t^n| \geq a \right] \leq P\left[\sup_{t \geq 0} |M_t^{n,\varepsilon}| \geq a \right] + P[T_\varepsilon^n < \infty]$$

montrer que

$$\lim_{n \to \infty} \left(\sup_{t \geq 0} |M_t^n| \right) = 0$$

en probabilité.

Exercice 4.5. 1. Soit A un processus croissant (à trajectoires continues, adapté, tel que $A_0 = 0$) tel que $A_\infty < \infty$ p.s., et soit Z une variable positive intégrable. On suppose que, pour tout temps d'arrêt T, on a

$$E[A_\infty - A_T] \leq E[Z \mathbf{1}_{\{T < \infty\}}].$$

Montrer en utilisant un temps d'arrêt bien choisi que pour tout $\lambda > 0$,

$$E[(A_\infty - \lambda) \mathbf{1}_{\{A_\infty > \lambda\}}] \leq E[Z \mathbf{1}_{\{A_\infty > \lambda\}}].$$

2. Soit $f : \mathbb{R}_+ \longrightarrow \mathbb{R}$ une fonction croissante de classe C^1, telle que $f(0) = 0$ et soit $F(x) = \int_0^x f(t) dt$ pour tout $x \geq 0$. Montrer que, sous les hypothèses de la question 1., on a

$$E[F(A_\infty)] \leq E[Z f(A_\infty)].$$

(On pourra remarquer que $F(x) = x f(x) - \int_0^x \lambda f'(\lambda) d\lambda$ pour tout $x \geq 0$.)

3. Soit M une (vraie) martingale à trajectoires continues, bornée dans L^2, telle que $M_0 = 0$, et soit M_∞ la limite presque sûre de M_t quand $t \to \infty$. Montrer que les hypothèses de la question 1. sont satisfaites lorsque $A_t = \langle M, M \rangle_t$ et $Z = M_\infty^2$. En déduire que, pour tout réel $q \geq 1$,

$$E[(\langle M, M \rangle_\infty)^{q+1}] \leq (q+1) E[(\langle M, M \rangle_\infty)^q M_\infty^2].$$

4. Soit $p \geq 2$ un réel tel que $E[(\langle M, M \rangle_\infty)^p] < \infty$. Montrer que

$$E[(\langle M, M \rangle_\infty)^p] \leq p^p E[|M_\infty|^{2p}].$$

5. Soit N une martingale locale telle que $N_0 = 0$, et soit T un temps d'arrêt tel que la martingale arrêtée N^T soit uniformément intégrable. Montrer que, pour tout réel $p \geq 2$,

$$E[(\langle N, N \rangle_T)^p] \leq p^p E[|N_T|^{2p}].$$

Donner un exemple montrant que ce résultat peut être faux si N^T n'est pas uniformément intégrable.

Exercice 4.6. Soit $(X_t)_{t \geq 0}$ un processus adapté, à trajectoires continues et à valeurs positives ou nulles. Soit $(A_t)_{t \geq 0}$ un processus croissant (à trajectoires continues, adapté, tel que $A_0 = 0$). On considère la condition suivante :

(D) Pour tout temps d'arrêt borné T, on a $E[X_T] \leq E[A_T]$.

1. Montrer que si M est une (vraie) martingale à trajectoires continues et de carré intégrable, et $M_0 = 0$, alors la condition (D) est satisfaite par $X_t = M_t^2$ et $A_t = \langle M, M \rangle_t$.

2. Montrer que la conclusion de la question précédente reste vraie si on suppose seulement que M est une martingale locale issue de 0.

3. On note $X_t^* = \sup_{s \leq t} X_s$. Montrer que sous la condition (D) on a pour tout temps d'arrêt borné S et tout $c > 0$:

$$P[X_S^* \geq c] \leq \frac{1}{c} E[A_S].$$

(on pourra appliquer l'inégalité (D) à $T = S \wedge R$, avec $R = \inf\{t \geq 0 : X_t \geq c\}$).

4. En déduire, toujours sous la condition (D), que, pour tout temps d'arrêt S (fini ou pas),

$$P[X_S^* > c] \leq \frac{1}{c} E[A_S]$$

(lorsque S prend la valeur ∞, on prend bien entendu $X_\infty^* = \sup_{s \geq 0} X_s$).

5. Soient $c > 0$ et $d > 0$, et $S = \inf\{t \geq 0 : A_t \geq d\}$. Soit aussi T un temps d'arrêt. En remarquant que

$$\{X_T^* > c\} \subset \left(\{X_{T \wedge S}^* > c\} \cup \{A_T \geq d\} \right)$$

montrer que, sous la condition (D), on a

$$P[X_T^* > c] \leq \frac{1}{c} E[A_T \wedge d] + P[A_T \geq d].$$

6. Déduire des questions **2.** et **5.** que si $M^{(n)}$ est une suite de martingales locales et T un temps d'arrêt tel que $\langle M^{(n)}, M^{(n)} \rangle_T$ converge en probabilité vers 0 quand $n \to \infty$, alors on a aussi :

$$\lim_{n \to \infty} \left(\sup_{s \leq T} |M_s^{(n)}| \right) = 0 , \quad \text{en probabilité.}$$

Chapitre 5
Intégrale stochastique

Résumé Ce chapitre est au cœur du présent ouvrage. Dans un premier temps, nous définissons l'intégrale stochastique par rapport à une (semi)martingale continue, en considérant d'abord l'intégrale des processus élémentaires (qui jouent ici un rôle analogue aux fonctions en escalier dans la théorie de l'intégrale de Riemann) puis en utilisant un argument d'isométrie entre espaces de Hilbert pour passer au cas général. Nous établissons ensuite la célèbre formule d'Itô, qui est l'outil principal du calcul stochastique. Nous discutons plusieurs applications importantes de la formule d'Itô : théorème de Lévy caractérisant le mouvement brownien comme martingale locale de variation quadratique t, inégalités de Burkholder-Davis-Gundy, représentation des martingales dans la filtration d'un mouvement brownien. La fin du chapitre est consacrée au théorème de Girsanov, qui décrit la stabilité des notions de martingales et de semimartingales par changement absolument continu de probabilité. En application du théorème de Girsanov, nous établissons la célèbre formule de Cameron-Martin donnant l'image de la mesure de Wiener par une translation par une fonction déterministe. Sauf indication du contraire, les processus considérés dans ce chapitre sont indexés par $\mathbb{R}_+$ et à valeurs réelles.

5.1 Construction de l'intégrale stochastique

Dans tout ce chapitre on se place sur un espace de probabilité $(\Omega, \mathscr{F}, (\mathscr{F}_t), P)$ muni d'une filtration complète. On dira parfois "martingale continue" au lieu de "martingale à trajectoires continues". Rappelons que par définition les martingales locales ont des trajectoires continues.

Définition 5.1. On note $\mathbb{H}^2$ l'espace des martingales continues M bornées dans L^2 et telles que $M_0 = 0$, avec la convention que deux processus indistinguables sont identifiés.

La Proposition 4.4 (v) montre que, si $M, N \in \mathbb{H}^2$ la variable aléatoire $\langle M, N \rangle_\infty$ est bien définie et on a $E[|\langle M, N \rangle_\infty|] < \infty$. Cela permet de définir une forme bilinéaire

J.-F. Le Gall, *Mouvement brownien, martingales et calcul stochastique*,
Mathématiques et Applications 71, DOI: 10.1007/978-3-642-31898-6_5,
© Springer-Verlag Berlin Heidelberg 2013

symétrique sur $\mathbb{H}^2$ par la formule

$$(M,N)_{\mathbb{H}^2} = E[\langle M,N \rangle_\infty] = E[M_\infty N_\infty].$$

Le Corollaire 4.1 montre aussi que $(M,M)_{\mathbb{H}^2} = 0$ si et seulement si $M = 0$. La norme sur $\mathbb{H}^2$ associée au produit scalaire $(M,N)_{\mathbb{H}^2}$ est

$$\|M\|_{\mathbb{H}^2} = (M,M)_{\mathbb{H}^2}^{1/2} = E[\langle M,M \rangle_\infty]^{1/2}.$$

Proposition 5.1. *L'espace $\mathbb{H}^2$ muni du produit scalaire $(M,N)_{\mathbb{H}^2}$ est un espace de Hilbert.*

Démonstration. Il faut voir que $\mathbb{H}^2$ est complet pour la norme $\|\ \|_{\mathbb{H}^2}$. Soit donc (M^n) une suite de Cauchy pour cette norme : d'après le Théorème 4.3, on a

$$\lim_{m,n\to\infty} E[(M_\infty^n - M_\infty^m)^2] = \lim_{m,n\to\infty} E[\langle M^n - M^m, M^n - M^m \rangle_\infty] = 0.$$

En particulier, la suite (M_∞^n) converge dans L^2 vers une limite notée M_∞. L'inégalité de Doob dans L^2 (Proposition 3.8 (ii)), et un passage à la limite facile montrent que, pour tous m,n,

$$E\left[\sup_{t\geq 0}(M_t^n - M_t^m)^2\right] \leq 4E[(M_\infty^n - M_\infty^m)^2].$$

On obtient donc que

$$\lim_{m,n\to\infty} E\left[\sup_{t\geq 0}(M_t^n - M_t^m)^2\right] = 0. \tag{5.1}$$

Il est ensuite facile d'extraire une sous-suite (n_k) telle que

$$E\left[\sum_{k=1}^\infty \sup_{t\geq 0}|M_t^{n_k} - M_t^{n_{k+1}}|\right] \leq \sum_{k=1}^\infty E\left[\sup_{t\geq 0}(M_t^{n_k} - M_t^{n_{k+1}})^2\right]^{1/2} < \infty.$$

On en déduit que p.s.

$$\sum_{k=1}^\infty \sup_{t\geq 0}|M_t^{n_k} - M_t^{n_{k+1}}| < \infty,$$

et donc p.s. la suite $(M^{n_k})_{t\geq 0}$ converge uniformément sur $\mathbb{R}_+$ vers une limite notée $(M_t)_{t\geq 0}$. Clairement le processus limite M a des trajectoires continues (on se débarrasse facilement de l'ensemble de probabilité nulle en prenant $M \equiv 0$ sur cet ensemble). Puisque $M_t^{n_k}$ converge aussi dans L^2 vers M_t, pour tout $t \geq 0$ (car la suite (M_t^n) est de Cauchy dans L^2 d'après (5.1)) on voit immédiatement en passant à la limite dans l'égalité $M_t^{n_k} = E[M_\infty^{n_k} \mid \mathscr{F}_t]$ que $M_t = E[M_\infty \mid \mathscr{F}_t]$, et donc $(M_t)_{t\geq 0}$ est une martingale bornée dans L^2. Enfin,

$$\lim_{k\to\infty} E[\langle M^{n_k} - M, M^{n_k} - M \rangle_\infty] = \lim_{k\to\infty} E[(M_\infty^{n_k} - M_\infty)^2] = 0,$$

ce qui montre que la sous-suite (M^{n_k}), donc aussi la suite (M^n) converge vers M dans $\mathbb{H}^2$. $\square$

On note Prog la tribu progressive sur $\Omega \times \mathbb{R}_+$ (voir la fin du paragraphe 3.1).

Définition 5.2. Pour $M \in \mathbb{H}^2$, on note

$$L^2(M) = L^2(\Omega \times \mathbb{R}_+, \text{Prog}, dP d\langle M, M \rangle_s)$$

l'espace des processus progressifs H tels que

$$E\left[\int_0^\infty H_s^2 d\langle M, M \rangle_s \right] < \infty.$$

Comme n'importe quel espace L^2, l'espace $L^2(M)$ est un espace de Hilbert pour le produit scalaire

$$(H, K)_{L^2(M)} = E\left[\int_0^\infty H_s K_s d\langle M, M \rangle_s \right].$$

Définition 5.3. On note $\mathscr{E}$ le sous-espace vectoriel de $L^2(M)$ formé des processus élémentaires, c'est-à-dire des processus H de la forme

$$H_s(\omega) = \sum_{i=0}^{p-1} H_{(i)}(\omega) \mathbf{1}_{]t_i, t_{i+1}]}(s),$$

où $0 = t_0 < t_1 < t_2 < \cdots < t_p$ et pour chaque $i \in \{0, 1, \ldots, p-1\}$, $H_{(i)}$ est une variable $\mathscr{F}_{t_i}$-mesurable et bornée.

Proposition 5.2. *Pour tout $M \in \mathbb{H}^2$, $\mathscr{E}$ est dense dans $L^2(M)$.*

Démonstration. Il suffit de montrer que si $K \in L^2(M)$ est orthogonal à $\mathscr{E}$ alors $K = 0$. Supposons donc K orthogonal à $\mathscr{E}$, et posons, pour tout $t \geq 0$,

$$X_t = \int_0^t K_u d\langle M, M \rangle_u.$$

Le fait que cette intégrale soit (p.s.) absolument convergente découle facilement de l'inégalité de Cauchy-Schwarz et des propriétés $M \in \mathbb{H}^2$, $K \in L^2(M)$. Cet argument montre même que $X_t \in L^1$.

Soient ensuite $0 \leq s < t$, soit F une variable $\mathscr{F}_s$-mesurable bornée et soit $H \in \mathscr{E}$ défini par $H_r(\omega) = F(\omega) \mathbf{1}_{]s,t]}(r)$. En écrivant $(H, K)_{L^2(M)} = 0$, on trouve

$$E\left[F \int_s^t K_u d\langle M, M \rangle_u \right] = 0.$$

On a ainsi obtenu $E[F(X_t - X_s)] = 0$ pour tous $s < t$ et toute variable $\mathscr{F}_s$-mesurable F. Cela montre que X est une martingale. D'autre part, puisque X est aussi un processus à variation finie (d'après la Proposition 4.2, et la remarque (i) suivant cette proposition), cela n'est possible (Théorème 4.1) que si $X = 0$. On a donc

$$\int_0^t K_u d\langle M, M \rangle_u = 0 \qquad \forall t \geq 0, \quad \text{p.s.}$$

ce qui entraîne

$$K_u = 0, \qquad d\langle M, M\rangle_u \text{ p.p.,} \quad \text{p.s.}$$

c'est-à-dire $K = 0$ dans $L^2(M)$. $\qquad\qquad\qquad\qquad\qquad\qquad\qquad\qquad\qquad$ □

Rappelons la notation X^T pour le processus X arrêté au temps d'arrêt T, $X_t^T = X_{t \wedge T}$.

Théorème 5.1. *Soit $M \in \mathbb{H}^2$. Pour tout $H \in \mathcal{E}$, de la forme*

$$H_s(\omega) = \sum_{i=0}^{p-1} H_{(i)}(\omega)\, \mathbf{1}_{]t_i, t_{i+1}]}(s),$$

on définit $H \cdot M \in \mathbb{H}^2$ par la formule

$$(H \cdot M)_t = \sum_{i=0}^{p-1} H_{(i)}\, (M_{t_{i+1} \wedge t} - M_{t_i \wedge t}).$$

L'application $H \mapsto H \cdot M$ s'étend en une isométrie de $L^2(M)$ dans $\mathbb{H}^2$. De plus, $H \cdot M$ est caractérisé par la relation

$$\langle H \cdot M, N\rangle = H \cdot \langle M, N\rangle, \qquad \forall N \in \mathbb{H}^2. \tag{5.2}$$

Si T est un temps d'arrêt, on a

$$(\mathbf{1}_{[0,T]}H) \cdot M = (H \cdot M)^T = H \cdot M^T. \tag{5.3}$$

On note souvent

$$(H \cdot M)_t = \int_0^t H_s\, dM_s$$

et on appelle $H \cdot M$ l'intégrale stochastique de H par rapport à M.

Remarque. L'intégrale $H \cdot \langle M, N\rangle$ qui figure dans le terme de droite de (5.2) est une intégrale par rapport à un processus à variation finie, comme cela a été défini dans le paragraphe 4.1.

Démonstration. On va d'abord vérifier que l'application $M \mapsto H \cdot M$ est une isométrie de $\mathcal{E}$ dans $\mathbb{H}^2$. On montre très facilement que, si $H \in \mathcal{E}$, $H \cdot M$ est une martingale continue bornée dans L^2, donc appartient à $\mathbb{H}^2$. De plus l'application $H \mapsto H \cdot M$ est clairement linéaire. Ensuite, on observe que, si H est de la forme donnée dans le théorème, $H \cdot M$ est la somme des martingales

$$M_t^i = H_{(i)}\, (M_{t_{i+1} \wedge t} - M_{t_i \wedge t})$$

qui sont orthogonales et de processus croissants respectifs

$$\langle M^i, M^i\rangle_t = H_{(i)}^2 \left(\langle M, M\rangle_{t_{i+1} \wedge t} - \langle M, M\rangle_{t_i \wedge t}\right)$$

(ces propriétés sont faciles à vérifier, par exemple en utilisant les approximations de $\langle M, N \rangle$). On conclut que

$$\langle H \cdot M, H \cdot M \rangle_t = \sum_{i=0}^{p-1} H_{(i)}^2 \left(\langle M, M \rangle_{t_{i+1} \wedge t} - \langle M, M \rangle_{t_i \wedge t} \right).$$

En conséquence,

$$\|H \cdot M\|_{\mathbb{H}^2}^2 = E \left[\sum_{i=0}^{p-1} H_{(i)}^2 \left(\langle M, M \rangle_{t_{i+1}} - \langle M, M \rangle_{t_i} \right) \right]$$
$$= E \left[\int_0^\infty H_s^2 \, d\langle M, M \rangle_s \right]$$
$$= \|H\|_{L^2(M)}^2.$$

L'application $M \mapsto H \cdot M$ est donc une isométrie de $\mathscr{E}$ dans $\mathbb{H}^2$. Puisque $\mathscr{E}$ est dense dans $L^2(M)$ (Proposition 5.2) et $\mathbb{H}^2$ est un espace de Hilbert (Proposition 5.1), on peut prolonger, de manière unique, cette application en une isométrie de $L^2(M)$ dans $\mathbb{H}^2$.

Vérifions maintenant la propriété (5.2). On fixe $N \in \mathbb{H}^2$. On remarque d'abord que, si $H \in L^2(M)$, l'inégalité de Kunita-Watanabe (Proposition 4.5) montre que

$$E \left[\int_0^\infty |H_s| \, |d\langle M, N \rangle_s| \right] \leq \|H\|_{L^2(M)} \|N\|_{\mathbb{H}^2} < \infty$$

et donc la variable $\int_0^\infty H_s d\langle M, N \rangle_s = (H \cdot \langle M, N \rangle)_\infty$ est bien définie et dans L^1. Considérons d'abord le cas où H est élémentaire de la forme ci-dessus. Alors, pour tout $i \in \{0, 1, \dots, p-1\}$,

$$\langle H \cdot M, N \rangle = \sum_{i=0}^{p-1} \langle M^i, N \rangle$$

et on vérifie aisément que

$$\langle M^i, N \rangle_t = H_{(i)} \left(\langle M, N \rangle_{t_{i+1} \wedge t} - \langle M, N \rangle_{t_i \wedge t} \right).$$

On en déduit que

$$\langle H \cdot M, N \rangle_t = \sum_{i=0}^{p-1} H_{(i)} \left(\langle M, N \rangle_{t_{i+1} \wedge t} - \langle M, N \rangle_{t_i \wedge t} \right) = \int_0^t H_s \, d\langle M, N \rangle_s$$

ce qui donne la relation (5.2) lorsque $H \in \mathscr{E}$. Ensuite, on remarque que l'application $X \mapsto \langle X, N \rangle_\infty$ est continue de $\mathbb{H}^2$ dans L^1 : en effet, d'après l'inégalité de Kunita-Watanabe,

$$E[|\langle X, N \rangle_\infty|] \leq E[\langle X, X \rangle_\infty]^{1/2} E[\langle N, N \rangle_\infty]^{1/2} = \|N\|_{\mathbb{H}^2} \|X\|_{\mathbb{H}^2}.$$

Si on se donne une suite (H^n) dans $\mathcal{E}$, telle que $H^n \to H$ dans $L^2(M)$, on a donc

$$\langle H \cdot M, N \rangle_\infty = \lim_{n \to \infty} \langle H^n \cdot M, N \rangle_\infty = \lim_{n \to \infty} (H^n \cdot \langle M, N \rangle)_\infty = (H \cdot \langle M, N \rangle)_\infty,$$

où les convergences ont lieu dans L^1 et la dernière égalité découle à nouveau de l'inégalité de Kunita-Watanabe, en écrivant

$$E\left[\left|\int_0^\infty (H_s^n - H_s)\, d\langle M, N \rangle_s\right|\right] \le E[\langle N, N \rangle_\infty]^{1/2}\, \|H^n - H\|_{L^2(M)}.$$

En remplaçant N par N^t dans l'égalité $\langle H \cdot M, N \rangle_\infty = (H \cdot \langle M, N \rangle)_\infty$ on trouve $\langle H \cdot M, N \rangle_t = (H \cdot \langle M, N \rangle)_t$, ce qui termine la preuve de (5.2).

Il est facile de voir que la relation (5.2) caractérise $H \cdot M$. En effet, si X est une autre martingale de $\mathbb{H}^2$ qui satisfait la même propriété, on a pour tout $N \in \mathbb{H}^2$,

$$\langle H \cdot M - X, N \rangle = 0$$

et en prenant $N = H \cdot M - X$ on trouve que $X = H \cdot M$.

Il reste à vérifier la dernière propriété. En utilisant les propriétés du crochet de deux martingales, on remarque que, si $N \in \mathbb{H}^2$,

$$\langle (H \cdot M)^T, N \rangle_t = \langle H \cdot M, N \rangle_{t \wedge T} = (H \cdot \langle M, N \rangle)_{t \wedge T} = (\mathbf{1}_{[0,T]} H \cdot \langle M, N \rangle)_t$$

ce qui montre que la martingale arrêtée $(H \cdot M)^T$ vérifie la propriété caractéristique de l'intégrale $(\mathbf{1}_{[0,T]}H) \cdot M$. On obtient ainsi la première égalité de (5.3). La preuve de la seconde est analogue, en écrivant

$$\langle H \cdot M^T, N \rangle = H \cdot \langle M^T, N \rangle = H \cdot \langle M, N \rangle^T = \mathbf{1}_{[0,T]} H \cdot \langle M, N \rangle.$$

Cela termine la preuve du théorème.   □

Remarque. On aurait pu utiliser la relation (5.2) pour *définir* l'intégrale stochastique $H \cdot M$, en observant que l'application $N \mapsto E[(H \cdot \langle M, N \rangle)_\infty]$ définit une forme linéaire continue sur $\mathbb{H}^2$, et donc qu'il existe un élément unique $H \cdot M$ de $\mathbb{H}^2$ tel que

$$E[(H \cdot \langle M, N \rangle)_\infty] = (H \cdot M, N)_{\mathbb{H}^2} = E[\langle H \cdot M, N \rangle_\infty].$$

La propriété suivante d'associativité de l'intégrale stochastique est très utile.

Proposition 5.3. *Si $K \in L^2(M)$ et $H \in L^2(K \cdot M)$ alors $HK \in L^2(M)$ et*

$$(HK) \cdot M = H \cdot (K \cdot M).$$

Démonstration. D'après le Théorème 5.1, on a

$$\langle K \cdot M, K \cdot M \rangle = K \cdot \langle M, K \cdot M \rangle = K^2 \cdot \langle M, M \rangle,$$

et donc

$$\int_0^\infty H_s^2 K_s^2 \, \mathrm{d}\langle M, M\rangle_s = \int_0^\infty H_s^2 \, \mathrm{d}\langle K \cdot M, K \cdot M\rangle_s$$

ce qui donne la première assertion. Pour la seconde il suffit de remarquer que si $N \in \mathbb{H}^2$,

$$\begin{aligned}
\langle (HK) \cdot M, N\rangle &= HK \cdot \langle M, N\rangle = H \cdot (K \cdot \langle M, N\rangle) \\
&= H \cdot \langle K \cdot M, N\rangle \\
&= \langle H \cdot (K \cdot M), N\rangle
\end{aligned}$$

d'où le résultat voulu. □

Remarque. De manière informelle, l'égalité de la proposition précédente s'écrit

$$\int_0^t H_s \, (K_s \, \mathrm{d}M_s) = \int_0^t H_s K_s \, \mathrm{d}M_s.$$

De même la propriété (5.2) s'écrit

$$\Big\langle \int_0^{\cdot} H_s \mathrm{d}M_s, N \Big\rangle_t = \int_0^t H_s \, \mathrm{d}\langle M, N\rangle_s.$$

En appliquant deux fois cette relation on a aussi

$$\Big\langle \int_0^{\cdot} H_s \mathrm{d}M_s, \int_0^{\cdot} K_s \mathrm{d}N_s \Big\rangle_t = \int_0^t H_s K_s \, \mathrm{d}\langle M, N\rangle_s.$$

En particulier,

$$\Big\langle \int_0^{\cdot} H_s \mathrm{d}M_s, \int_0^{\cdot} H_s \mathrm{d}M_s \Big\rangle_t = \int_0^t H_s^2 \, \mathrm{d}\langle M, M\rangle_s.$$

Formules de moments. Soient $M \in \mathbb{H}^2$, $N \in \mathbb{H}^2$, $H \in L^2(M)$ et $K \in L^2(N)$. Puisque $H \cdot M$ et $K \cdot N$ sont des martingales de $\mathbb{H}^2$, on a, pour tout $t \in [0, \infty]$,

$$E\Big[\int_0^t H_s \, \mathrm{d}M_s \Big] = 0 \tag{5.4}$$

$$E\Big[\Big(\int_0^t H_s \mathrm{d}M_s \Big) \Big(\int_0^t K_s \mathrm{d}N_s \Big) \Big] = E\Big[\int_0^t H_s K_s \, \mathrm{d}\langle M, N\rangle_s \Big]. \tag{5.5}$$

En particulier,

$$E\Big[\Big(\int_0^t H_s \, \mathrm{d}M_s \Big)^2 \Big] = E\Big[\int_0^t H_s^2 \, \mathrm{d}\langle M, M\rangle_s \Big]. \tag{5.6}$$

Par ailleurs, $H \cdot M$ étant une vraie martingale, on a aussi, pour tous $0 \le s < t \le \infty$,

$$E\Big[\int_0^t H_r \mathrm{d}M_r \,\Big|\, \mathscr{F}_s \Big] = \int_0^s H_r \, \mathrm{d}M_r \tag{5.7}$$

Il est important de remarquer que ces relations (et notamment (5.4) et (5.6)) ne seront plus forcément vraies pour les extensions de l'intégrale stochastique qui vont être décrites ci-dessous.

A l'aide des identités (5.3) il est facile d'étendre la définition de l'intégrale stochastique $H \cdot M$ à une martingale locale quelconque.

Soit M une martingale locale issue de 0. On note $L^2_{\mathrm{loc}}(M)$ (resp. $L^2(M)$) l'espace des processus progressifs H tels que, pour tout $t \geq 0$,

$$\int_0^t H_s^2 \, \mathrm{d}\langle M,M \rangle_s < \infty, \quad \text{p.s.} \quad \left(\text{resp.} \quad E\left[\int_0^\infty H_s^2 \, \mathrm{d}\langle M,M \rangle_s \right] < \infty \right).$$

Théorème 5.2. *Soit M une martingale locale issue de 0. Pour tout $H \in L^2_{\mathrm{loc}}(M)$, il existe une unique martingale locale issue de 0, notée $H \cdot M$, telle que pour toute martingale locale N,*

$$\langle H \cdot M, N \rangle = H \cdot \langle M, N \rangle. \tag{5.8}$$

Si T est un temps d'arrêt, on a

$$(\mathbf{1}_{[0,T]} H) \cdot M = (H \cdot M)^T = H \cdot M^T. \tag{5.9}$$

Si $K \in L^2_{\mathrm{loc}}(M)$ et $H \in L^2_{\mathrm{loc}}(K \cdot M)$, on a $HK \in L^2_{\mathrm{loc}}(M)$, et

$$H \cdot (K \cdot M) = HK \cdot M. \tag{5.10}$$

Enfin, si $M \in \mathbb{H}^2$, et $H \in L^2(M)$, la définition de $H \cdot M$ étend celle du Théorème 5.1.

Démonstration. On note

$$T_n = \inf\{ t \geq 0 : \int_0^t (1 + H_s^2) \, \mathrm{d}\langle M,M \rangle_s \geq n \},$$

de sorte que (T_n) est une suite de temps d'arrêt croissant vers $+\infty$ (en toute rigueur, il faudrait ici tenir compte de l'ensemble de probabilité nulle sur lequel il existe une valeur $t < \infty$ pour laquelle $\int_0^t H_s^2 \, \mathrm{d}\langle M,M \rangle_s = \infty$: sur cet ensemble négligeable, on remplace H par 0 dans la construction qui suit). Puisque

$$\langle M^{T_n}, M^{T_n} \rangle_t = \langle M,M \rangle_{t \wedge T_n} \leq n,$$

la martingale arrêtée M^{T_n} est dans $\mathbb{H}^2$ (Théorème 4.3). De plus, il est aussi clair que

$$\int_0^\infty H_s^2 \, \mathrm{d}\langle M^{T_n}, M^{T_n} \rangle_s \leq n.$$

Donc, $H \in L^2(M^{T_n})$, et on peut définir l'intégrale stochastique $H \cdot M^{T_n}$ pour chaque n. En utilisant la propriété (5.3), on voit que si $m > n$ on a

$$H \cdot M^{T_n} = (H \cdot M^{T_m})^{T_n}.$$

Cela montre qu'il existe un (unique) processus, noté $H \cdot M$, tel que, pour tout n,

$$(H \cdot M)^{T_n} = H \cdot M^{T_n}.$$

Puisque les processus $(H \cdot M)^{T_n}$ sont des martingales de $\mathbb{H}^2$, donc en particulier uniformément intégrables, $H \cdot M$ est une martingale locale.

Soit N une martingale locale, qu'on peut supposer issue de 0 et soient $T'_n = \inf\{t \geq 0 : |N_t| \geq n\}$, $S_n = T_n \wedge T'_n$. Alors,

$$\begin{aligned}
\langle H \cdot M, N \rangle^{S_n} &= \langle (H \cdot M)^{T_n}, N^{T'_n} \rangle \\
&= \langle H \cdot M^{T_n}, N^{T'_n} \rangle \\
&= H \cdot \langle M^{T_n}, N^{T'_n} \rangle \\
&= H \cdot \langle M, N \rangle^{S_n} \\
&= (H \cdot \langle M, N \rangle)^{S_n}
\end{aligned}$$

d'où l'égalité $\langle H \cdot M, N \rangle = H \cdot \langle M, N \rangle$. Le fait que cette égalité écrite pour toute martingale locale N caractérise $H \cdot M$ se démontre exactement comme dans le Théorème 5.1.

La propriété (5.9) est obtenue dans ce cadre par les mêmes arguments que la propriété (5.3) dans la preuve du Théorème 5.1 (ces arguments utilisaient seulement la propriété caractéristique (5.2) qu'on vient d'étendre sous la forme (5.8)). De même la preuve de (5.10) est exactement analogue à celle de la Proposition 5.3.

Enfin, si $M \in \mathbb{H}^2$ et $H \in L^2(M)$, l'égalité $\langle H \cdot M, H \cdot M \rangle = H^2 \cdot \langle M, M \rangle$ entraîne d'abord que $H \cdot M \in \mathbb{H}^2$, et ensuite la propriété caractéristique (5.2) montre que les définitions des Théorèmes 5.1 et 5.2 coïncident. $\qquad\square$

Remarque. Lien avec l'intégrale de Wiener. Considérons le cas particulier où B est un mouvement brownien (en dimension un, issu de 0) et $h \in L^2(\mathbb{R}_+, \mathcal{B}(\mathbb{R}_+), \mathrm{d}t)$ est une fonction déterministe de carré intégrable. On peut alors définir l'intégrale de Wiener $\int_0^t h(s) \mathrm{d}B_s = G(f \mathbf{1}_{[0,t]})$, où G est la mesure gaussienne associée à B (voir la fin du paragraphe 2.1 ci-dessus). On voit aisément que cette intégrale coïncide avec l'intégrale stochastique $(h \cdot B)_t$ que nous venons de définir. En effet, c'est immédiat dans le cas où h est une fonction en escalier, et on peut ensuite utiliser un argument de densité.

Discutons maintenant l'extension des formules de moments énoncées avant le Théorème 5.2. Soient M une martingale locale, $H \in L^2_{\mathrm{loc}}(M)$ et $t \in [0, \infty]$. Alors, **sous la condition**

$$E\left[\int_0^t H_s^2 \, \mathrm{d}\langle M, M \rangle_s \right] < \infty, \tag{5.11}$$

on peut appliquer à $(H \cdot M)^t$ le Théorème 4.3, et on a

$$E\left[\int_0^t H_s \, \mathrm{d}M_s \right] = 0, \qquad E\left[\left(\int_0^t H_s \, \mathrm{d}M_s \right)^2 \right] = E\left[\int_0^t H_s^2 \, \mathrm{d}\langle M, M \rangle_s \right],$$

et de même (5.7) reste vrai sur l'intervalle de temps $[0, t]$. En particulier (cas $t = \infty$), si $H \in L^2(M)$, la martingale locale $H.M$ est dans $\mathbb{H}^2$ (vraie martingale bornée dans L^2) et sa valeur terminale vérifie

$$E\left[\left(\int_0^\infty H_s\,dM_s\right)^2\right] = E\left[\int_0^\infty H_s^2\,d\langle M,M\rangle_s\right].$$

Si la condition (5.11) n'est pas satisfaite, les formules précédentes ne sont pas toujours vraies. Cependant, on a toujours la majoration suivante.

Proposition 5.4. *Soit M une martingale locale, et soit* $H \in L^2_{\mathrm{loc}}(M)$. *Alors, pour tout* $t \ge 0$,

$$E\left[\left(\int_0^t H_s\,dM_s\right)^2\right] \le E\left[\int_0^t H_s^2\,d\langle M,M\rangle_s\right]. \tag{5.12}$$

Démonstration. En introduisant la même suite (T_n) que dans la preuve du Théorème 5.2, et en utilisant le fait que $H \in L^2(M^{T_n})$, on déduit de (5.6) que, pour tout $t \ge 0$,

$$E[(H\cdot M)^2_{t\wedge T_n}] = E\left[\int_0^{t\wedge T_n} H_s^2 d\langle M,M\rangle_s\right].$$

On aboutit ensuite au résultat recherché en utilisant le lemme de Fatou (pour le terme de droite) et le théorème de convergence monotone (pour celui de gauche). □

Nous allons maintenant étendre l'intégrale stochastique aux semimartingales continues. On dit qu'un processus progressif H est localement borné si

$$\forall t \ge 0, \qquad \sup_{s\le t}|H_s| < \infty, \quad \text{p.s.}$$

En particulier, tout processus adapté à trajectoires continues est localement borné. De plus, si H est localement borné, alors, pour tout processus à variation finie V, on a

$$\forall t \ge 0, \qquad \int_0^t |H_s|\,|dV_s| < \infty, \quad \text{p.s.}$$

et de même, pour toute martingale locale M, on a $H \in L^2_{\mathrm{loc}}(M)$.

Définition 5.4. Soit $X = M+V$ une semimartingale continue, et soit H un processus (progressif) localement borné. L'intégrale stochastique $H\cdot X$ est alors définie par

$$H\cdot X = H\cdot M + H\cdot V,$$

et on note

$$(H\cdot X)_t = \int_0^t H_s\,dX_s.$$

Propriétés.

    (i) L'application $(H,X) \mapsto H\cdot X$ est bilinéaire.
    (ii) $H\cdot(K\cdot X) = (HK)\cdot X$, si H et K sont localement bornés.
    (iii) Pour tout temps d'arrêt T, $(H\cdot X)^T = H\mathbf{1}_{[0,T]}\cdot X = H\cdot X^T$.
    (iv) Si X est une martingale locale, resp. si X est un processus à variation finie, alors il en va de même pour $H\cdot X$.

(v) Si H est un processus progressif de la forme $H_s(\omega) = \sum_{i=0}^{p-1} H_{(i)}(\omega) \mathbf{1}_{]t_i, t_{i+1}]}(s)$, où, pour chaque i, $H_{(i)}$ est $\mathscr{F}_{t_i}$-mesurable, alors

$$(H \cdot X)_t = \sum_{i=0}^{p-1} H_{(i)}\left(X_{t_{i+1} \wedge t} - X_{t_i \wedge t}\right).$$

Les propriétés (i)-(iv) découlent facilement des résultats obtenus quand X est une martingale, resp. un processus à variation finie. Dans la propriété (v), la (petite) difficulté vient de ce qu'on ne suppose pas que les variables $H_{(i)}$ soient bornées (si c'est le cas H est un processus élémentaire, et l'égalité de (v) est vraie par définition). Pour la preuve de (v), on remarque d'abord qu'il suffit de traiter le cas où $X = M$ est une martingale locale, et on peut même supposer que M est dans $\mathbb{H}^2$ (quitte à arrêter M à des temps d'arrêt convenables). Ensuite, on observe que si on pose pour tout entier $n \geq 1$,

$$T_n = \inf\{t \geq 0 : |H_t| \geq n\} = \inf\{t_i : |H_{(i)}| \geq n\} \quad (\text{avec } \inf\varnothing = \infty)$$

les T_n forment une suite de temps d'arrêt qui croît vers l'infini (même de manière stationnaire) et on peut écrire

$$H_s \mathbf{1}_{[0,T_n]}(s) = \sum_{i=0}^{p-1} H_{(i)}^n \mathbf{1}_{]t_i, t_{i+1}]}(s)$$

où les $H_{(i)}^n = H_{(i)} \mathbf{1}_{\{T_n > t_i\}}$ vérifient les mêmes propriétés que les $H_{(i)}$ et sont de plus bornés par n. Donc $H\mathbf{1}_{[0,T_n]}$ est un processus élémentaire, et par la construction même de l'intégrale stochastique dans ce cas on a

$$(H \cdot M)_{t \wedge T_n} = (H\mathbf{1}_{[0,T_n]} \cdot M)_t = \sum_{i=0}^{p-1} H_{(i)}^n\left(X_{t_{i+1} \wedge t} - X_{t_i \wedge t}\right).$$

Il suffit maintenant de faire tendre n vers l'infini dans l'égalité entre les deux termes extrêmes.

Nous terminons ce paragraphe par un résultat technique d'approximation qui sera utile dans la suite.

Proposition 5.5. *Soit X une semimartingale continue et soit H un processus adapté à trajectoires continues. Alors, pour tout $t > 0$, pour toute suite $0 = t_0^n < \cdots < t_{p_n}^n = t$ de subdivisions de $[0,t]$ de pas tendant vers 0, on a*

$$\lim_{n \to \infty} \sum_{i=0}^{p_n - 1} H_{t_i^n}\left(X_{t_{i+1}^n} - X_{t_i^n}\right) = \int_0^t H_s \, \mathrm{d}X_s,$$

au sens de la convergence en probabilité.

Démonstration. On peut traiter séparément les parties martingale et à variation finie de X. La partie à variation finie est traitée par le Lemme 4.1. On peut donc supposer que $X = M$ est une martingale locale issue de 0. Pour chaque n, définissons un processus $H^{(n)}$ par

$$H_s^{(n)} = \begin{cases} H_{t_i^n} & \text{si } t_i^n < s \leq t_{i+1}^n \\ \\ 0 & \text{si } s > t \text{ ou } s = 0. \end{cases}$$

Posons enfin, pour tout $p \geq 1$,

$$T_p = \inf\{s \geq 0 : |H_s| + \langle M, M \rangle_s \geq p\},$$

et remarquons que H, $H^{(n)}$ et $\langle M, M \rangle$ sont bornés par p sur l'intervalle $]0, T_p]$. D'après (5.12), pour tout p fixé,

$$E\left[\left((H^{(n)} \cdot M^{T_p})_t - (H \cdot M^{T_p})_t\right)^2\right] \leq E\left[\int_0^{t \wedge T_p} (H_s^{(n)} - H_s)^2 \mathrm{d}\langle M, M \rangle_s\right]$$

converge vers 0 quand $n \to \infty$ par convergence dominée. En utilisant (5.3), on en déduit que

$$\lim_{n \to \infty} (H^{(n)} \cdot M)_{t \wedge T_p} = (H \cdot M)_{t \wedge T_p},$$

dans L^2. Puisque que $P[T_p > t] \uparrow 1$ quand $p \uparrow \infty$, on obtient que

$$\lim_{n \to \infty} (H^{(n)} \cdot M)_t = (H \cdot M)_t,$$

en probabilité. Cela termine la preuve puisque d'après la propriété (v) ci-dessus on a

$$(H^{(n)} \cdot M)_t = \sum_{i=0}^{p_n - 1} H_{t_i^n}(X_{t_{i+1}^n} - X_{t_i^n}). \qquad \square$$

Remarque. Il est essentiel que dans l'approximation donnée dans la proposition précédente on considère la valeur de H à l'extrémité gauche de l'intervalle $]t_i^n, t_{i+1}^n]$: si on remplace $H_{t_i^n}$ par $H_{t_{i+1}^n}$ le résultat n'est plus vrai. Montrons-le par un contre-exemple très simple, en prenant $H_t = X_t$ et en supposant les subdivisions $(t_i^n)_{0 \leq i \leq p_n}$ emboîtées. On a d'après la proposition,

$$\lim_{n \to \infty} \sum_{i=0}^{p_n - 1} X_{t_i^n}(X_{t_{i+1}^n} - X_{t_i^n}) = \int_0^t X_s \, \mathrm{d}X_s,$$

en probabilité. D'autre part, en écrivant

$$\sum_{i=0}^{p_n - 1} X_{t_{i+1}^n}(X_{t_{i+1}^n} - X_{t_i^n}) = \sum_{i=0}^{p_n - 1} X_{t_i^n}(X_{t_{i+1}^n} - X_{t_i^n}) + \sum_{i=0}^{p_n - 1} (X_{t_{i+1}^n} - X_{t_i^n})^2,$$

et en utilisant la Proposition 4.6, on a

$$\lim_{n \to \infty} \sum_{i=0}^{p_n-1} X_{t_{i+1}^n} (X_{t_{i+1}^n} - X_{t_i^n}) = \int_0^t X_s \, dX_s + \langle X, X \rangle_t,$$

en probabilité. La limite obtenue est différente de $\int_0^t X_s dX_s$ sauf si la partie martingale de X est dégénérée. Si on fait la somme des deux convergences précédentes, on aboutit à la formule

$$(X_t)^2 - (X_0)^2 = 2 \int_0^t X_s dX_s + \langle X, X \rangle_t$$

qui est un cas particulier de la formule d'Itô du paragraphe suivant.

5.2 La formule d'Itô

La formule d'Itô est l'outil de base du calcul stochastique. Elle montre qu'une fonction de classe C^2 de p semimartingales continues est encore une semimartingale continue, et exprime explicitement la décomposition de cette semimartingale.

Théorème 5.3 (Formule d'Itô). *Soient $X^1, \dots, X^p$ p semimartingales continues, et soit F une fonction de classe C^2 de $\mathbb{R}^p$ dans $\mathbb{R}$. Alors,*

$$F(X_t^1, \dots, X_t^p) = F(X_0^1, \dots, X_0^p) + \sum_{i=1}^p \int_0^t \frac{\partial F}{\partial x^i}(X_s^1, \dots, X_s^p) \, dX_s^i$$
$$+ \frac{1}{2} \sum_{i,j=1}^p \int_0^t \frac{\partial^2 F}{\partial x^i \partial x^j}(X_s^1, \dots, X_s^p) \, d\langle X^i, X^j \rangle_s.$$

Démonstration. On traite d'abord le cas $p = 1$ et on note $X = X^1$. Considérons une suite $0 = t_0^n < \dots < t_{p_n}^n = t$ de subdivisions emboîtées de $[0,t]$ de pas tendant vers 0. Alors, pour tout n,

$$F(X_t) = F(X_0) + \sum_{i=0}^{p_n-1} (F(X_{t_{i+1}^n}) - F(X_{t_i^n})),$$

et d'après la formule de Taylor, on a, pour tout $i \in \{0, 1, \dots, p_n - 1\}$,

$$F(X_{t_{i+1}^n}) - F(X_{t_i^n}) = F'(X_{t_i^n})(X_{t_{i+1}^n} - X_{t_i^n}) + \frac{f_{n,i}(\omega)}{2}(X_{t_{i+1}^n} - X_{t_i^n})^2,$$

où

$$\inf_{\theta \in [0,1]} F''(X_{t_i^n} + \theta(X_{t_{i+1}^n} - X_{t_i^n})) \le f_{n,i} \le \sup_{\theta \in [0,1]} F''(X_{t_i^n} + \theta(X_{t_{i+1}^n} - X_{t_i^n})).$$

D'après la Proposition 5.5 avec $H_s = F'(X_s)$, on a

$$\lim_{n \to \infty} \sum_{i=0}^{p_n-1} F'(X_{t_i^n})(X_{t_{i+1}^n} - X_{t_i^n}) = \int_0^t F'(X_s)\,dX_s,$$

en probabilité. Pour compléter la preuve, il suffit donc de montrer que

$$\lim_{n \to \infty} \sum_{i=0}^{p_n-1} f_{n,i}(X_{t_{i+1}^n} - X_{t_i^n})^2 = \int_0^t F''(X_s)\,d\langle X,X\rangle_s, \tag{5.13}$$

en probabilité.

Commençons par observer que pour $m < n$,

$$\left| \sum_{i=0}^{p_n-1} f_{n,i}(X_{t_{i+1}^n} - X_{t_i^n})^2 - \sum_{j=0}^{p_m-1} f_{m,j} \sum_{\{i:t_j^m \le t_i^n < t_{j+1}^m\}} (X_{t_{i+1}^n} - X_{t_i^n})^2 \right|$$

$$\le Z_{m,n} \left(\sum_{i=0}^{p_n-1} (X_{t_{i+1}^n} - X_{t_i^n})^2 \right),$$

avec

$$Z_{m,n} = \sup_{0 \le j \le p_m-1} \left(\sup_{\{i:t_j^m \le t_i^n < t_{j+1}^m\}} |f_{n,i} - f_{m,j}| \right).$$

Grâce à la continuité de F'', on vérifie facilement que $Z_{m,n} \longrightarrow 0$ p.s. quand $m,n \to \infty$ avec $m < n$. Il découle alors de la Proposition 4.6 que, pour $\varepsilon > 0$ donné, on peut choisir m_1 assez grand de façon que, pour tout $m \ge m_1$ et tout $n > m$,

$$P \left[Z_{m,n} \left(\sum_{i=0}^{p_n-1} (X_{t_{i+1}^n} - X_{t_i^n})^2 \right) \ge \varepsilon \right] \le \varepsilon,$$

et donc

$$P \left[\left| \sum_{i=0}^{p_n-1} f_{n,i}(X_{t_{i+1}^n} - X_{t_i^n})^2 - \sum_{j=0}^{p_m-1} f_{m,j} \sum_{\{i:t_j^m \le t_i^n < t_{j+1}^m\}} (X_{t_{i+1}^n} - X_{t_i^n})^2 \right| \ge \varepsilon \right] \le \varepsilon. \tag{5.14}$$

Par ailleurs, pour tout m fixé, la Proposition 4.6 montre aussi que

$$\lim_{n \to \infty} \sum_{j=0}^{p_m-1} f_{m,j} \sum_{\{i:t_j^m \le t_i^n < t_{j+1}^m\}} (X_{t_{i+1}^n} - X_{t_i^n})^2 = \sum_{j=0}^{p_m-1} f_{m,j} \left(\langle X,X\rangle_{t_{j+1}^m} - \langle X,X\rangle_{t_j^m} \right)$$

$$= \int_0^t h_m(s)\,d\langle X,X\rangle_s, \tag{5.15}$$

où $h_m(s) = f_{m,j}$ si $t_j^m \le s < t_{j+1}^m$, et la convergence a lieu en probabilité. Il est clair que $h_m(s) \longrightarrow F''(X_s)$ uniformément sur $[0,t]$ quand $m \to \infty$, p.s.. Donc, on peut aussi choisir un entier m_2 tel que, pour tout $m \ge m_2$,

$$P\left[\left|\int_0^t h_m(s)\,\mathrm{d}\langle X,X\rangle_s - \int_0^t F''(X_s)\,\mathrm{d}\langle X,X\rangle_s\right| \geq \varepsilon\right] \leq \varepsilon. \tag{5.16}$$

Prenons maintenant $m_0 = m_1 \vee m_2$ et observons que, grâce à (5.15) on a pour tout entier $n \geq m_0$ assez grand,

$$P\left[\left|\sum_{j=0}^{p_{m_0}-1} f_{m_0,j} \sum_{\{i:t_j^{m_0} \leq t_i^n < t_{j+1}^{m_0}\}} (X_{t_{i+1}^n} - X_{t_i^n})^2 - \int_0^t h_{m_0}(s)\,\mathrm{d}\langle X,X\rangle_s\right| \geq \varepsilon\right] \leq \varepsilon.$$

En combinant cette dernière estimation avec (5.14) et (5.16) on trouve, pour tout n assez grand,

$$P\left[\left|\sum_{i=0}^{p_n-1} f_{n,i}(X_{t_{i+1}^n} - X_{t_i^n})^2 - \int_0^t F''(X_s)\,\mathrm{d}\langle X,X\rangle_s\right| \geq 3\varepsilon\right] \leq 3\varepsilon,$$

ce qui termine la preuve de (5.13), et de la formule d'Itô dans le cas $p = 1$.

Dans le cas où p est quelconque, la formule de Taylor, appliquée pour tout $i \in \{0,1,\ldots,p_n-1\}$ à la fonction

$$[0,1] \ni \theta \mapsto F(X_{t_i^n}^1 + \theta(X_{t_{i+1}^n}^1 - X_{t_i^n}^1), \ldots, X_{t_i^n}^p + \theta(X_{t_{i+1}^n}^p - X_{t_i^n}^p)),$$

donne

$$F(X_{t_{i+1}^n}^1, \ldots, X_{t_{i+1}^n}^p) - F(X_{t_i^n}^1, \ldots, X_{t_i^n}^p) = \sum_{k=1}^p \frac{\partial F}{\partial x^k}(X_{t_i^n}^1, \ldots, X_{t_i^n}^p)(X_{t_{i+1}^n}^k - X_{t_i^n}^k)$$

$$+ \sum_{k,l=1}^p \frac{f_{n,i}^{k,l}}{2}(X_{t_{i+1}^n}^k - X_{t_i^n}^k)(X_{t_{i+1}^n}^l - X_{t_i^n}^l)$$

avec, pour tous $k,l \in \{1,\ldots,p\}$, en notant $X_t = (X_t^1, \ldots, X_t^p)$,

$$\inf_{\theta \in [0,1]} \frac{\partial^2 F}{\partial x_k \partial x_l}(X_{t_i^n} + \theta(X_{t_{i+1}^n} - X_{t_i^n})) \leq f_{n,i}^{k,l} \leq \sup_{\theta \in [0,1]} \frac{\partial^2 F}{\partial x_k \partial x_l}(X_{t_i^n} + \theta(X_{t_{i+1}^n} - X_{t_i^n}))$$

La Proposition 5.5 donne à nouveau le résultat recherché pour les termes faisant intervenir les dérivées premières. De plus une légère modification des arguments ci-dessus montre que, pour tous $k,l \in \{1,\ldots,p\}$,

$$\lim_{n \to \infty} \sum_{i=0}^{p_n-1} f_{n,i}^{k,l}(X_{t_{i+1}^n}^k - X_{t_i^n}^k)(X_{t_{i+1}^n}^l - X_{t_i^n}^l) = \int_0^t \frac{\partial^2 F}{\partial x_k \partial x_l}(X_s^1, \ldots, X_s^p)\,\mathrm{d}\langle X^k, X^l\rangle_s,$$

ce qui termine la preuve du théorème. □

Un cas particulier important de la formule d'Itô est la formule d'intégration par parties, obtenue en prenant $p = 2$ et $F(x,y) = xy$: si X et Y sont deux semimartingales continues, on a

$$X_t Y_t = X_0 Y_0 + \int_0^t X_s \, dY_s + \int_0^t Y_s \, dX_s + \langle X, Y \rangle_t.$$

En particulier, si $Y = X$,

$$X_t^2 = X_0^2 + 2 \int_0^t X_s \, dX_s + \langle X, X \rangle_t.$$

Lorsque $X = M$ est une martingale locale, on sait que $M^2 - \langle M, M \rangle$ est une martingale locale. La formule précédente montre que cette martingale locale est

$$M_0^2 + 2 \int_0^t M_s \, dM_s,$$

ce qu'on aurait pu voir directement sur la démonstration faite dans le Chapitre 4 (notre construction de $\langle M, M \rangle$ faisait intervenir des approximations de l'intégrale stochastique $\int_0^t M_s \, dM_s$).

Soit B un $(\mathscr{F}_t)$-mouvement brownien réel (rappelons que cela signifie que B est un mouvement brownien adapté à $(\mathscr{F}_t)$ et que, pour tous $0 \le s < t$, la variable $B_t - B_s$ est indépendante de la tribu $\mathscr{F}_s$). Un $(\mathscr{F}_t)$-mouvement brownien est une martingale, et on a déjà remarqué que sa variation quadratique est $\langle B, B \rangle_t = t$.

Pour un $(\mathscr{F}_t)$-mouvement brownien B, la formule d'Itô s'écrit

$$F(B_t) = F(B_0) + \int_0^t F'(B_s) \, dB_s + \frac{1}{2} \int_0^t F''(B_s) \, ds.$$

En prenant $X_t^1 = t$, $X_t^2 = B_t$, on a aussi pour toute fonction F de classe C^2 sur $\mathbb{R}_+ \times \mathbb{R}$,

$$F(t, B_t) = F(0, B_0) + \int_0^t \frac{\partial F}{\partial x}(s, B_s) \, dB_s + \int_0^t \left(\frac{\partial F}{\partial t} + \frac{1}{2} \frac{\partial^2 F}{\partial x^2} \right)(s, B_s) \, ds.$$

On peut aussi définir la notion de $(\mathscr{F}_t)$-mouvement brownien en dimension d : un processus $B_t = (B_t^1, \ldots, B_t^d)$ est un $(\mathscr{F}_t)$-mouvement brownien en dimension d si B est un mouvement brownien en dimension d (voir la fin du chapitre 2), qui est adapté à $(\mathscr{F}_t)$ et tel que, pour tous $0 \le s < t$, la variable $B_t - B_s$ est indépendante de la tribu $\mathscr{F}_s$. Cela entraîne en particulier que les composantes $B^1, \ldots, B^d$ sont des $(\mathscr{F}_t)$-mouvements browniens réels (pas forcément indépendants car il peut exister une dépendance à cause de la valeur initiale). Il est facile d'adapter la preuve du Théorème 2.3 pour montrer que si T est un temps d'arrêt de la filtration $(\mathscr{F}_t)_{t \ge 0}$ qui est fini p.s., alors le processus $(B_t^{(T)} = B_{T+t} - B_T, t \ge 0)$ est aussi un mouvement brownien en dimension d et est indépendant de $\mathscr{F}_T$.

Si $B_t = (B_t^1, \ldots, B_t^d)$ est un $(\mathscr{F}_t)$-mouvement brownien en dimension d, il découle d'une remarque suivant le Définition 4.4 que $\langle B^i, B^j \rangle = 0$ lorsque $i \ne j$ (remarquer qu'on se ramène au cas où $B^1, \ldots, B^d$ sont indépendants en retranchant la valeur initiale, ce qui ne change pas la valeur de $\langle B^i, B^j \rangle$). La formule d'Itô montre alors que, pour toute fonction F de classe C^2 sur $\mathbb{R}^d$,

$$F(B_t^1, \ldots, B_t^d)$$

$$= F(B_0^1, \ldots, B_0^d) + \sum_{i=1}^{p} \int_0^t \frac{\partial F}{\partial x_i}(B_s^1, \ldots, B_s^d)\, dB_s^i + \frac{1}{2} \int_0^t \Delta F(B_s^1, \ldots, B_s^d)\, ds,$$

et on a une formule analogue pour $F(t, B_t^1, \ldots, B_t^d)$.

Remarque importante. Il arrive fréquemment que l'on ait besoin d'appliquer la formule d'Itô du Théorème 5.3 à une fonction F qui est définie et de classe C^2 seulement sur un ouvert U de $\mathbb{R}^p$. Dans ce cas on peut raisonner de la manière suivante. Supposons donné un autre ouvert V, tel que $\bar{V} \subset U$ (typiquement V sera l'ensemble des points à distance strictement supérieure à ε de U^c) et $(X_0^1, \ldots, X_0^p) \in V$ p.s. Notons $T_V := \inf\{t \geq 0 : (X_t^1, \ldots, X_t^p) \notin V\}$. Des arguments simples d'analyse permettent de trouver une fonction G de classe C^2 sur $\mathbb{R}^p$ tout entier et qui coïncide avec F sur $\bar{V}$. On peut maintenant appliquer la formule d'Itô pour exprimer la décomposition de la semimartingale $G(X_{t \wedge T_V}^1, \ldots, X_{t \wedge T_V}^p) = F(X_{t \wedge T_V}^1, \ldots, X_{t \wedge T_V}^p)$, qui ne fait intervenir que les dérivées de F sur V. Si l'on sait de plus que p.s. le processus $(X_t^1, \ldots, X_t^p)$ ne quitte pas U, on peut faire croître l'ouvert V vers U, et obtenir que la formule d'Itô pour $F(X_t^1, \ldots, X_t^p)$ s'écrit exactement comme dans le Théorème 5.3. Ces considérations s'appliquent par exemple à la fonction $F(x) = \log x$ et à une semimartingale X à valeurs strictement positives : voir la preuve de la Proposition 5.8 ci-dessous.

Nous utilisons maintenant la formule d'Itô pour dégager une classe importante de martingales, qui généralise les martingales exponentielles rencontrées pour les processus à accroissements indépendants. On dit qu'un processus à valeurs dans $\mathbb{C}$ est une martingale locale si sa partie réelle et sa partie imaginaire sont des martingales locales.

Proposition 5.6. *Soit M une martingale locale et pour tout $\lambda \in \mathbb{C}$, soit*

$$\mathcal{E}(\lambda M)_t = \exp\left(\lambda M_t - \frac{\lambda^2}{2} \langle M, M \rangle_t\right).$$

Le processus $\mathcal{E}(\lambda M)$ est une martingale locale, qui s'exprime sous la forme

$$\mathcal{E}(\lambda M)_t = e^{\lambda M_0} + \lambda \int_0^t \mathcal{E}(\lambda M)_s\, dM_s.$$

Remarque. L'intégrale stochastique dans la dernière formule est (évidemment) définie en séparant partie réelle et partie imaginaire.

Démonstration. Si $F(x, r)$ est une fonction de classe C^2 sur $\mathbb{R} \times \mathbb{R}_+$, la formule d'Itô entraîne que

$$F(M_t, \langle M, M \rangle_t) = F(M_0, 0) + \int_0^t \frac{\partial F}{\partial x}(M_s, \langle M, M \rangle_s)\, dM_s$$

$$+ \int_0^t \left(\frac{\partial F}{\partial r} + \frac{1}{2}\frac{\partial^2 F}{\partial x^2}\right)(M_s, \langle M, M \rangle_s)\, d\langle M, M \rangle_s.$$

Donc, $F(M_t, \langle M, M \rangle_t)$ est une martingale locale dès que F vérifie l'équation

$$\frac{\partial F}{\partial r} + \frac{1}{2} \frac{\partial^2 F}{\partial x^2} = 0.$$

Or cette équation est clairement vérifiée par la fonction $F(x, r) = \exp(\lambda x - \frac{\lambda^2}{2} r)$ (plus précisément par les parties réelle et imaginaire de cette fonction). De plus pour ce choix de F on a $\frac{\partial F}{\partial x} = \lambda F$, ce qui conduit à la formule de l'énoncé.   □

5.3 Quelques applications de la formule d'Itô

Nous commençons par un important théorème de caractérisation du mouvement brownien.

Théorème 5.4 (Lévy). *Soit $X = (X^1, \ldots, X^d)$ un processus adapté à trajectoires continues. Il y a équivalence entre*

(i) *X est un $(\mathscr{F}_t)$-mouvement brownien en dimension d.*
(ii) *Les processus $X^1, \ldots, X^d$ sont des martingales locales et $\langle X^i, X^j \rangle_t = \delta_{ij} t$ pour tous $i, j \in \{1, \ldots, d\}$ (ici δ_{ij} est le symbole de Kronecker, $\delta_{ij} = \mathbf{1}_{\{i=j\}}$).*

En particulier, une martingale locale M est un $(\mathscr{F}_t)$-mouvement brownien si et seulement si $\langle M, M \rangle_t = t$, pour tout $t \geq 0$.

Démonstration. L'implication (i)$\Rightarrow$(ii) a déjà été discutée à la fin du paragraphe précédent. Montrons la réciproque. On suppose donc que la propriété (ii) est vérifiée. Soit $\xi \in \mathbb{R}^d$. Alors, $\xi \cdot X_t = \sum_{j=1}^{d} \xi_j X_t^j$ est une martingale locale de processus croissant

$$\sum_{j=1}^{d} \sum_{k=1}^{d} \xi_j \xi_k \langle X^j, X^k \rangle_t = |\xi|^2 t.$$

D'après la Proposition 5.6, $\exp(i\xi \cdot X_t + \frac{1}{2}|\xi|^2 t)$ est une martingale locale. Cette martingale locale étant bornée sur les intervalles $[0, T]$, $T > 0$, est une vraie martingale (on définit de manière évidente la notion de martingale à valeurs complexes). Donc, pour $s < t$,

$$E[\exp(i\xi \cdot X_t + \frac{1}{2}|\xi|^2 t) \mid \mathscr{F}_s] = \exp(i\xi \cdot X_s + \frac{1}{2}|\xi|^2 s).$$

Il en découle que, pour $A \in \mathscr{F}_s$,

$$E[\mathbf{1}_A \exp(i\xi \cdot (X_t - X_s))] = P[A] \exp(-\frac{1}{2}|\xi|^2 (t-s)).$$

En prenant $A = \Omega$, on voit que $X_t - X_s$ est un vecteur gaussien centré de covariance $(t-s)$Id. De plus, fixons $A \in \mathscr{F}_s$ avec $P[A] > 0$, et notons P_A la probabilité $P_A[\cdot] = P[A]^{-1} P[\cdot \cap A]$. On voit que

$$P_A[\exp(i\xi \cdot (X_t - X_s))] = \exp(-\frac{1}{2}|\xi|^2(t-s))$$

ce qui veut dire que la loi de $X_t - X_s$ sous P_A est aussi celle du vecteur gaussien de covariance $(t-s)\text{Id}$. Donc, pour toute fonction mesurable positive f sur $\mathbb{R}^d$, on a

$$E_A[f(X_t - X_s)] = E[f(X_t - X_s)],$$

soit encore

$$E[\mathbf{1}_A f(X_t - X_s)] = P[A] E[f(X_t - X_s)].$$

Comme cela est vrai pour tout $A \in \mathscr{F}_s$, $X_t - X_s$ est indépendant de $\mathscr{F}_s$.

Finalement, si $t_0 = 0 < t_1 < \ldots < t_p$, le vecteur $(X_{t_j}^i - X_{t_{j-1}}^i; 1 \le i \le d, 1 \le j \le p)$ est un vecteur gaussien car obtenu en regroupant p vecteurs gaussiens indépendants. De plus, ses composantes sont orthogonales donc indépendantes (Proposition 1.2). Cela montre que les lois marginales de $X - X_0$, sont celles du mouvement brownien en dimension d (issu de 0). Comme de plus nous avons vu que $X_t - X_s$ est indépendant de $\mathscr{F}_s$, pour tous $0 \le s < t$, cela suffit pour dire que X est un $(\mathscr{F}_t)$-mouvement brownien. □

Théorème 5.5 (Dubins-Schwarz). *Soit M une martingale locale issue de 0 et telle que $\langle M, M \rangle_\infty = \infty$ p.s. Il existe alors un mouvement brownien réel β tel que*

$$p.s. \ \forall t \ge 0, \qquad M_t = \beta_{<M,M>_t}.$$

Remarques. (i) On peut s'affranchir de l'hypothèse $\langle M, M \rangle_\infty = \infty$, mais il faut alors éventuellement "grossir" l'espace de probabilité : voir [9, Chapter V].
(ii) Le mouvement brownien β n'est pas adapté par rapport à la filtration $(\mathscr{F}_t)$, mais par rapport à une filtration "changée de temps", comme le montrera la preuve ci-dessous.

Démonstration. Pour tout $r \ge 0$, on définit

$$\tau_r = \inf\{t \ge 0 : \langle M, M \rangle_t \ge r\}.$$

Remarquons que τ_r est un temps d'arrêt comme temps d'entrée dans un fermé par un processus adapté à trajectoires continues (Proposition 3.4). De plus, l'hypothèse assure que $\tau_r < \infty$ pour tout $r \ge 0$, p.s. Pour la suite, il sera commode de convenir que $\tau_r = 0$ pour tout $r \ge 0$ sur l'ensemble négligeable $\mathscr{N} = \{\langle M, M \rangle_\infty < \infty\}$. Comme la filtration est complète, τ_r reste un temps d'arrêt après cette modification.

La fonction $r \mapsto \tau_r$ est croissante et continue à gauche, et admet donc une limite à droite en tout $r \ge 0$. On voit facilement que cette limite à droite vaut

$$\tau_{r+} = \inf\{t \ge 0 : \langle M, M \rangle_t > r\},$$

avec la même convention $\tau_{r+} = 0$ pour tout $r \ge 0$ sur le négligeable $\mathscr{N}$.

On pose $\beta_r = M_{\tau_r}$ pour tout $r \ge 0$. D'après le Théorème 3.1, le processus β est adapté par rapport à la filtration $(\mathscr{G}_r)$ définie par $\mathscr{G}_r = \mathscr{F}_{\tau_r}$ pour tout $r \ge 0$, et

$\mathscr{G}_\infty = \mathscr{F}_\infty$. Remarquons que la filtration $(\mathscr{G}_r)$ est complète puisque la filtration $(\mathscr{F}_t)$ l'est.

Les trajectoires $r \mapsto \beta_r(\omega)$ sont continues à gauche (puisque $r \mapsto \tau_r(\omega)$ l'est) et admettent en tout $r \geq 0$ une limite à droite donnée par

$$\lim_{s \downarrow\downarrow r} \beta_s = M_{\tau_{r+}}.$$

En fait cette limite à droite coïncide avec $M_{\tau_r} = \beta_r$, à cause du lemme suivant.

Lemme 5.1. *Les intervalles de constance de M et $\langle M,M \rangle$ sont p.s. les mêmes. En d'autres termes, on a p.s. pour tous $0 \leq a < b$,*

$$M_t = M_a, \ \forall t \in [a,b] \iff \langle M,M \rangle_b = \langle M,M \rangle_a.$$

Démonstration. En utilisant la continuité des trajectoires de M et $\langle M,M \rangle$, on se ramène à vérifier que pour a et b fixés tels que $0 \leq a < b$, on a

$$\{M_t = M_a, \ \forall t \in [a,b]\} = \{\langle M,M \rangle_b = \langle M,M \rangle_a\}, \quad \text{p.s.}$$

L'inclusion $\subset$ est facilement établie en utilisant les approximations de $\langle M,M \rangle$ fournies dans le Théorème 4.2.

Montrons l'autre inclusion. Considérons la martingale locale

$$N_t = M_{t \wedge b} - M_{t \wedge a} = \int_0^t \mathbf{1}_{[a,b]}(s) \, \mathrm{d}M_s ,$$

qui vérifie

$$\langle N,N \rangle_t = \langle M,M \rangle_{t \wedge b} - \langle M,M \rangle_{t \wedge a}.$$

Pour tout $\varepsilon > 0$, introduisons le temps d'arrêt

$$T_\varepsilon = \inf\{t \geq 0 : \langle N,N \rangle_t \geq \varepsilon\} = \inf\{t \geq a : \langle M,M \rangle_t \geq \langle M,M \rangle_a + \varepsilon\}.$$

Alors N^{T_ε} est une martingale bornée dans L^2 (puisque $\langle N^{T_\varepsilon}, N^{T_\varepsilon} \rangle_\infty \leq \varepsilon$, et on utilise le Théorème 4.3). Fixons $t \in [a,b]$. On a

$$E[N_{t \wedge T_\varepsilon}^2] = E[\langle N,N \rangle_{t \wedge T_\varepsilon}] \leq \varepsilon.$$

Donc si on introduit l'événement $A = \{\langle M,M \rangle_b = \langle M,M \rangle_a\} \subset \{T_\varepsilon \geq b\}$,

$$E[\mathbf{1}_A N_t^2] = E[\mathbf{1}_A N_{t \wedge T_\varepsilon}^2] \leq E[N_{t \wedge T_\varepsilon}^2] \leq \varepsilon.$$

En faisant tendre ε vers 0 on trouve $E[\mathbf{1}_A N_t^2] = 0$ et donc $N_t = 0$ p.s. sur A, ce qui achève la preuve. $\square$

Revenons à la preuve du Théorème 5.5. Puisque $\langle M,M \rangle_{\tau_r} = r = \langle M,M \rangle_{\tau_{r+}}$, le Lemme 5.1 entraîne que $M_{\tau_r} = M_{\tau_{r+}}$, pour tout $r \geq 0$, p.s. Les trajectoires de β sont donc continues (sur l'ensemble de probabilité nulle qui pourrait être gênant il suffit de poser $\beta_r = 0$ pour tout $r \geq 0$).

Nous vérifions ensuite que β_s et $\beta_s^2 - s$ sont des martingales relativement à la filtration $(\mathscr{G}_s)$. Pour tout $n \geq 1$, les martingales locales arrêtées M^{τ_n} et $(M^{\tau_n})^2 - \langle M, M \rangle^{\tau_n}$ sont des vraies martingales uniformément intégrables (d'après le Théorème 4.3, en observant que $\langle M^{\tau_n}, M^{\tau_n} \rangle_\infty = \langle M, M \rangle_{\tau_n} = n$). Le théorème d'arrêt (Théorème 3.6) entraîne alors que pour $r \leq s \leq n$,

$$E[\beta_s \mid \mathscr{G}_r] = E[M_{\tau_s}^{\tau_n} \mid \mathscr{F}_{\tau_r}] = M_{\tau_r}^{\tau_n} = \beta_r$$

et

$$E[\beta_s^2 - s \mid \mathscr{G}_r] = E[(M_{\tau_s}^{\tau_n})^2 - \langle M^{\tau_n}, M^{\tau_n} \rangle_{\tau_s} \mid \mathscr{F}_{\tau_r}] = (M_{\tau_r}^{\tau_n})^2 - \langle M^{\tau_n}, M^{\tau_n} \rangle_{\tau_r} = \beta_r^2 - r.$$

Ensuite, le cas $d = 1$ du Théorème 5.4 montre que β est un $(\mathscr{G}_r)$-mouvement brownien. Finalement, par définition de β, on a p.s. pour tout $t \geq 0$,

$$\beta_{\langle M, M \rangle_t} = M_{\tau_{\langle M, M \rangle_t}}.$$

Mais, puisque $\tau_{\langle M,M \rangle_t} \leq t \leq \tau_{\langle M,M \rangle_t+}$ et que la valeur de $\langle M, M \rangle$ est la même en $\tau_{\langle M,M \rangle_t}$ et en $\tau_{\langle M,M \rangle_t+}$, le Lemme 5.1 montre que $M_t = M_{\tau_{\langle M,M \rangle_t}}$ pour tout $t \geq 0$, p.s. On conclut que p.s. pour tout $t \geq 0$ on a $M_t = \beta_{\langle M,M \rangle_t}$. $\square$

Nous énonçons maintenant des inégalités importantes reliant une martingale et sa variation quadratique. Si M est une martingale locale, on note $M_t^* = \sup_{s \leq t} |M_s|$.

Théorème 5.6 (Inégalités de Burkholder-Davis-Gundy). *Pour tout réel $p > 0$, il existe des constantes $c_p, C_p > 0$ telles que, pour toute martingale locale M issue de 0,*

$$c_p E[\langle M, M \rangle_\infty^{p/2}] \leq E[(M_\infty^*)^p] \leq C_p E[\langle M, M \rangle_\infty^{p/2}].$$

Remarque. Si T est un temps d'arrêt quelconque, en remplaçant M par la martingale locale arrêtée M^T, on obtient les mêmes inégalités avec T à la place de ∞.

Démonstration. Observons d'abord que l'on peut se restreindre au cas où M est bornée, quitte à remplacer M par M^{T_n}, si $T_n = \inf\{t \geq 0 : |M_t| = n\}$, et à faire ensuite tendre n vers ∞. L'inégalité de gauche dans le cas $p \geq 4$ a été obtenue dans l'Exercice 4.5. Nous démontrons ci-dessous l'inégalité de droite dans le cas $p \geq 2$ (c'est ce cas particulier que nous utiliserons dans le Chapitre 6), et nous omettons les autres cas (voir par exemple [9, Chapter IV]).

Soit donc $p \geq 2$. On applique la formule d'Itô à la fonction $|x|^p$:

$$|M_t|^p = \int_0^t p|M_s|^{p-1} \mathrm{sgn}(M_s) \, \mathrm{d}M_s + \frac{1}{2} \int_0^t p(p-1)|M_s|^{p-2} \mathrm{d}\langle M, M \rangle_s.$$

Puisque M est bornée, donc en particulier $M \in \mathbb{H}^2$, le processus

$$\int_0^t p|M_s|^{p-1} \mathrm{sgn}(M_s) \, \mathrm{d}M_s$$

est une vraie martingale dans $\mathbb{H}^2$. On trouve alors

$$E[|M_t|^p] = \frac{p(p-1)}{2}E\Big[\int_0^t |M_s|^{p-2}\,\mathrm{d}\langle M,M\rangle_s\Big]$$

$$\leq \frac{p(p-1)}{2}E[(M_t^*)^{p-2}\langle M,M\rangle_t]$$

$$\leq \frac{p(p-1)}{2}E[(M_t^*)^p]^{(p-2)/p}E[\langle M,M\rangle_t^{p/2}]^{2/p},$$

d'après l'inégalité de Hölder. D'autre part, d'après l'inégalité de Doob dans L^p,

$$E[(M_t^*)^p] \leq \Big(\frac{p}{p-1}\Big)^p E[|M_t|^p]$$

et en combinant cette égalité avec la précédente, on arrive à

$$E[(M_t^*)^p] \leq \Big(\Big(\frac{p}{p-1}\Big)^p \frac{p(p-1)}{2}\Big)^{p/2} E[\langle M,M\rangle_t^{p/2}].$$

Il ne reste plus qu'à faire tendre t vers ∞. $\square$

Corollaire 5.1. *Soit M une martingale locale telle que $M_0 = 0$. La condition*

$$E[\langle M,M\rangle_\infty^{1/2}] < \infty$$

entraîne que M est une vraie martingale uniformément intégrable.

Démonstration. D'après le cas $p = 1$ du Théorème 5.6, la condition de l'énoncé entraîne que $E[M_\infty^*] < \infty$. La Proposition 4.3 (ii) montre alors que la martingale locale M, qui est dominée par la variable M_∞^*, est une vraie martingale uniformément intégrable. $\square$

La condition $E[\langle M,M\rangle_\infty^{1/2}] < \infty$ est plus faible que la condition $E[\langle M,M\rangle_\infty] < \infty$, qui assure que $M \in \mathbb{H}^2$. On peut appliquer le corollaire aux martingales locales obtenues comme intégrales stochastiques. Si M est une martingale locale et H un processus progressif tel que, pour tout $t \geq 0$,

$$E\Big[\Big(\int_0^t H_s^2\,\mathrm{d}\langle M,M\rangle_s\Big)^{1/2}\Big] < \infty,$$

alors $\int_0^t H_s\mathrm{d}M_s$ est une vraie martingale, et les formules (5.4) et (5.7) sont vérifiées (bien entendu avec $t < \infty$).

Représentation des martingales. Nous allons établir que, dans le cas où la filtration sur Ω est engendrée par un mouvement brownien, toutes les martingales peuvent être représentées comme intégrales stochastiques par rapport à ce mouvement brownien. Pour simplifier la présentation, nous traitons d'abord le cas du mouvement brownien en dimension 1, mais nous discutons l'extension des résultats au mouvement brownien en dimension d à la fin de ce paragraphe.

Théorème 5.7. *Supposons que la filtration $(\mathscr{F}_t)$ sur Ω est la filtration canonique d'un mouvement brownien réel B issu de 0, complétée par les négligeables de $\sigma(B_t, t \geq 0)$. Alors, pour toute variable aléatoire $Z \in L^2(\Omega, \mathscr{F}_\infty, P)$, il existe un (unique) processus $h \in L^2(B)$ tel que*

$$Z = E[Z] + \int_0^\infty h_s \, dB_s.$$

En conséquence, pour toute martingale M bornée dans L^2 (respectivement pour toute martingale locale M), il existe un (unique) processus $h \in L^2(B)$ (resp. $h \in L^2_{\text{loc}}(B)$) et une constante $C \in \mathbb{R}$ tels que

$$M_t = C + \int_0^t h_s \, dB_s.$$

Remarque. La deuxième partie de l'énoncé s'applique à une martingale M bornée dans L^2, **sans hypothèse** de continuité sur les trajectoires de M, comme le montrera la preuve ci-dessous. Cette observation sera importante quand nous établirons des conséquences du théorème de représentation.

Lemme 5.2. *Sous les hypothèses du théorème précédent, l'espace vectoriel complexe engendré par les variables aléatoires*

$$\exp\left(i \sum_{j=1}^n \lambda_j (B_{t_j} - B_{t_{j-1}})\right)$$

pour $0 = t_0 < t_1 < \cdots < t_n$ et $\lambda_1, \ldots, \lambda_n \in \mathbb{R}$, est dense dans $L^2_{\mathbb{C}}(\Omega, \mathscr{F}_\infty, P)$, l'espace des variables aléatoires $\mathscr{F}_\infty$-mesurables à valeurs complexes et de carré intégrable.

Démonstration. Il suffit de montrer que, si $Z \in L^2_{\mathbb{C}}(\Omega, \mathscr{F}_\infty, P)$ vérifie

$$E\left[Z \exp\left(i \sum_{j=1}^n \lambda_j (B_{t_j} - B_{t_{j-1}})\right)\right] = 0 \tag{5.17}$$

pour tout choix de $0 = t_0 < t_1 < \cdots < t_n$ et $\lambda_1, \ldots, \lambda_n \in \mathbb{R}$, alors $Z = 0$.

Fixons $0 = t_0 < t_1 < \cdots < t_n$ et introduisons la mesure complexe μ sur $\mathbb{R}^n$ définie par

$$\mu(F) = E\left[Z \mathbf{1}_F (B_{t_1}, B_{t_2} - B_{t_1}, \ldots, B_{t_n} - B_{t_{n-1}})\right]$$

pour tout borélien F de $\mathbb{R}^n$. La propriété (5.17) montre exactement que la transformée de Fourier de μ est nulle. Par un résultat classique d'injectivité de la transformée de Fourier, il en découle que $\mu = 0$. On a ainsi obtenu l'égalité $E[Z\mathbf{1}_A] = 0$ pour tout $A \in \sigma(B_{t_1}, \ldots, B_{t_n})$.

Un argument de classe monotone montre maintenant que l'égalité $E[Z\mathbf{1}_A] = 0$ reste vraie pour tout $A \in \sigma(B_t, t \geq 0)$ puis par complétion pour tout $A \in \mathscr{F}_\infty$. On conclut alors que $Z = 0$. $\qquad\square$

Démonstration du Théorème 5.7. On montre d'abord la première assertion. Pour cela, on note $\mathcal{H}$ l'espace vectoriel des variables aléatoires $Z \in L^2(\Omega, \mathcal{F}_\infty, P)$ qui ont la propriété de l'énoncé. Remarquons que l'unicité de h est facile puisque si h et h' correspondent à la même variable Z, on a

$$E\left[\int_0^\infty (h_s - h'_s)^2 \mathrm{d}s\right] = E\left[\left(\int_0^\infty h_s \, \mathrm{d}B_s - \int_0^\infty h'_s \, \mathrm{d}B_s\right)^2\right] = 0,$$

d'où $h = h'$ dans $L^2(B)$. Si $Z \in \mathcal{H}$ correspond à h, on a

$$E[Z^2] = E[Z]^2 + E\left[\int_0^\infty (h_s)^2 \, \mathrm{d}s\right].$$

Il en découle facilement que si (Z_n) est une suite dans $\mathcal{H}$ qui converge dans $L^2(\Omega, \mathcal{F}_\infty, P)$ vers Z, les processus $h^{(n)}$ associés respectivement aux Z_n forment une suite de Cauchy dans $L^2(B)$ donc convergent vers $h \in L^2(B)$. D'après les propriétés de l'intégrale stochastique, on a aussitôt $Z = E[Z] + \int_0^\infty h_s \, \mathrm{d}B_s$. Donc $\mathcal{H}$ est fermé.

Ensuite, si $0 = t_0 < t_1 < \cdots < t_n$ et $\lambda_1, \ldots, \lambda_n \in \mathbb{R}$, soit $f(s) = \sum_{j=1}^n \lambda_j \mathbf{1}_{]t_{j-1}, t_j]}(s)$, et soit $\mathcal{E}_t^f$ la martingale exponentielle $\mathcal{E}(i \int_0^\cdot f(s) \, \mathrm{d}B_s)$ (cf. Proposition 5.6). La Proposition 5.6 montre que

$$\exp\left(i \sum_{j=1}^n \lambda_j (B_{t_j} - B_{t_{j-1}}) + \frac{1}{2} \sum_{j=1}^n \lambda_j^2 (t_j - t_{j-1})\right) = \mathcal{E}_\infty^f = 1 + i \int_0^\infty \mathcal{E}_s^f f(s) \, \mathrm{d}B_s$$

et il en découle que les variables qui s'écrivent comme partie réelle ou partie imaginaire de variables de la forme $\exp\left(i \sum_{j=1}^n \lambda_j (B_{t_j} - B_{t_{j-1}})\right)$ sont dans $\mathcal{H}$. D'après le Lemme 5.2, les combinaisons linéaires de variables de ce type sont denses dans $L^2(\Omega, \mathcal{F}_\infty, P)$. On conclut que $\mathcal{H} = L^2(\Omega, \mathcal{F}_\infty, P)$, ce qui termine la preuve de la première assertion.

Ensuite, si M est une martingale bornée dans L^2, alors $M_\infty \in L^2(\Omega, \mathcal{F}_\infty, P)$, et donc s'écrit sous la forme

$$M_\infty = E[M_\infty] + \int_0^\infty h_s \, \mathrm{d}B_s,$$

avec $h \in L^2(B)$. Grâce à (5.7), il en découle aussitôt que

$$M_t = E[M_\infty \mid \mathcal{F}_t] = E[M_\infty] + \int_0^t h_s \, \mathrm{d}B_s$$

et l'unicité de h s'obtient comme ci-dessus.

Enfin, si M est une martingale locale, on a d'abord $M_0 = C \in \mathbb{R}$ parce que $\mathcal{F}_0$ est grossière. Si $T_n = \inf\{t \geq 0 : |M_t| \geq n\}$ on peut appliquer ce qui précède à M^{T_n} et trouver un processus $h^{(n)} \in L^2(B)$ tel que

$$M_t^{T_n} = C + \int_0^t h_s^{(n)} \, \mathrm{d}B_s.$$

Puisque le processus progressif intervenant dans la représentation est unique, on obtient que $h_s^{(m)} = \mathbf{1}_{[0,T_m]}(s)\,h_s^{(n)}$ si $m < n$, ds p.p., p.s. Il est alors facile de construire un processus $h \in L^2_{\text{loc}}(B)$ tel que, pour tout m, $h_s^{(m)} = \mathbf{1}_{[0,T_m]}(s)\,h_s$, ds p.p., p.s. La formule de l'énoncé en découle aisément et l'unicité de h est aussi facile à partir de l'unicité de $h^{(n)}$ pour tout n. $\square$

Conséquences. Donnons deux conséquences importantes du théorème de représentation. Sous les hypothèses du théorème :

(1) La filtration $(\mathscr{F}_t)_{t\geq 0}$ est continue à droite. En effet, soit Z une variable $\mathscr{F}_{t+}$-mesurable bornée. On peut trouver $h \in L^2(B)$ tel que

$$Z = E[Z] + \int_0^\infty h_s\,dB_s.$$

Mais si $\varepsilon > 0$, Z est $\mathscr{F}_{t+\varepsilon}$-mesurable, et donc, en utilisant (5.7),

$$Z = E[Z \mid \mathscr{F}_{t+\varepsilon}] = E[Z] + \int_0^{t+\varepsilon} h_s\,dB_s$$

et, par unicité de la représentation, on a

$$h_s = 0 \,, \quad ds\,dP \text{ p.p. sur }]t + \varepsilon, \infty[.$$

Comme cela est vrai pour tout $\varepsilon > 0$, on a

$$h_s = 0 \,, \quad ds\,dP \text{ p.p. sur }]t, \infty[,$$

et finalement

$$Z = E[Z] + \int_0^t h_s\,dB_s$$

est $\mathscr{F}_t$-mesurable, d'où le résultat voulu.

Un argument analogue montre que la filtration $(\mathscr{F}_t)_{t\geq 0}$ est aussi continue à gauche au sens où, pour tout $t > 0$, la tribu

$$\mathscr{F}_{t-} = \bigvee_{s\in[0,t[} \mathscr{F}_s$$

coïncide avec $\mathscr{F}_t$.

(2) Toutes les martingales de la filtration $(\mathscr{F}_t)_{t\geq 0}$ ont une modification continue. Pour une martingale bornée dans L^2, cela découle directement de la formule de représentation (voir la remarque après le théorème). Il suffit ensuite de traiter le cas d'une martingale M uniformément intégrable (si M n'est pas u.i., remplacer M par $M_{t\wedge a}$ pour tout $a \geq 0$). Dans ce cas, on a pour tout $t \geq 0$,

$$M_t = E[M_\infty \mid \mathscr{F}_t].$$

D'après le Théorème 3.4 (qu'on peut appliquer car la filtration est continue à droite!), le processus M_t a une modification càdlàg, que nous considérons à partir de maintenant. On peut trouver une suite de variables aléatoires bornées $M_\infty^{(n)}$ telles que $M_\infty^{(n)} \longrightarrow M_\infty$ dans L^1 quand $n \to \infty$. Introduisons alors les martingales bornées dans L^2

$$M_t^{(n)} = E[M_\infty^{(n)} \mid \mathscr{F}_t].$$

D'après le début de l'argument on peut supposer que les trajectoires de $M^{(n)}$ sont continues. Par ailleurs l'inégalité maximale (Proposition 3.8) entraîne que, pour tout $\lambda > 0$,

$$P\left[\sup_{t \geq 0} |M_t^{(n)} - M_t| > \lambda\right] \leq \frac{3}{\lambda} E[|M_\infty^{(n)} - M_\infty|].$$

Il en découle qu'on peut trouver une suite $n_k \uparrow \infty$ telle que, pour tout $k \geq 1$,

$$P\left[\sup_{t \geq 0} |M_t^{(n_k)} - M_t| > 2^{-k}\right] \leq 2^{-k}.$$

Une application du lemme de Borel-Cantelli montre maintenant que

$$\sup_{t \geq 0} |M_t^{(n_k)} - M_t| \xrightarrow[k \to \infty]{\text{p.s.}} 0$$

et les trajectoires de M sont (p.s.) continues comme limites uniformes de fonctions continues.

Extension multidimensionnelle. Décrivons brièvement l'extension multidimensionnelle des résultats qui précèdent. Nous supposons maintenant que que la filtration $(\mathscr{F}_t)$ sur Ω est la filtration canonique d'un mouvement brownien $B = (B^1, \ldots, B^d)$ en dimension d, issu de 0, augmentée par les négligeables de la tribu $\sigma(B_t, t \geq 0)$. Alors, pour toute variable aléatoire $Z \in L^2(\Omega, \mathscr{F}_\infty, P)$, il existe un unique d-uplet $(h^1, \ldots, h^d)$ de processus progressifs, avec

$$E\left[\int_0^\infty (h_s^i)^2 \, ds\right] < \infty, \qquad \forall i \in \{1, \ldots, d\},$$

tels que

$$Z = E[Z] + \sum_{i=1}^d \int_0^\infty h_s^i \, dB_s^i.$$

De même, si M est une martingale locale, il existe une constante C et un unique d-uplet $(h^1, \ldots, h^d)$ de processus progressifs, avec

$$\int_0^t (h_s^i)^2 \, ds < \infty, \text{ p.s.} \qquad \forall t \geq 0, \forall i \in \{1, \ldots, d\},$$

tels que

$$M_t = C + \sum_{i=1}^d \int_0^t h_s^i \, dB_s^i.$$

Les preuves sont exactement les mêmes que pour le cas $d = 1$ (Théorème 5.7). Les conséquences (1) et (2) ci-dessus restent valables.

5.4 Le théorème de Girsanov

Dans cette partie, nous supposons que la filtration $(\mathscr{F}_t)$ est à la fois complète et continue à droite. Notre objectif est d'étudier comment se transforment les notions de semimartingales et de martingales lorsqu'on remplace la probabilité P par une probabilité Q absolument continue par rapport à P. Lorsqu'il y aura risque de confusion, nous noterons E_P pour l'espérance sous la probabilité P, et E_Q pour l'espérance sous la probabilité Q.

Proposition 5.7. *Supposons que $Q \ll P$ sur $\mathscr{F}_\infty$. Pour tout $t \in [0, \infty]$, soit*

$$D_t = \frac{dQ}{dP}_{|\mathscr{F}_t}$$

la dérivée de Radon-Nikodym de Q par rapport à P sur la tribu $\mathscr{F}_t$. Le processus D est une $\mathscr{F}_t$-martingale uniformément intégrable. On peut donc remplacer D par une modification càdlàg (cf. Théorème 3.4). Après ce remplacement, on a aussi pour tout temps d'arrêt T,

$$D_T = \frac{dQ}{dP}_{|\mathscr{F}_T}.$$

Enfin, si on suppose que Q est équivalente à P sur $\mathscr{F}_\infty$, on a

$$\inf_{t \geq 0} D_t > 0 , \quad p.s.$$

Démonstration. Pour $A \in \mathscr{F}_t$, on a

$$Q(A) = E_Q[\mathbf{1}_A] = E_P[\mathbf{1}_A D_\infty] = E_P[\mathbf{1}_A E_P[D_\infty \mid \mathscr{F}_t]]$$

et par unicité de la dérivée de Radon-Nikodym sur $\mathscr{F}_t$, il en découle que

$$D_t = E_P[D_\infty \mid \mathscr{F}_t], \qquad p.s.$$

Donc D est une martingale uniformément intégrable (fermée par D_∞), et quitte à remplacer D par une modification on peut supposer que ses trajectoires sont càdlàg (Théorème 3.4, nous utilisons ici le fait que la filtration est complète et continue à droite).

Ensuite, si T est un temps d'arrêt, on a pour $A \in \mathscr{F}_T$, d'après le théorème d'arrêt (Théorème 3.6),

$$Q(A) = E_Q[\mathbf{1}_A] = E_P[\mathbf{1}_A D_\infty] = E_P[\mathbf{1}_A D_T],$$

d'où, puisque D_T est $\mathscr{F}_T$-mesurable,

$$D_T = \frac{dQ}{dP}_{|\mathscr{F}_T}.$$

Montrons la dernière assertion. Pour tout $\varepsilon > 0$, considérons le temps d'arrêt

$$T_\varepsilon = \inf\{t \geq 0 : D_t < \varepsilon\}$$

(T_ε est un temps d'arrêt comme temps d'entrée dans un ouvert par un processus càdlàg, voir la Proposition 3.4). Alors,

$$Q(T_\varepsilon < \infty) = E_P[\mathbf{1}_{\{T_\varepsilon < \infty\}} D_{T_\varepsilon}] \leq \varepsilon$$

puisque $D_{T_\varepsilon} \leq \varepsilon$ sur $\{T_\varepsilon < \infty\}$ par un argument de continuité à droite. Il en découle aussitôt que

$$Q\Big(\bigcap_{n=1}^{\infty} \{T_{1/n} < \infty\} \Big) = 0$$

et puisque P est équivalente à Q on a aussi

$$P\Big(\bigcap_{n=1}^{\infty} \{T_{1/n} < \infty\} \Big) = 0.$$

Mais cela veut exactement dire que p.s. il existe n tel que $T_{1/n} = \infty$, d'où la dernière assertion de la proposition. □

Proposition 5.8. *Soit D une martingale locale strictement positive. Il existe alors une unique martingale locale L telle que*

$$D_t = \exp(L_t - \frac{1}{2}\langle L, L\rangle_t) = \mathscr{E}(L)_t.$$

De plus L est donnée par la formule

$$L_t = \log D_0 + \int_0^t D_s^{-1}\, dD_s.$$

Démonstration. L'unicité est une conséquence immédiate du Théorème 4.1. Ensuite, puisque D est strictement positive, on peut appliquer la formule d'Itô à $\log D_t$ (voir la remarque précédant la Proposition 5.6), et il vient

$$\log D_t = \log D_0 + \int_0^t \frac{dD_s}{D_s} - \frac{1}{2}\int_0^t \frac{d\langle D, D\rangle_s}{D_s^2} = L_t - \frac{1}{2}\langle L, L\rangle_t,$$

où L est donnée par la formule de la proposition. □

Nous énonçons maintenant le théorème principal de ce paragraphe, qui relie les martingales locales sous la probabilité P aux martingales locales sous la probabilité Q.

Théorème 5.8 (Girsanov). *Soit Q une mesure de probabilité équivalente à P sur la tribu $\mathscr{F}_\infty$. Soit D la martingale associée à Q par la Proposition 5.7. On suppose que les trajectoires de D sont continues. Soit L la martingale locale associée à D par la Proposition 5.8. Alors, si M est une $(\mathscr{F}_t, P)$-martingale locale, le processus*

$$\widetilde{M} = M - \langle M, L \rangle$$

est une $(\mathscr{F}_t, Q)$-martingale locale.

Remarque. D'après les conséquences du théorème de représentation des martingales (voir la fin du paragraphe précédent), l'hypothèse de continuité des trajectoires de D sera toujours satisfaite lorsque $(\mathscr{F}_t)$ est la filtration canonique complétée d'un mouvement brownien.

Démonstration. Montrons d'abord que, si T est un temps d'arrêt et si X est un processus adapté à trajectoires continues tel que $(XD)^T$ est une P-martingale, alors X^T est une Q-martingale. Puisque, d'après la Proposition 5.7, $E_Q[|X_{T \wedge t}|] = E_P[|X_{T \wedge t} D_{T \wedge t}|] < \infty$, on a d'abord $X_t^T \in L^1(Q)$. Ensuite, soient $A \in \mathscr{F}_s$ et $s < t$. Puisque $A \cap \{T > s\} \in \mathscr{F}_s$, on a, en utilisant le fait que $(XD)^T$ est une P-martingale,

$$E_P[\mathbf{1}_{A \cap \{T>s\}} X_{T \wedge t} D_{T \wedge t}] = E_P[\mathbf{1}_{A \cap \{T>s\}} X_{T \wedge s} D_{T \wedge s}].$$

D'après la Proposition 5.7,

$$D_{T \wedge t} = \frac{\mathrm{d}Q}{\mathrm{d}P}_{|\mathscr{F}_{T \wedge t}}, \quad D_{T \wedge s} = \frac{\mathrm{d}Q}{\mathrm{d}P}_{|\mathscr{F}_{T \wedge s}},$$

et donc, puisque $A \cap \{T > s\} \in \mathscr{F}_{T \wedge s} \subset \mathscr{F}_{T \wedge t}$, il vient

$$E_Q[\mathbf{1}_{A \cap \{T>s\}} X_{T \wedge t}] = E_Q[\mathbf{1}_{A \cap \{T>s\}} X_{T \wedge s}].$$

D'autre part, il est immédiat que

$$E_Q[\mathbf{1}_{A \cap \{T \leq s\}} X_{T \wedge t}] = E_Q[\mathbf{1}_{A \cap \{T \leq s\}} X_{T \wedge s}].$$

En combinant avec ce qui précède, on obtient $E_Q[\mathbf{1}_A X_{T \wedge t}] = E_Q[\mathbf{1}_A X_{T \wedge s}]$, d'où le résultat annoncé. En conséquence immédiate de ce résultat, on voit que si XD est une P-martingale locale, alors X est une Q-martingale locale.

Soit maintenant M une P-martingale locale. On applique ce qui précède à $X = \widetilde{M}$, en remarquant que, d'après la formule d'Itô,

$$\widetilde{M}_t D_t = M_0 D_0 + \int_0^t \widetilde{M}_s \, \mathrm{d}D_s + \int_0^t D_s \, \mathrm{d}M_s - \int_0^t D_s \, \mathrm{d}\langle M, L \rangle_s + \langle M, D \rangle_t$$

$$= M_0 D_0 + \int_0^t \widetilde{M}_s \, \mathrm{d}D_s + \int_0^t D_s \, \mathrm{d}M_s$$

puisque $\mathrm{d}\langle M, L \rangle_s = D_s^{-1} \mathrm{d}\langle M, D \rangle_s$ d'après la Proposition 5.8. On voit ainsi que $\widetilde{M}D$ est une P-martingale locale, et donc $\widetilde{M}$ est une Q-martingale locale. $\qquad \square$

Conséquences.

(a) Une P-martingale locale M reste une Q-semimartingale continue, dont la décomposition est $M = \widetilde{M} + \langle M, L \rangle$. On voit ainsi que la classe des P-semimartingales continues est contenue dans la classe des Q-semimartingales continues.

En fait ces deux classes coïncident. En effet, sous les hypothèses du Théorème 5.8, P et Q jouent des rôles symétriques. Pour le voir, appliquons le Théorème 5.8 à $M = -L$. On voit que $-\widetilde{L} = -L + \langle L, L \rangle$ est une martingale locale, et $\langle \widetilde{L}, \widetilde{L} \rangle = \langle L, L \rangle$. Donc,

$$\mathscr{E}(-\widetilde{L})_t = \exp(-L_t + \langle L, L \rangle_t - \frac{1}{2} \langle L, L \rangle_t) = \left(\mathscr{E}(L)_t \right)^{-1} = D_t^{-1}.$$

Cela montre que sous les hypothèses du Théorème 5.8, on peut échanger les rôles de P et Q quitte à remplacer D par D^{-1} et L par $-\widetilde{L}$.

(b) Soient X et Y deux semimartingales continues (sous P ou sous Q). La valeur du crochet $\langle X, Y \rangle$ est la même sous les deux probabilités P et Q. En effet, ce crochet est toujours donné par l'approximation de la Proposition 4.6 (cette observation a été utilisée implicitement dans (a) ci-dessus).

De même, si H est un processus localement borné, l'intégrale stochastique $H \cdot X$ est la même sous P et sous Q (pour le voir, utiliser l'approximation par des processus élémentaires).

Notons, toujours sous les hypothèses du Théorème 5.8, $\widetilde{M} = \mathscr{G}_Q^P(M)$. L'application $\mathscr{G}_Q^P$ envoie l'ensemble des P-martingales locales dans l'ensemble des Q-martingales locales. On vérifie facilement que $\mathscr{G}_P^Q \circ \mathscr{G}_Q^P = \mathrm{Id}$. De plus, la transformation $\mathscr{G}_Q^P$ commute avec l'intégrale stochastique : si H est un processus localement borné, $H \cdot \mathscr{G}_Q^P(M) = \mathscr{G}_Q^P(H \cdot M)$.

(c) Si $M = B$ est un $(\mathscr{F}_t)$-mouvement brownien sous P, alors $\widetilde{B} = B - \langle B, L \rangle$ est une martingale locale sous Q, de variation quadratique $\langle \widetilde{B}, \widetilde{B} \rangle_t = \langle B, B \rangle_t = t$. Donc, d'après le Théorème 5.4, $\widetilde{B}$ est un $(\mathscr{F}_t)$-mouvement brownien sous Q.

(d) On utilise souvent le théorème de Girsanov "à horizon fini". Pour $T > 0$ fixé, on se donne une filtration $(\mathscr{F}_t)_{t \in [0,T]}$ indexée par $t \in [0,T]$ au lieu de $t \in [0, \infty]$. On suppose que cette filtration satisfait les conditions habituelles (l'hypothèse de complétion signifiant que chaque tribu $\mathscr{F}_t$ contient les P-négligeables de $\mathscr{F}_T$). Si Q est une autre probabilité équivalente à P sur $\mathscr{F}_T$, on définit comme ci-dessus la martingale $(D_t, t \in [0,T])$ et, si D a une modification à trajectoires continues, la martingale $(L_t, t \in [0,T])$. L'analogue du Théorème 5.8 reste alors bien sûr vrai.

Dans les applications du théorème de Girsanov, on construit la probabilité Q de la manière suivante. On part d'une martingale locale L telle que $L_0 = 0$. Alors $\mathscr{E}(L)_t$ est une martingale locale à valeurs strictement positives, donc une surmartingale (Proposition 4.3) ce qui assure l'existence de la limite $\mathscr{E}(L)_\infty$ avec, d'après le lemme de Fatou, $E[\mathscr{E}(L)_\infty] \leq 1$. Si on a

$$E[\mathscr{E}(L)_\infty] = 1 \tag{5.18}$$

alors il est facile de voir que $\mathscr{E}(L)$ est en fait une vraie martingale uniformément intégrable (via le lemme de Fatou, on a toujours $\mathscr{E}(L)_t \geq E[\mathscr{E}(L)_\infty \mid \mathscr{F}_t]$, mais (5.18) entraîne $E[\mathscr{E}(L)_\infty] = E[\mathscr{E}(L)_0] = E[\mathscr{E}(L)_t]$ pour tout $t \geq 0$). En définissant alors $Q = \mathscr{E}(L)_\infty \cdot P$, on est dans le cadre du Théorème 5.8. Il est donc très important de pouvoir donner des conditions qui assurent l'égalité (5.18).

Théorème 5.9. *Soit L une martingale locale telle que $L_0 = 0$. Considérons les propriétés suivantes:*

(i) $E[\exp \frac{1}{2}\langle L, L \rangle_\infty] < \infty$ *(critère de Novikov);*

(ii) *L est une martingale uniformément intégrable, et $E[\exp \frac{1}{2}L_\infty] < \infty$ (critère de Kazamaki);*

(iii) $\mathscr{E}(L)$ *est une martingale uniformément intégrable.*

Alors, (i)$\Rightarrow$(ii)$\Rightarrow$(iii).

Démonstration. (i)$\Rightarrow$(ii) La propriété (i) entraîne que $E[\langle L, L \rangle_\infty] < \infty$ donc aussi que L est une vraie martingale bornée dans L^2 (Théorème 4.3). Ensuite,

$$\exp \frac{1}{2}L_\infty = \mathscr{E}(L)_\infty^{1/2} \exp\left(\frac{1}{2}\langle L, L \rangle_\infty\right)^{1/2}$$

d'où grâce à l'inégalité de Cauchy-Schwarz,

$$E[\exp \frac{1}{2}L_\infty] \leq E[\mathscr{E}(L)_\infty]^{1/2} E[\exp\left(\frac{1}{2}\langle L, L \rangle_\infty\right)]^{1/2} \leq E[\exp\left(\frac{1}{2}\langle L, L \rangle_\infty\right)]^{1/2} < \infty.$$

(ii)$\Rightarrow$(iii) Puisque L est une martingale uniformément intégrable, le Théorème 3.6 montre que, pour tout temps d'arrêt T, on a $L_T = E[L_\infty \mid \mathscr{F}_T]$. L'inégalité de Jensen entraîne alors que

$$\exp \frac{1}{2}L_T \leq E[\exp \frac{1}{2}L_\infty \mid \mathscr{F}_T].$$

Par hypothèse, $E[\exp \frac{1}{2}L_\infty] < \infty$, ce qui entraîne que la famille $\{E[\exp \frac{1}{2}L_\infty \mid \mathscr{F}_T] : T$ temps d'arrêt$\}$ est uniformément intégrable. L'inégalité précédente montre alors que la famille $\{\exp \frac{1}{2}L_T : T$ temps d'arrêt$\}$ est aussi uniformément intégrable.

Pour $0 < a < 1$, posons $Z_t^{(a)} = \exp\left(\frac{aL_t}{1+a}\right)$. Alors, on vérifie facilement que

$$\mathscr{E}(aL)_t = (\mathscr{E}(L)_t)^{a^2} (Z_t^{(a)})^{1-a^2}.$$

Si $\Gamma \in \mathscr{F}_\infty$ et T est un temps d'arrêt, l'inégalité de Hölder donne

$$E[\mathbf{1}_\Gamma \mathscr{E}(aL)_T] \leq E[\mathscr{E}(L)_T]^{a^2} E[\mathbf{1}_\Gamma Z_T^{(a)}]^{1-a^2} \leq E[\mathbf{1}_\Gamma Z_T^{(a)}]^{1-a^2} \leq E[\mathbf{1}_\Gamma \exp \frac{1}{2}L_T]^{2a(1-a)}.$$

Dans la deuxième inégalité, on a utilisé la propriété $E[\mathscr{E}(L)_T] \leq 1$, qui peut se déduire via le lemme de Fatou de l'inégalité $E[\mathscr{E}(L)_{t \wedge T}] \leq 1$, vraie d'après la Proposition 3.10 parce que $\mathscr{E}(L)$ est une surmartingale positive. Dans la troisième inégalité, on utilise l'inégalité de Jensen en remarquant que $\frac{1+a}{2a} > 1$. Comme la famille des $\{\exp \frac{1}{2}L_T : T$ temps d'arrêt$\}$ est uniformément intégrable, l'inégalité précédente montre que la famille des $\{\mathscr{E}(aL)_T : T$ temps d'arrêt$\}$ l'est aussi. Cela entraîne facilement que $\mathscr{E}(aL)$ est une (vraie) martingale uniformément intégrable. Il en découle que

$$1 = E[\mathscr{E}(aL)_\infty] \leq E[\mathscr{E}(L)_\infty]^{a^2} E[Z_\infty^{(a)}]^{1-a^2} \leq E[\mathscr{E}(L)_\infty]^{a^2} E[\exp \frac{1}{2} L_\infty]^{2a(1-a)},$$

en utilisant à nouveau l'inégalité de Jensen comme ci-dessus. Lorsque $a \to 1$, cette dernière inégalité entraîne $E[\mathscr{E}(L)_\infty] \geq 1$ d'où $E[\mathscr{E}(L)_\infty] = 1$.   □

5.5 Quelques applications du théorème de Girsanov

Dans cette partie, nous décrivons certaines applications simples du théorème de Girsanov, qui illustrent la force des résultats précédents.

Soit b une fonction mesurable sur $\mathbb{R}_+ \times \mathbb{R}$. Nous supposerons qu'il existe une fonction $g \in L^2(\mathbb{R}_+, \mathscr{B}(\mathbb{R}_+), dt)$ telle que, pour tout $(t,x) \in \mathbb{R}_+ \times \mathbb{R}$, $|b(t,x)| \leq g(t)$. Cette hypothèse contient en particulier le cas où il existe $A > 0$ tel que b soit bornée sur $[0,A] \times \mathbb{R}_+$ et nulle sur $]A, \infty[\times \mathbb{R}_+$.

Soit B un $(\mathscr{F}_t)$-mouvement brownien. On peut alors définir la martingale locale

$$L_t = \int_0^t b(s, B_s) \, dB_s$$

et la martingale exponentielle associée

$$D_t = \mathscr{E}(L)_t = \exp\left(\int_0^t b(s, B_s) \, dB_s - \frac{1}{2} \int_0^t b(s, B_s)^2 ds \right).$$

Notre hypothèse sur b assure que la condition (i) du Théorème 5.9 est satisfaite, et donc D est une (vraie) martingale uniformément intégrable. Soit $Q = D_\infty \cdot P$. Le théorème de Girsanov, et la remarque (c) suivant l'énoncé de ce théorème montrent que le processus

$$\beta_t := B_t - \int_0^t b(s, B_s) \, ds$$

est un $(\mathscr{F}_t)$-mouvement brownien sous Q.

On peut réexprimer cette propriété en disant que sous la probabilité Q il existe un $(\mathscr{F}_t)$-mouvement brownien β tel que le processus $X = B$ soit solution de l'équation différentielle stochastique

$$dX_t = d\beta_t + b(t, X_t) \, dt.$$

Cette équation est du type de celles qui seront considérées plus tard dans le chapitre 7, mais à la différence des résultats de ce chapitre nous ne faisons ici aucune hypothèse de régularité sur la fonction b : il est remarquable que le théorème de Girsanov permette de construire des solutions d'équations différentielles stochastiques sans régularité sur les coefficients.

La formule de Cameron-Martin. Nous particularisons maintenant la discussion précédente au cas où la fonction $b(t,x)$ ne dépend pas de x : nous supposons que $b(t,x) = g(t)$, où $g \in L^2(\mathbb{R}_+, \mathscr{B}(\mathbb{R}_+), dt)$, et nous notons aussi, pour tout $t \geq 0$,

$$h(t) = \int_0^t g(s)\,ds.$$

L'espace $\mathscr{H}$ des fonctions h qui peuvent être écrites sous cette forme est appelé l'espace de Cameron-Martin. Si $h \in \mathscr{H}$, on note parfois $\dot{h} = g$ la fonction associée dans $L^2(\mathbb{R}_+, \mathscr{B}(\mathbb{R}_+), dt)$ (c'est la dérivée de h au sens des distributions).

Comme cas particulier de la discussion précédente, sous la mesure de probabilité

$$Q := D_\infty \cdot P = \exp\left(\int_0^\infty g(s)\,dB_s - \frac{1}{2}\int_0^\infty g(s)^2\,ds\right) \cdot P,$$

le processus $\beta_t := B_t - h(t)$ est un mouvement brownien. Donc, pour toute fonction Φ mesurable positive sur $C(\mathbb{R}_+, \mathbb{R})$,

$$E_P[D_\infty \Phi((B_t)_{t \geq 0})] = E_Q[\Phi((B_t)_{t \geq 0})] = E_Q[\Phi((\beta_t + h(t))_{t \geq 0})]$$
$$= E_P[\Phi((B_t + h(t))_{t \geq 0})].$$

L'égalité entre les deux termes extrêmes constitue la formule de Cameron-Martin, que nous réécrivons en nous plaçant sur l'espace canonique (voir la fin du paragraphe 2.2).

Proposition 5.9 (Formule de Cameron-Martin). *Soit $W(dw)$ la mesure de Wiener sur $C(\mathbb{R}_+, \mathbb{R})$, et soit h une fonction de l'espace de Cameron-Martin $\mathscr{H}$. Alors, pour toute fonction Φ mesurable positive sur $C(\mathbb{R}_+, \mathbb{R})$,*

$$\int W(dw)\,\Phi(w + h) = \int W(dw)\exp\left(\int_0^\infty \dot{h}(s)\,dw(s) - \frac{1}{2}\int_0^\infty \dot{h}(s)^2\,ds\right)\Phi(w).$$

Remarque. L'intégrale $\int_0^\infty \dot{h}(s)\,dw(s)$ est une intégrale stochastique par rapport à $w(s)$ (qui est un mouvement brownien sous $W(dw)$), mais c'est aussi une intégrale de Wiener puisque la fonction $\dot{h}(s)$ est déterministe. La formule de Cameron-Martin peut être établie par des calculs gaussiens, sans faire intervenir l'intégrale stochastique ni le théorème de Girsanov. Cependant, il est instructif de voir cette formule comme un cas particulier d'application du théorème de Girsanov.

La formule de Cameron-Martin exprime une propriété de quasi-invariance de la mesure de Wiener pour les translations par les éléments de l'espace de Cameron-Martin : la mesure-image de la mesure de Wiener par l'application $w \mapsto w + h$ a une densité qui est la valeur terminale de la martingale exponentielle associée à $\int_0^t \dot{h}(s)\,dw(s)$.

Une application : loi de temps d'atteinte pour un mouvement brownien avec dérive. Soit B un mouvement brownien réel issu de 0, et pour tout $a > 0$, soit $T_a :=$ $\inf\{t \geq 0 : B_t = a\}$. Soit aussi $c \in \mathbb{R}$. Nous voulons calculer la loi du temps d'arrêt

$$S_a := \inf\{t \geq 0 : B_t + ct = a\}.$$

Bien entendu si $c = 0$, on a $S_a = T_a$, et la loi recherchée est donnée par le Corollaire 2.4. Le théorème de Girsanov (ou plutôt la formule de Cameron-Martin) va nous permettre de passer au cas où c est quelconque.

On fixe $t \geq 0$ et on applique la formule de Cameron-Martin avec

$$\dot{h}(s) = c\mathbf{1}_{\{s \leq t\}} \quad , \quad h(s) = c(s \wedge t) \,,$$

et, pour $\mathrm{w} \in C(\mathbb{R}_+, \mathbb{R})$,

$$\Phi(\mathrm{w}) = \mathbf{1}_{\{\max_{[0,t]} \mathrm{w}(s) \geq a\}}.$$

Il vient alors

$$
\begin{aligned}
P(S_a \leq t) &= E[\Phi(B + h)] \\
&= E\left[\Phi(B) \exp\left(\int_0^\infty \dot{h}(s)\,\mathrm{d}B_s - \frac{1}{2}\int_0^\infty \dot{h}(s)^2\,\mathrm{d}s\right)\right] \\
&= E[\mathbf{1}_{\{T_a \leq t\}} \exp(cB_t - \frac{c^2}{2}t))] \\
&= E[\mathbf{1}_{\{T_a \leq t\}} \exp(cB_{t \wedge T_a} - \frac{c^2}{2}(t \wedge T_a))] \\
&= E[\mathbf{1}_{\{T_a \leq t\}} \exp(ca - \frac{c^2}{2}T_a)] \\
&= \int_0^t \mathrm{d}s\, \frac{a}{\sqrt{2\pi s^3}} e^{-\frac{a^2}{2s}} e^{ca - \frac{c^2}{2}s} \\
&= \int_0^t \mathrm{d}s\, \frac{a}{\sqrt{2\pi s^3}} e^{-\frac{1}{2s}(a - cs)^2} \,,
\end{aligned}
$$

où dans la quatrième égalité nous avons utilisé le théorème d'arrêt (Corollaire 3.1) pour écrire

$$E[\exp(cB_t - \frac{c^2}{2}t) \mid \mathscr{F}_{t \wedge T_a}] = \exp(cB_{t \wedge T_a} - \frac{c^2}{2}(t \wedge T_a)),$$

puis dans l'avant-dernière égalité le Corollaire 2.4. Ce calcul montre que la densité de S_a est

$$\frac{a}{\sqrt{2\pi s^3}} e^{-\frac{1}{2s}(a - cs)^2}.$$

En intégrant cette densité, on vérifie que

$$P(S_a < \infty) = \begin{cases} 1 & \text{si } c \geq 0, \\ e^{2ca} & \text{si } c \leq 0, \end{cases}$$

ce qu'on peut aussi obtenir en appliquant le théorème d'arrêt à la martingale $\exp(-2c(B_t + ct))$.

Exercices

Dans les exercices qui suivent, on se place sur un espace de probabilité $(\Omega, \mathscr{F}, P)$ muni d'une filtration complète $(\mathscr{F}_t)_{t \in [0,\infty]}$.

Exercice 5.1. Soit B un $(\mathscr{F}_t)$-mouvement brownien réel issu de 0, et soit H un processus adapté à trajectoires continues. Montrer que $\frac{1}{B_t} \int_0^t H_s dB_s$ possède une limite en probabilité (que l'on déterminera) quand $t \downarrow 0$.

Exercice 5.2. (Problème de Dirichlet) Soit D un ouvert borné de $\mathbb{R}^d$ et soit f une fonction continue sur ∂D. On suppose qu'il existe une fonction $g : \bar{D} \longrightarrow \mathbb{R}$ continue sur $\bar{D}$ et de classe C^2 sur D, telle que $g = f$ sur ∂D et $\Delta g = 0$ dans D.

Soit $x \in D$ et soit $(B_t)_{t \geq 0}$ un mouvement brownien en dimension d issu de x. On pose $T = \inf\{t \geq 0 : B_t \notin D\}$. Montrer que

$$g(x) = E[f(B_T)].$$

(On pourra introduire les temps d'arrêt $T_\varepsilon = \inf\{t \geq 0 : \mathrm{dist}(B_t, \partial D) \leq \varepsilon\}$, pour tout $\varepsilon > 0$, et montrer d'abord que $g(x) = E[g(B_{T_\varepsilon})]$.) En déduire que la fonction g, si elle existe, est unique.

Exercice 5.3. 1. Soit B un $(\mathscr{F}_t)$-mouvement brownien réel issu de 0. Soit f une fonction de classe C^2 sur $\mathbb{R}$, et soit g une fonction continue sur $\mathbb{R}$. Montrer que le processus

$$X_t = f(B_t) \exp\left(-\int_0^t g(B_s)\, ds\right)$$

est une semimartingale, dont on explicitera la décomposition comme somme d'une martingale locale et d'un processus à variation finie.

2. En déduire que X est une martingale locale si et seulement si la fonction f satisfait l'équation différentielle

$$f'' = 2gf$$

3. A partir de maintenant on suppose de plus que g est positive et à support compact contenu dans l'intervalle ouvert $]0, \infty[$. Justifier le fait qu'il existe une unique solution de l'équation différentielle de la question **2.** qui vérifie $f(0) = 1$ et $f'(0) = 0$. A partir de maintenant, on suppose que f est cette solution. Remarquer que f est constante sur $]-\infty, 0]$ et croissante.

4. Soit $a > 0$. On note $T_a = \inf\{t \geq 0 : B_t = a\}$. Montrer que

$$E\left[\exp\left(-\int_0^{T_a} g(B_s)\, ds\right)\right] = \frac{1}{f(a)}.$$

Exercice 5.4. (Calcul stochastique avec le supremum) *Question préliminaire.* Soit $m : \mathbb{R}_+ \longrightarrow \mathbb{R}$ une fonction continue telle que $m(0) = 0$, et soit $s : \mathbb{R}_+ \longrightarrow \mathbb{R}$ la fonction croissante continue définie par

$$s(t) = \sup_{0 \leq r \leq t} m(r).$$

Montrer que, pour toute fonction borélienne bornée h sur $\mathbb{R}$ et tout $t > 0$,

$$\int_0^t (s(r) - m(r)) h(r) \, ds(r) = 0.$$

(On pourra observer que $\int \mathbf{1}_I(r) \, ds(r) = 0$ pour tout intervalle ouvert I qui ne rencontre pas $\{r \geq 0 : s(r) = m(r)\}$.)

1. Soit M une martingale locale telle que $M_0 = 0$, et soit, pour tout $t \geq 0$,

$$S_t = \sup_{0 \leq r \leq t} M_r.$$

Soit $\varphi : \mathbb{R}_+ \longrightarrow \mathbb{R}$ une fonction de classe C^2. Justifier l'égalité

$$\varphi(S_t) = \varphi(0) + \int_0^t \varphi'(S_s) \, dS_s.$$

2. Montrer que

$$(S_t - M_t) \varphi(S_t) = \Phi(S_t) - \int_0^t \varphi(S_s) \, dM_s$$

où $\Phi(x) = \int_0^x \varphi(y) \, dy$ pour tout $x \in \mathbb{R}$.

3. En déduire que, pour tout $\lambda > 0$,

$$e^{-\lambda S_t} + \lambda (S_t - M_t) e^{-\lambda S_t}$$

est une martingale locale.

4. Soit $a > 0$ et $T = \inf\{t \geq 0 : S_t - M_t = a\}$. On suppose que $\langle M, M \rangle_\infty = \infty$ p.s. Montrer que $T < \infty$ p.s. et que S_T suit la loi exponentielle de paramètre $1/a$.

Exercice 5.5. Soit $(X_t)_{t \geq 0}$ une semimartingale continue. On suppose qu'il existe un $(\mathscr{F}_t)$-mouvement brownien réel $(B_t)_{t \geq 0}$ issu de 0 et une fonction continue $b : \mathbb{R} \longrightarrow \mathbb{R}$, tels que

$$X_t = B_t + \int_0^t b(X_s) \, ds.$$

1. Soit $F : \mathbb{R} \longrightarrow \mathbb{R}$ une fonction de classe C^2 sur $\mathbb{R}$. Montrer pour que $F(X_t)$ soit une martingale locale, il suffit que F satisfasse une équation différentielle du second ordre que l'on déterminera.

2. Donner la solution de cette équation différentielle qui vérifie $F(0) = 0, F'(0) = 1$. Dans la suite F désigne cette solution particulière, qui s'écrit sous la forme $F(x) =$

$\int_0^x \exp(-2\beta(y))\,dy$, avec une fonction β que l'on déterminera en termes de b. On remarquera que F est strictement croissante sur $\mathbb{R}$.

3. Dans cette question seulement on suppose que la fonction b est intégrable ($\int_{\mathbb{R}} |b(x)|\,dx < \infty$).

(a) Montrer que la martingale locale $M_t = F(X_t)$ est une vraie martingale.

(b) Montrer que $\langle M, M \rangle_\infty = \infty$ p.s.

(c) En déduire que

$$\limsup_{t \to \infty} X_t = +\infty\,, \quad \liminf_{t \to \infty} X_t = -\infty\,, \quad \text{p.s.}$$

4. On revient au cas général. Soient $c < 0$ et $d > 0$, et

$$T_c = \inf\{t \geq 0 : X_t \leq c\}\,, \quad T_d = \inf\{t \geq 0 : X_t \geq d\}\,.$$

Montrer que, sur l'ensemble $\{T_c \wedge T_d = \infty\}$, les variables aléatoires $|B_{n+1} - B_n|$, pour $n \in \mathbb{N}$, sont majorées par une constante (déterministe) indépendante de n. En déduire que $P[T_c \wedge T_d = \infty] = 0$.

5. Calculer $P[T_c < T_d]$ en fonction des quantités $F(c)$ et $F(d)$.

6. On suppose que b est nulle sur $]-\infty, 0]$ et qu'il existe une constante $\alpha > 1/2$ telle que $b(x) \geq \alpha/x$ pour tout $x \geq 1$. Montrer que, pour tout $\varepsilon > 0$, on peut choisir $c < 0$ tel que

$$P[T_n < T_c,\ \text{pour tout}\ n \geq 1] \geq 1 - \varepsilon.$$

En déduire que $X_t \longrightarrow +\infty$ quand $t \to \infty$, p.s. (on pourra observer que la martingale locale $M_{t \wedge T_c}$ est bornée).

7. Inversement, on suppose que $b(x) = 1/(2x)$ pour tout $x \geq 1$. Montrer que

$$\liminf_{t \to \infty} X_t = -\infty\,, \quad \text{p.s.}$$

Exercice 5.6. (Aire de Lévy) Soit $(X_t, Y_t)_{t \geq 0}$ un $(\mathscr{F}_t)$-mouvement brownien en dimension deux, issu de 0 (en particulier $(X_t)_{t \geq 0}$ et $(Y_t)_{t \geq 0}$ sont des $(\mathscr{F}_t)$-mouvements browniens réels indépendants issus de 0). On pose pour tout $t \geq 0$:

$$\mathscr{A}_t = \int_0^t X_s\,dY_s - \int_0^t Y_s\,dX_s \qquad \text{(aire de Lévy)}.$$

1. Calculer $\langle \mathscr{A}, \mathscr{A} \rangle_t$ et en déduire que $(\mathscr{A}_t)_{t \geq 0}$ est une (vraie) martingale de carré intégrable (c'est-à-dire $E[\mathscr{A}_t^2] < \infty$ pour tout $t \geq 0$).

2. Soit $\lambda > 0$. Justifier l'égalité

$$E[e^{i\lambda \mathscr{A}_t}] = E[\cos(\lambda \mathscr{A}_t)].$$

3. Soit f une fonction de classe C^∞ sur $\mathbb{R}_+$. A l'aide de la formule d'Itô, expliciter les décompositions des semimartingales

$$Z_t = \cos(\lambda \mathscr{A}_t)$$

$$W_t = -\frac{f'(t)}{2}(X_t^2 + Y_t^2) + f(t)$$

comme sommes d'une martingale locale et d'un processus à variation finie (on pourra commencer par écrire la décomposition de $X_t^2 + Y_t^2$). Vérifier que $\langle Z, W \rangle_t = 0$.

4. Montrer, en appliquant une nouvelle fois la formule d'Itô, que pour que le processus $Z_t e^{W_t}$ soit une martingale locale il suffit que la fonction f soit solution de l'équation différentielle

$$f''(t) = f'(t)^2 - \lambda^2 .$$

5. Soit $r > 0$. Vérifier que la fonction

$$f(t) = -\log \operatorname{ch}(\lambda(r-t)),$$

est solution de l'équation différentielle de la question **4.** et en déduire la formule

$$E[e^{i\lambda \mathscr{A}_r}] = \frac{1}{\operatorname{ch}(\lambda r)}.$$

Exercice 5.7. Soient B un $(\mathscr{F}_t)$-mouvement brownien réel issu de 0, et X une semi-martingale continue. On suppose que X prend ses valeurs dans $\mathbb{R}_+$, et vérifie pour tout $t \geq 0$ l'égalité

$$X_t = x + 2\int_0^t \sqrt{X_s}\,\mathrm{d}B_s + \alpha t$$

où x et α sont deux réels positifs ou nuls.

1. Soit $f : \mathbb{R}_+ \longrightarrow \mathbb{R}_+$ une fonction continue. On se donne aussi une fonction φ de classe C^2 sur $\mathbb{R}_+$, à valeurs **strictement positives**, qui satisfait l'équation différentielle

$$\varphi'' = 2f\varphi$$

sur $\mathbb{R}_+$, et vérifie de plus $\varphi(0) = 1$ et $\varphi'(1) = 0$. Un argument de convexité montre alors que la fonction φ est décroissante sur l'intervalle $[0, 1]$.

On note

$$u(t) = \frac{\varphi'(t)}{2\varphi(t)}$$

pour tout $t \geq 0$. Vérifier qu'on a alors, pour tout $t \geq 0$,

$$u'(t) + 2u(t)^2 = f(t)$$

puis montrer que, pour tout $t \geq 0$,

$$u(t)X_t - \int_0^t f(s)X_s\,\mathrm{d}s = u(0)x + \int_0^t u(s)\,\mathrm{d}X_s - 2\int_0^t u(s)^2 X_s\,\mathrm{d}s.$$

On notera

$$Y_t = u(t)X_t - \int_0^t f(s)X_s \, ds.$$

2. Montrer que, pour tout $t \geq 0$,

$$\varphi(t)^{-\alpha/2} e^{Y_t} = \mathscr{E}(N)_t$$

où $\mathscr{E}(N)_t = \exp(N_t - \frac{1}{2}\langle N,N\rangle_t)$ désigne la martingale exponentielle associée à la martingale locale

$$N_t = u(0)x + 2\int_0^t u(s)\sqrt{X_s} \, dB_s.$$

3. Déduire de la question précédente que

$$E\left[\exp\left(-\int_0^1 f(s)X_s \, ds\right)\right] = \varphi(1)^{\alpha/2} \exp(\frac{x}{2}\varphi'(0)).$$

4. Soit $\lambda > 0$. En appliquant ce qui précède avec $f = \lambda$, montrer que

$$E\left[\exp\left(-\lambda\int_0^1 X_s \, ds\right)\right] = (\mathrm{ch}(\sqrt{2\lambda}))^{-\alpha/2} \exp(-\frac{x}{2}\sqrt{2\lambda}\,\mathrm{th}(\sqrt{2\lambda})).$$

5. Montrer que si $\beta = (\beta_t)_{t\geq 0}$ est un mouvement brownien réel issu de y, on a pour tout $\lambda > 0$,

$$E\left[\exp\left(-\lambda\int_0^1 \beta_s^2 \, ds\right)\right] = (\mathrm{ch}(\sqrt{2\lambda}))^{-1/2} \exp(-\frac{y^2}{2}\sqrt{2\lambda}\,\mathrm{th}(\sqrt{2\lambda})).$$

Exercice 5.8. (Formule de Tanaka et temps local) Soit B un $(\mathscr{F}_t)$-mouvement brownien réel issu de 0. Pour tout $\varepsilon > 0$, on définit une fonction $g_\varepsilon : \mathbb{R} \longrightarrow \mathbb{R}$ en posant $g_\varepsilon(x) = \sqrt{\varepsilon + x^2}$.

1. Montrer que

$$g_\varepsilon(B_t) = g_\varepsilon(0) + M_t^\varepsilon + A_t^\varepsilon$$

où M^ε est une (vraie) martingale de carré intégrable, que l'on identifiera sous forme d'intégrale stochastique, et A^ε est un processus croissant.

2. On pose $\mathrm{sgn}(x) = \mathbf{1}_{\{x>0\}} - \mathbf{1}_{\{x<0\}}$ pour tout $x \in \mathbb{R}$. Montrer que, pour tout $t \geq 0$,

$$M_t^\varepsilon \xrightarrow[\varepsilon\to 0]{L^2} \int_0^t \mathrm{sgn}(B_s) \, dB_s.$$

En déduire qu'il existe un processus croissant A tel que, pour tout $t \geq 0$,

$$|B_t| = \int_0^t \mathrm{sgn}(B_s) \, dB_s + A_t.$$

3. En observant que $A_t^\varepsilon \longrightarrow A_t$ quand $\varepsilon \to 0$, montrer que pour tout $\delta > 0$, pour tout choix de $0 < u < v$, la condition ($|B_t| \geq \delta$ pour tout $t \in [u,v]$) entraîne p.s. que

$A_v = A_u$. En déduire que p.s. la fonction $t \mapsto A_t$ est constante sur toute composante connexe de l'ouvert $\{t \geq 0 : B_t \neq 0\}$.

4. On pose $\beta_t = \int_0^t \operatorname{sgn}(B_s) \, dB_s$ pour tout $t \geq 0$. Montrer que $(\beta_t)_{t \geq 0}$ est un $(\mathscr{F}_t)$-mouvement brownien réel issu de 0.

5. Montrer que $A_t = \sup_{s \leq t}(-\beta_s)$, p.s. (Pour l'inégalité $A_t \leq \sup_{s \leq t}(-\beta_s)$, on pourra considérer le dernier instant avant t où B s'annule et utiliser la question **3.**.) En déduire la loi de A_t.

6. Pour tout $\varepsilon > 0$, on définit deux suites de temps d'arrêt $(S_n^\varepsilon)_{n \geq 1}$ et $(T_n^\varepsilon)_{n \geq 1}$, en posant

$$S_1^\varepsilon = 0 \,, \quad T_1^\varepsilon = \inf\{t \geq 0 : |B_t| = \varepsilon\}$$

puis par récurrence,

$$S_{n+1}^\varepsilon = \inf\{t \geq T_n^\varepsilon : B_t = 0\} \,, \quad T_{n+1}^\varepsilon = \inf\{t \geq S_{n+1}^\varepsilon : |B_t| = \varepsilon\}.$$

Pour tout $t \geq 0$, on pose $N_t^\varepsilon = \sup\{n \geq 1 : T_n^\varepsilon \leq t\}$, où $\sup \varnothing = 0$. Montrer que

$$\varepsilon N_t^\varepsilon \xrightarrow[\varepsilon \to 0]{L^2} A_t.$$

(On pourra observer que

$$A_t + \int_0^t \left(\sum_{n=1}^\infty \mathbf{1}_{[S_n^\varepsilon, T_n^\varepsilon]}(s) \right) \operatorname{sgn}(B_s) \, dB_s = \varepsilon N_t^\varepsilon + r_t^\varepsilon$$

où le "reste" r_t^ε vérifie $|r_t^\varepsilon| \leq \varepsilon$.)

6. Montrer que $N_t^1 / \sqrt{t}$ converge en loi quand $t \to \infty$ vers $|G|$, où G est de loi $\mathscr{N}(0,1)$.

Exercice 5.9. (Etude du mouvement brownien multidimensionnel)
Soit $B_t = (B_t^1, B_t^2, \ldots, B_t^N)$ un $(\mathscr{F}_t)$-mouvement brownien en dimension N, issu du point $x = (x_1, \ldots, x_N)$ de $\mathbb{R}^N$. On suppose $N \geq 2$.

1. Vérifier que $|B_t|^2$ est une semimartingale continue, qui s'écrit sous la forme $|B_t|^2 = M_t + Nt$, où M_t est une martingale locale. Vérifier que M_t est une vraie martingale.

2. On pose

$$\beta_t = \sum_{i=1}^N \int_0^t \frac{B_s^i}{|B_s|} \, dB_s^i$$

avec la convention que $\frac{B_s^i}{|B_s|} = 0$ si $|B_s| = 0$. Justifier la définition des intégrales stochastiques apparaissant dans la formule pour β_t, puis montrer que $(\beta_t)_{t \geq 0}$ est un $(\mathscr{F}_t)$-mouvement brownien réel issu de 0.

3. Montrer que

$$|B_t|^2 = |x|^2 + 2 \int_0^t |B_s| \, d\beta_s + Nt.$$

4. A partir de maintenant on suppose que $x \neq 0$. Soit $\varepsilon \in]0, |x|[$ et $T_\varepsilon = \inf\{t \geq 0 : |B_t| \leq \varepsilon\}$. On pose $f(a) = \log a$ si $N = 2$, $f(a) = a^{2-N}$ si $N \geq 3$, pour tout $a > 0$. Vérifier que $f(|B_{t \wedge T_\varepsilon}|)$ est une martingale locale.

5. Soit $R > |x|$ et $S_R = \inf\{t \geq 0 : |B_t| \geq R\}$. Montrer que

$$P(T_\varepsilon < S_R) = \frac{f(R) - f(|x|)}{f(R) - f(\varepsilon)}.$$

En observant que $P(T_\varepsilon < S_R) \longrightarrow 0$ quand $\varepsilon \to 0$, montrer que p.s. $\forall t \geq 0$, $B_t \neq 0$.

6. Montrer que p.s. pour tout $t \geq 0$,

$$|B_t| = |x| + \beta_t + \frac{N-1}{2} \int_0^t \frac{ds}{|B_s|}.$$

7. On suppose $N \geq 3$. En observant que $|B_t|^{2-N}$ est une surmartingale positive, montrer que $|B_t| \longrightarrow \infty$ quand $t \to \infty$, p.s.

8. On suppose $N = 3$. Vérifier à l'aide de la forme de la densité gaussienne que la famille de variables aléatoires $(|B_t|^{-1})_{t \geq 0}$ est bornée dans L^2. Montrer que $(|B_t|^{-1})_{t \geq 0}$ est une martingale locale mais n'est pas une (vraie) martingale.

9. Dans le cas $N = 2$, montrer que $P(T_\varepsilon < \infty) = 1$, puis que l'ensemble $\{B_t : t \geq 0\}$ est p.s. dense dans le plan (récurrence du mouvement brownien plan).

10. A l'aide de la question **4.** de l'Exercice 5.7, calculer, pour tout $\lambda > 0$

$$E\left[\exp -\lambda \int_0^1 |B_s|^2 \, ds\right].$$

Exercice 5.10. (Application de la formule de Cameron-Martin) Soit B un $(\mathscr{F}_t)$-mouvement brownien réel issu de 0. On pose $B_t^* = \sup\{|B_s| : s \leq t\}$ pour tout $t \geq 0$.

1. On note $U_1 = \inf\{t \geq 0 : |B_t| = 1\}$ puis $V_1 = \inf\{t \geq U_1 : B_t = 0\}$. Justifier rapidement l'égalité $P[B_{V_1}^* < 2] = 1/2$, et en déduire qu'on peut trouver deux constantes $\alpha > 0$ et $\gamma > 0$ telles que

$$P[V_1 \geq \alpha, B_{V_1}^* < 2] = \gamma > 0.$$

2. Montrer que, pour tout entier $n \geq 1$, $P[B_{n\alpha}^* < 2] \geq \gamma^n$. On pourra construire une suite convenable de temps d'arrêt $V_1, V_2, \ldots$ tels que, pour chaque $n \geq 2$,

$$P[V_n \geq n\alpha, B_{V_n}^* < 2] \geq \gamma P[V_{n-1} \geq (n-1)\alpha, B_{V_{n-1}}^* < 2].$$

Conclure que, pour tous $\varepsilon > 0$ et $t \geq 0$, $P[B_t^* \leq \varepsilon] > 0$.

3. Soit h une fonction de classe C^2 sur $\mathbb{R}_+$ telle que $h(0) = 0$, et soit $K > 0$. Montrer par une application convenable de la formule d'Itô qu'on peut trouver une constante A telle que, pour tout $\varepsilon > 0$,

$$\left|\int_0^K h'(s) \, dB_s\right| \leq A\varepsilon \quad \text{p.s. sur l'ensemble } \{B_K^* \leq \varepsilon\}.$$

4. On pose $X_t = B_t - h(t)$ et $X_t^* = \sup\{|X_s| : s \le t\}$. Déduire de la question **3.** que

$$\lim_{\varepsilon \downarrow 0} \frac{P[X_K^* \le \varepsilon]}{P[B_K^* \le \varepsilon]} = \exp\left(-\frac{1}{2}\int_0^K h'(s)^2 \, ds\right).$$

Chapitre 6
Théorie générale des processus de Markov

Résumé Ce chapitre est largement indépendant de ce qui précède, même si le mouvement brownien y apparaît comme exemple privilégié, et si la théorie des martingales et des surmartingales développée dans le Chapitre 3 joue un rôle important. Notre but est de donner une introduction concise aux grandes idées de la théorie des processus de Markov à temps continu. Nous nous concentrons assez vite sur le cas des processus de Feller, et introduisons dans ce cadre la notion de générateur, qui permet d'attacher à un processus de Markov une famille importante de martingales. Nous établissons les théorèmes de régularité pour les processus de Feller comme conséquence des résultats analogues pour les surmartingales. Nous discutons ensuite la propriété de Markov forte, et nous terminons en présentant brièvement deux classes de processus de Feller, les processus de Lévy et les processus de branchement continu.

6.1 Définitions générales et problème d'existence

Soit $(E, \mathscr{E})$ un espace mesurable. Un noyau markovien de transition de E dans E est une application $Q : E \times \mathscr{E} \longrightarrow [0,1]$ qui possède les deux propriétés :

(i) Pour tout $x \in E$, l'application $A \mapsto Q(x,A)$ est une mesure de probabilité sur E.

(ii) Pour tout $A \in \mathscr{E}$, l'application $x \mapsto Q(x,A)$ est mesurable.

Dans la suite nous dirons simplement noyau au lieu de noyau markovien.

Remarque. Si $f : E \longrightarrow \mathbb{R}$ est mesurable bornée (resp. positive), l'application Qf définie par

$$Qf(x) = \int Q(x, \mathrm{d}y) f(y)$$

est aussi mesurable bornée (resp. positive) sur E.

Définition 6.1. Une famille $(Q_t)_{t \geq 0}$ de noyaux de transition sur E est un semigroupe de transition si elle satisfait les trois propriétés suivantes.

J.-F. Le Gall, *Mouvement brownien, martingales et calcul stochastique*,
Mathématiques et Applications 71, DOI: 10.1007/978-3-642-31898-6_6,
© Springer-Verlag Berlin Heidelberg 2013

(i) Pour tout $x \in E$, $Q_0(x, \mathrm{d}y) = \delta_x(\mathrm{d}y)$.

(ii) Pour tous $s, t \geq 0$ et $A \in \mathscr{E}$,

$$Q_{t+s}(x, A) = \int_E Q_t(x, \mathrm{d}y)\, Q_s(y, A)$$

(relation de Chapman-Kolmogorov).

(iii) Pour tout $A \in E$, l'application $(t, x) \mapsto Q_t(x, A)$ est mesurable pour la tribu $\mathscr{B}(\mathbb{R}_+) \otimes \mathscr{E}$.

Remarque. Dans le cas où E est dénombrable ou fini (et muni de la tribu de toutes les parties de E), Q_t est caractérisé par la donnée de la "matrice" $(Q_t(x, \{y\}))_{x,y \in E}$.

Soit $B(E)$ l'espace vectoriel des fonctions mesurables bornées sur E, qui est muni de la norme $\|f\| = \sup\{|f(x)| : x \in E\}$. Alors l'application $B(E) \ni f \mapsto Q_t f$ est une contraction de $B(E)$. Avec ce point de vue, la relation de Chapman-Kolmogorov équivaut à l'identité d'opérateurs

$$Q_{t+s} = Q_t Q_s$$

ce qui permet de voir $(Q_t)_{t \geq 0}$ comme un semigroupe de contractions de $B(E)$.

On se donne maintenant un espace de probabilité filtré $(\Omega, \mathscr{F}, (\mathscr{F}_t)_{t \in [0, \infty]}, P)$.

Définition 6.2. Soit $(Q_t)_{t \geq 0}$ un semigroupe de transition sur E. Un processus de Markov (relativement à la filtration $(\mathscr{F}_t)$) de semigroupe $(Q_t)_{t \geq 0}$ est un processus $(\mathscr{F}_t)$-adapté $(X_t)_{t \geq 0}$ à valeurs dans E tel que, pour tous $s, t \geq 0$ et $f \in B(E)$,

$$E[f(X_{s+t}) \mid \mathscr{F}_s] = Q_t f(X_s).$$

Remarque. Si la filtration n'est pas spécifiée, on prend $\mathscr{F}_t = \mathscr{F}_t^0 = \sigma(X_r, 0 \leq r \leq t)$.

On peut interpréter la définition comme suit. En prenant $f = \mathbf{1}_A$, on a

$$P[X_{s+t} \in A \mid \mathscr{F}_s] = Q_t(X_s, A)$$

et en particulier

$$P[X_{s+t} \in A \mid X_r, 0 \leq r \leq s] = Q_t(X_s, A).$$

Donc la loi conditionnelle de X_{s+t} connaissant le "passé" $(X_r, 0 \leq r \leq s)$ à l'instant s est donnée par $Q_t(X_s, \cdot)$, et cette loi conditionnelle ne dépend que du "présent" X_s.

Conséquences de la définition. Soit γ la loi de X_0. Alors, si $0 < t_1 < t_2 < \cdots < t_p$ et $A_0, A_1, \ldots, A_p \in \mathscr{E}$,

$$P(X_0 \in A_0, X_{t_1} \in A_1, X_{t_2} \in A_2, \ldots, X_{t_p} \in A_p)$$
$$= \int_{A_0} \gamma(\mathrm{d}x_0) \int_{A_1} Q_{t_1}(x_0, \mathrm{d}x_1) \int_{A_2} Q_{t_2-t_1}(x_1, \mathrm{d}x_2) \cdots \int_{A_p} Q_{t_p - t_{p-1}}(x_{p-1}, \mathrm{d}x_p).$$

Plus généralement, si $f_0, f_1, \ldots, f_p \in B(E)$,

$$E[f_0(X_0)f_1(X_{t_1}) \cdots f_p(X_{t_p})] = \int \gamma(\mathrm{d}x_0) f_0(x_0) \int Q_{t_1}(x_0, \mathrm{d}x_1) f_1(x_1)$$

$$\times \int Q_{t_2-t_1}(x_1, \mathrm{d}x_2) f_2(x_2) \cdots \int Q_{t_p-t_{p-1}}(x_{p-1}, \mathrm{d}x_p) f_p(x_p).$$

Cette dernière formule se démontre par récurrence sur p à partir de la définition. Remarquons qu'inversement si cette formule est vraie pour tout choix de $0 < t_1 < t_2 < \cdots < t_p$ et $f_0, f_1, \ldots, f_p \in B(E)$, $(X_t)_{t \geq 0}$ est un processus de Markov de semigroupe $(Q_t)_{t \geq 0}$, relativement à la filtration canonique $\mathscr{F}_t^0 = \sigma(X_r, 0 \leq r \leq t)$ (utiliser un argument de classe monotone pour voir que la propriété de la définition est vérifiée avec $\mathscr{F}_t = \mathscr{F}_t^0$, voir l'Appendice A1).

On déduit des formules précédentes que les lois marginales de dimension finie du processus X sont complètement déterminées par la donnée du semigroupe $(Q_t)_{t \geq 0}$ et de la loi de X_0 (loi initiale). On parlera dans la suite du processus de Markov de semigroupe $(Q_t)_{t \geq 0}$.

Exemple. Si $E = \mathbb{R}$, on peut prendre pour $t > 0$,

$$Q_t(x, \mathrm{d}y) = p_t(y - x) \, \mathrm{d}y$$

avec

$$p_t(y - x) = \frac{1}{\sqrt{2\pi t}} \exp -\frac{|y - x|^2}{2t}.$$

Le processus de Markov associé est le mouvement brownien réel (en fait le pré-mouvement brownien) : comparer avec le Corollaire 2.1.

Nous abordons maintenant la question de l'existence d'un processus de Markov associé à un semigroupe de transition donné. Pour cela, nous aurons besoin d'un théorème général de construction de processus aléatoires, le théorème de Kolmogorov, que nous admettrons sans démonstration (une preuve, dans un cadre plus général, peut être trouvée dans [7, Chapitre III]).

Soit $\Omega^* = E^{\mathbb{R}_+}$ l'espace de toutes les applications $\omega : \mathbb{R}_+ \longrightarrow E$. On munit Ω^* de la tribu $\mathscr{F}^*$ qui est la plus petite tribu rendant mesurables les applications coordonnées $\omega \mapsto \omega(t)$ pour $t \in \mathbb{R}_+$. Soit $F(\mathbb{R}_+)$ l'ensemble des parties finies de $\mathbb{R}_+$, et pour tout $U \in F(\mathbb{R}_+)$, soit $\pi_U : \Omega^* \longrightarrow E^U$ l'application qui à une application $\omega : \mathbb{R}_+ \longrightarrow E$ associe sa restriction à U. Si $U, V \in F(\mathbb{R}_+)$ et $U \subset V$, on note de même $\pi_U^V : E^V \longrightarrow E^U$ l'application de restriction.

On rappelle qu'un espace topologique est dit polonais si sa topologie est séparable (il existe une suite dense) et peut être définie par une distance pour laquelle l'espace est complet.

Théorème 6.1. *On suppose que E est un espace polonais muni de sa tribu borélienne $\mathscr{E}$. On se donne pour tout $U \in F(\mathbb{R}_+)$ une mesure de probabilité μ_U sur E^U, et on suppose que la famille $(\mu_U, U \in F(\mathbb{R}_+))$ est compatible au sens suivant : si $U \subset V$, μ_U est l'image de μ_V par π_U^V. Il existe alors une (unique) mesure de probabilité μ sur $(\Omega^*, \mathscr{F}^*)$ telle que $\pi_U(\mu) = \mu_U$ pour tout $U \in F(\mathbb{R}_+)$.*

Remarque. L'unicité de μ est une conséquence immédiate du lemme de classe monotone (cf. Appendice A1).

Ce théorème permet de construire des processus aléatoires ayant des lois marginales de dimension finie prescrites. En effet, notons $(X_t)_{t\geq 0}$ le processus canonique sur Ω^* :

$$X_t(\omega) = \omega(t), \qquad t \geq 0.$$

Si μ est une mesure de probabilité sur Ω^* et $U = \{t_1, \ldots, t_p\} \in F(\mathbb{R}_+)$, la loi du vecteur $(X_{t_1}, \ldots, X_{t_p})$ sous μ est $\pi_U(\mu)$. Le théorème de Kolmogorov se traduit donc en disant qu'étant donné une famille de lois marginales $(\mu_U, U \in F(\mathbb{R}_+))$ satisfaisant la condition de compatibilité (qui est manifestement nécessaire pour la conclusion recherchée), on peut construire une probabilité μ sur l'espace Ω^* sous laquelle les lois marginales de dimension finie du processus canonique X sont les $\mu_U, U \in F(\mathbb{R}_+)$.

Corollaire 6.1. *On suppose que E satisfait l'hypothèse du théorème précédent et que $(Q_t)_{t\geq 0}$ est un semigroupe de transition sur E. Soit γ une mesure de probabilité sur E. Il existe alors une (unique) mesure de probabilité P sur Ω^* sous laquelle le processus canonique $(X_t)_{t\geq 0}$ est un processus de Markov de semigroupe $(Q_t)_{t\geq 0}$ et la loi de X_0 est γ.*

Démonstration. Soit $U = \{t_1, \ldots, t_p\} \in F(\mathbb{R}_+)$, avec $0 \leq t_1 < \cdots < t_p$. On définit alors une mesure de probabilité P^U sur E^U en posant

$$\int P^U(\mathrm{d}x_1 \ldots \mathrm{d}x_p) \, 1_A(x_1, \ldots, x_p)$$

$$= \int \gamma(\mathrm{d}x_0) \int Q_{t_1}(x_0, \mathrm{d}x_1) \int Q_{t_2-t_1}(x_1, \mathrm{d}x_2) \cdots \int Q_{t_p-t_{p-1}}(x_{p-1}, \mathrm{d}x_p) 1_A(x_1, \ldots, x_p)$$

pour toute partie mesurable A de E^U (de manière évidente on a identifié E^U à E^p en identifiant $\omega \in E^U$ au vecteur $(\omega(t_1), \ldots, \omega(t_p))$).

En utilisant la relation de Chapman-Kolmogorov, on vérifie aisément que les mesures P^U satisfont la condition de compatibilité. Le théorème de Kolmogorov fournit alors l'existence (et l'unicité) de P. D'après une observation précédente, le fait que les lois marginales de $(X_t)_{t\geq 0}$ sous P soient les P^U suffit pour dire que $(X_t)_{t\geq 0}$ est sous P un processus de Markov de semigroupe $(Q_t)_{t\geq 0}$, relativement à sa filtration canonique. $\qquad\square$

Pour $x \in E$, notons P_x la mesure obtenue dans le Corollaire lorsque $\gamma = \delta_x$. Alors, l'application $x \mapsto P_x$ est mesurable au sens où l'application $x \mapsto P_x(A)$ est mesurable, pour tout $A \in \mathscr{F}^*$. En effet cette dernière propriété est vraie lorsque A dépend d'un nombre fini de coordonnées (dans ce cas on a une formule explicite pour $P_x(A)$) et il suffit ensuite d'utiliser un argument de classe monotone. De plus, pour toute mesure de probabilité γ sur E, la mesure définie par

$$P_{(\gamma)}(A) = \int \gamma(\mathrm{d}x) P_x(A)$$

est l'unique mesure de probabilité sur Ω^* sous laquelle le processus canonique $(X_t)_{t\geq 0}$ est un processus de Markov de semigroupe $(Q_t)_{t\geq 0}$ et la loi de X_0 est γ.

En résumé, le corollaire ci-dessus permet de construire (sous une hypothèse topologique sur E) un processus de Markov $(X_t)_{t\geq 0}$ de semigroupe $(Q_t)_{t\geq 0}$ partant avec une loi initiale donnée. Plus précisément, on obtient même une famille mesurable de mesures de probabilités $(P_x, x \in E)$ telles que sous P_x le processus de Markov X part de x. Cependant, un inconvénient de la méthode utilisée est qu'elle ne donne aucune information sur les trajectoires de X. Nous remédierons à cet inconvénient plus tard, mais cela nécessitera des hypothèses supplémentaires sur le semigroupe $(Q_t)_{t\geq 0}$. Pour terminer ce paragraphe nous introduisons un outil important, la notion de résolvante d'un semigroupe.

Définition 6.3. Soit $\lambda > 0$. La λ-résolvante de $(Q_t)_{t\geq 0}$ est l'opérateur $R_\lambda : B(E) \longrightarrow B(E)$ défini par

$$R_\lambda f(x) = \int_0^\infty e^{-\lambda t} Q_t f(x)\, dt$$

pour $f \in B(E)$ et $x \in E$.

Remarque. La propriété (iii) de la définition d'un semigroupe de transition est utilisée ici pour obtenir la mesurabilité de l'application $t \mapsto Q_t f(x)$.

Propriétés de la résolvante.
(i) $\|R_\lambda f\| \leq \frac{1}{\lambda}\|f\|$.
(ii) Si $0 \leq f \leq 1$, alors $0 \leq \lambda R_\lambda f \leq 1$.
(iii) Si $\lambda, \mu > 0$,

$$R_\lambda - R_\mu + (\lambda - \mu)R_\lambda R_\mu = 0$$

(équation résolvante).

Démonstration. Les propriétés (i) et (ii) sont faciles. Démontrons seulement (iii). On peut supposer $\lambda \neq \mu$. Alors,

$$\begin{aligned}
R_\lambda(R_\mu f)(x) &= \int_0^\infty e^{-\lambda s} Q_s \left(\int_0^\infty e^{-\mu t} Q_t f\, dt \right)(x)\, ds \\
&= \int_0^\infty e^{-\lambda s} \left(\int Q_s(x, dy) \int_0^\infty e^{-\mu t} Q_t f(y)\, dt \right) ds \\
&= \int_0^\infty e^{-\lambda s} \left(\int_0^\infty e^{-\mu t} Q_{s+t} f(x)\, dt \right) ds \\
&= \int_0^\infty e^{-(\lambda-\mu)s} \left(\int_0^\infty e^{-\mu(s+t)} Q_{s+t} f(x)\, dt \right) ds \\
&= \int_0^\infty e^{-(\lambda-\mu)s} \left(\int_s^\infty e^{-\mu r} Q_r f(x)\, dr \right) ds \\
&= \int_0^\infty Q_r f(x) e^{-\mu r} \left(\int_0^r e^{-(\lambda-\mu)s}\, ds \right) dr \\
&= \int_0^\infty Q_r f(x) \left(\frac{e^{-\mu r} - e^{-\lambda r}}{\lambda - \mu} \right) dr
\end{aligned}$$

d'où le résultat recherché. $\qquad\square$

Exercice. Dans le cas du mouvement brownien réel, vérifier que

$$R_\lambda f(x) = \int r_\lambda(y - x) f(y) \, \mathrm{d}y$$

avec

$$r_\lambda(y - x) = \frac{1}{\sqrt{2\lambda}} \exp(-|y - x| \sqrt{2\lambda}).$$

Une manière agréable de faire ce calcul consiste à utiliser la formule $E[\mathrm{e}^{-\lambda T_a}] = \mathrm{e}^{-a\sqrt{2\lambda}}$ pour la transformée de Laplace du temps d'atteinte de $a > 0$ par un mouvement brownien issu de 0 (voir la formule (3.6)). En dérivant par rapport à la variable λ, on trouve $E[T_a \mathrm{e}^{-\lambda T_a}] = (a/\sqrt{2\lambda}) \mathrm{e}^{-a\sqrt{2\lambda}}$ et en réécrivant le terme de gauche à l'aide de la densité de T_a (Corollaire 2.4), on trouve exactement l'intégrale qui apparaît dans le calcul de R_λ.

Une motivation importante de l'introduction de la résolvante est qu'elle permet de construire des surmartingales associées à un processus de Markov.

Lemme 6.1. *Soit X un processus de Markov, relativement à la filtration $(\mathscr{F}_t)$, de semigroupe $(Q_t)_{t \geq 0}$ et à valeurs dans un espace mesurable $(E, \mathscr{E})$. Soit $h \in B(E)$ une fonction à valeurs positives, et soit $\lambda > 0$. Le processus*

$$\mathrm{e}^{-\lambda t} R_\lambda h(X_t)$$

est une $(\mathscr{F}_t)$-surmartingale.

Démonstration. Les variables aléatoires $\mathrm{e}^{-\lambda t} R_\lambda h(X_t)$ sont bornées et donc dans L^1. Ensuite, on a pour tout $s \geq 0$,

$$Q_s R_\lambda h = \int_0^\infty \mathrm{e}^{-\lambda t} Q_{s+t} h \, \mathrm{d}t$$

et donc

$$\mathrm{e}^{-\lambda s} Q_s R_\lambda h = \int_0^\infty \mathrm{e}^{-\lambda(s+t)} Q_{s+t} h \, \mathrm{d}t = \int_s^\infty \mathrm{e}^{-\lambda t} Q_t h \, \mathrm{d}t \leq R_\lambda h.$$

Il suffit alors d'écrire, pour tous $s, t \geq 0$,

$$E[\mathrm{e}^{-\lambda(t+s)} R_\lambda h(X_{t+s}) \mid \mathscr{F}_t] = \mathrm{e}^{-\lambda(t+s)} Q_s R_\lambda h(X_t) \leq \mathrm{e}^{-\lambda t} R_\lambda h(X_t),$$

ce qui donne la propriété de surmartingale recherchée.   □

6.2 Semigroupes de Feller

A partir de maintenant, nous supposons que E est un espace topologique métrisable localement compact et dénombrable à l'infini (E est réunion dénombrable de compacts) muni de sa tribu borélienne. Ces propriétés entraînent que E est polonais. Une fonction $f : E \longrightarrow \mathbb{R}$ tend vers 0 à l'infini si, pour tout $\varepsilon > 0$, il existe un compact K de E tel que $|f(x)| \leq \varepsilon$ pour tout $x \in E \backslash K$.

On note $C_0(E)$ l'espace des fonctions continues de E dans $\mathbb{R}$ qui tendent vers 0 à l'infini. L'espace $C_0(E)$ est un espace de Banach pour la norme

$$\|f\| = \sup_{x \in E} |f(x)|.$$

Définition 6.4. Soit $(Q_t)_{t \geq 0}$ un semigroupe de transition sur E. On dit que $(Q_t)_{t \geq 0}$ est un semigroupe de Feller si :

(i) $\forall f \in C_0(E), Q_t f \in C_0(E)$;
(ii) $\forall f \in C_0(E), \|Q_t f - f\| \longrightarrow 0$ quand $t \to 0$.

Un processus de Markov à valeurs dans E est un processus de Feller si son semigroupe est de Feller.

Remarque. On montre (voir par exemple [9, Proposition III.2.4]) qu'on peut remplacer (ii) par la condition apparemment plus faible

$$\forall f \in C_0(E), \forall x \in E, Q_t f(x) \xrightarrow[t \to 0]{} f(x).$$

Nous admettrons cela, uniquement pour traiter certains exemples qui suivent.

La condition (ii) entraîne que, pour tout $s \geq 0$,

$$\lim_{t \downarrow 0} \|Q_{s+t} f - Q_s f\| = \lim_{t \downarrow 0} \|Q_s(Q_t f - f)\| = 0$$

puisque Q_s est une contraction de $C_0(E)$. La convergence est même uniforme quand s varie dans $\mathbb{R}_+$, ce qui assure que la fonction $t \mapsto Q_t f$ est uniformément continue de $\mathbb{R}_+$ dans $C_0(E)$, dès que $f \in C_0(E)$.

Dans la suite de ce paragraphe, on se donne un semigroupe de Feller $(Q_t)_{t \geq 0}$ sur E. A l'aide de la condition (i) et du théorème de convergence dominée, on vérifie aisément que, pour tout $\lambda > 0$, $R_\lambda f \in C_0(E)$ dès que $f \in C_0(E)$.

Proposition 6.1. Soit $\mathscr{R} = \{R_\lambda f : f \in C_0(E)\}$. Alors $\mathscr{R}$ ne dépend pas du choix de $\lambda > 0$. De plus $\mathscr{R}$ est un sous-espace dense de $C_0(E)$.

Démonstration. Si $\lambda \neq \mu$, l'équation résolvante donne

$$R_\lambda f = R_\mu (f + (\mu - \lambda) R_\lambda f).$$

Donc toute fonction de la forme $R_\lambda f$ avec $f \in C_0(E)$ s'écrit aussi sous la forme $R_\mu g$ avec $g \in C_0(E)$. Cela donne la première assertion.

La densité de $\mathscr{R}$ découle de ce que, pour toute $f \in C_0(E)$,

$$\lambda R_\lambda f = \lambda \int_0^\infty e^{-\lambda t} Q_t f \, dt \xrightarrow[\lambda \to \infty]{} f \quad \text{dans } C_0(E),$$

d'après la propriété (ii) de la définition d'un semigroupe de Feller.   □

Définition 6.5. On pose

$$D(L) = \{f \in C_0(E) : \frac{Q_t f - f}{t} \text{ converge dans } C_0(E) \text{ quand } t \downarrow 0\}$$

et pour toute $f \in D(L)$,

$$Lf = \lim_{t \downarrow 0} \frac{Q_t f - f}{t}.$$

Alors $D(L)$ est un sous-espace vectoriel de $C_0(E)$ et $L : D(L) \longrightarrow C_0(E)$ est un opérateur linéaire appelé le générateur du semigroupe $(Q_t)_{t \geq 0}$. L'ensemble $D(L)$ est appelé domaine de L.

Proposition 6.2. *Si $f \in D(L)$ on a, pour tout $t \geq 0$,*

$$Q_t f = f + \int_0^t Q_s(Lf) \, ds.$$

Démonstration. Soit $f \in D(L)$. Pour tout $t \geq 0$,

$$\varepsilon^{-1}(Q_{t+\varepsilon} f - Q_t f) = Q_t(\varepsilon^{-1}(Q_\varepsilon f - f)) \xrightarrow[\varepsilon \downarrow 0]{} Q_t(Lf).$$

De plus la convergence précédente est uniforme en $t \in \mathbb{R}_+$. Cela suffit pour dire que pour tout $x \in E$, la fonction $t \mapsto Q_t f(x)$ est dérivable sur $\mathbb{R}_+$ et sa dérivée est $Q_t(Lf)(x)$, qui est une fonction continue de t. Le résultat de la proposition en découle.   □

Proposition 6.3. *Soit $\lambda > 0$.*

   (i) *Pour toute fonction $g \in C_0(E)$, $R_\lambda g \in D(L)$ et $(\lambda - L)R_\lambda g = g$.*
   (ii) *Si $f \in D(L)$, $R_\lambda(\lambda - L)f = f$.*

En conséquence, $D(L) = \mathscr{R}$ et les opérateurs $R_\lambda : C_0(E) \to \mathscr{R}$ et $\lambda - L : D(L) \to C_0(E)$ sont inverses l'un de l'autre.

Démonstration. (i) Si $g \in C_0(E)$, on a pour tout $\varepsilon > 0$,

$$\begin{aligned}
\varepsilon^{-1}(Q_\varepsilon R_\lambda g - R_\lambda g) &= \varepsilon^{-1}\left(\int_0^\infty e^{-\lambda t} Q_{\varepsilon+t} g \, dt - \int_0^\infty e^{-\lambda t} Q_t g \, dt\right) \\
&= \varepsilon^{-1}\left((1 - e^{-\lambda \varepsilon})\int_0^\infty e^{-\lambda t} Q_{\varepsilon+t} g \, dt - \int_0^\varepsilon e^{-\lambda t} Q_t g \, dt\right) \\
&\xrightarrow[\varepsilon \to 0]{} \lambda R_\lambda g - g
\end{aligned}$$

en utilisant la propriété (ii) de la définition d'un semigroupe de Feller (et le fait que cette propriété entraîne la continuité de l'application $t \mapsto Q_t g$ de $\mathbb{R}_+$ dans $C_0(E)$). Le calcul précédent montre que $R_\lambda g \in D(L)$ et $L(R_\lambda g) = \lambda R_\lambda g - g$.

(ii) Soit $f \in D(L)$. D'après la Proposition 6.2, on a $Q_t f = f + \int_0^t Q_s(Lf) \, ds$, d'où

$$\int_0^\infty e^{-\lambda t} Q_t f(x)\, dt = \frac{f(x)}{\lambda} + \int_0^\infty e^{-\lambda t} \left(\int_0^t Q_s(Lf)(x)\, ds \right) dt$$

$$= \frac{f(x)}{\lambda} + \int_0^\infty \frac{e^{-\lambda s}}{\lambda} Q_s(Lf)(x)\, ds.$$

On a ainsi obtenu l'égalité

$$\lambda R_\lambda f = f + R_\lambda L f$$

d'où le résultat annoncé en (ii).

La dernière assertion de la proposition découle de (i) et (ii) : (i) montre que $\mathscr{R} \subset D(L)$ et (ii) donne l'autre inclusion, puis les identités établies en (i) et (ii) montrent que R_λ et $\lambda - L$ sont inverses l'un de l'autre. $\qquad\square$

Corollaire 6.2. *Le semigroupe $(Q_t)_{t \geq 0}$ est déterminé par la donnée du générateur L (ce qui inclut bien entendu la donnée de son domaine $D(L)$).*

Démonstration. Soit f une fonction positive dans $C_0(E)$. Alors $R_\lambda f$ est l'unique élément de $D(L)$ tel que $(\lambda - L)R_\lambda f = f$. Par ailleurs la donnée de $R_\lambda f(x) = \int_0^\infty e^{-\lambda t} Q_t f(x) dt$ pour tout $\lambda > 0$ suffit à déterminer la fonction continue $t \mapsto Q_t f(x)$. Or Q_t est déterminé par la donnée de $Q_t f$ pour toute fonction positive f dans $C_0(E)$. $\qquad\square$

Exemple. Il est facile de vérifier que le semigroupe $(Q_t)_{t \geq 0}$ du mouvement brownien réel est de Feller. Nous allons calculer son générateur L. Nous avons vu que, pour $\lambda > 0$ et $f \in C_0(\mathbb{R})$,

$$R_\lambda f(x) = \int \frac{1}{\sqrt{2\lambda}} \exp(-\sqrt{2\lambda}|y-x|) f(y)\, dy.$$

Si $h \in D(L)$ on sait qu'il existe $f \in C_0(\mathbb{R})$ telle que $h = R_\lambda f$. En prenant $\lambda = \frac{1}{2}$, on a

$$h(x) = \int \exp(-|x-y|) f(y)\, dy.$$

On justifie facilement l'application du théorème de dérivation sous le signe intégrale, pour obtenir que h est dérivable sur $\mathbb{R}$, et

$$h'x) = -\int \mathrm{sgn}(x-y) \exp(-|x-y|) f(y)\, dy$$

avec la notation $\mathrm{sgn}(z) = \mathbf{1}_{\{z>0\}} - \mathbf{1}_{\{z<0\}}$. Nous allons montrer aussi que h' est dérivable sur $\mathbb{R}$. Soit $x_0 \in \mathbb{R}$. Alors pour $x > x_0$,

$$h'(x) - h'(x_0) = \int \left(\mathrm{sgn}(y-x) \exp(-|x-y|) - \mathrm{sgn}(y-x_0) \exp(-|x_0-y|) \right) f(y) dy$$

$$= \int_{x_0}^x \left(-\exp(-|x-y|) - \exp(-|x_0-y|) \right) f(y)\, dy$$

$$+ \int_{\mathbb{R} \setminus [x_0, x]} \mathrm{sgn}(y-x_0) \left(\exp(-|x-y|) - \exp(-|x_0-y|) \right) f(y)\, dy.$$

On en déduit aisément que

$$\frac{h'(x) - h'(x_0)}{x - x_0} \xrightarrow[x \downarrow x_0]{} -2f(x_0) + h(x_0).$$

On obtient la même limite quand $x \uparrow x_0$, et on voit ainsi que h est deux fois dérivable, et $h'' = -2f + h$.

Par ailleurs, puisque $h = R_{1/2}f$, la Proposition 6.3 montre que

$$(\frac{1}{2} - L)h = f$$

d'où $Lh = -f + \frac{1}{2}h = \frac{1}{2}h''$.

En conclusion, on a montré que

$$D(L) \subset \{h \in C^2(\mathbb{R}) : h \text{ et } h'' \in C_0(\mathbb{R})\}$$

et que pour $h \in D(L)$, on a $Lh = \frac{1}{2}h''$.

En fait, l'inclusion précédente est une égalité. Pour le voir on peut raisonner comme suit. Si g est une fonction de classe C^2 telle que g et g'' sont dans $C_0(\mathbb{R})$, on pose $f = \frac{1}{2}(g - g'') \in C_0(\mathbb{R})$, puis $h = R_{1/2}f \in D(L)$. Le raisonnement ci-dessus montre qu'alors h est de classe C^2 et $h'' = -2f + h$. On obtient ainsi que $(h - g)'' = h - g$. Puisque la fonction $h - g$ est dans $C_0(\mathbb{R})$ elle doit être identiquement nulle, et on a $g = h \in D(L)$.

Remarque. En général il est très difficile de déterminer le domaine exact du générateur. Le théorème suivant permet souvent d'identifier des éléments de ce domaine au moyen de martingales associées au processus de Markov de semigroupe $(Q_t)_{t \geq 0}$.

Nous considérons à nouveau un semigroupe de Feller général $(Q_t)_{t \geq 0}$. Nous supposons donnés un processus $(X_t)_{t \geq 0}$ et une famille $(P_x)_{x \in E}$ de mesure de probabilités sur E, telle que, sous P_x, $(X_t)_{t \geq 0}$ est un processus de Markov de semigroupe $(Q_t)_{t \geq 0}$, relativement à une filtration $(\mathscr{F}_t)_{t \geq 0}$, et $P_x(X_0 = x) = 1$. Pour donner un sens aux intégrales qui apparaissent ci-dessous, nous supposons aussi que les trajectoires de $(X_t)_{t \geq 0}$ sont càdlàg (nous verrons dans la partie suivante que cette hypothèse n'est pas restrictive).

Notation. E_x désigne l'espérance sous la probabilité P_x.

Théorème 6.2. *Soient* $h, g \in C_0(E)$. *Les deux conditions suivantes sont équivalentes :*

(i) $h \in D(L)$ *et* $Lh = g$.
(ii) *Pour tout* $x \in E$, *le processus*

$$h(X_t) - \int_0^t g(X_s)\,\mathrm{d}s$$

est une martingale sous P_x, *relativement à la filtration* $(\mathscr{F}_t)$.

Démonstration. On établit d'abord (i)⇒(ii). Soit donc $h \in D(L)$ et $g = Lh$. D'après la Proposition 6.2, on a alors pour tout $s \geq 0$,

$$Q_s h = h + \int_0^s Q_r g \, dr.$$

Il en découle que, pour $t \geq 0$ et $s \geq 0$,

$$E_x[h(X_{t+s}) \mid \mathscr{F}_t] = Q_s h(X_t) = h(X_t) + \int_0^s Q_r g(X_t) \, dr.$$

D'autre part,

$$E_x\left[\int_t^{t+s} g(X_r) \, dr \,\Big|\, \mathscr{F}_t\right] = \int_t^{t+s} E_x[g(X_r) \mid \mathscr{F}_t] \, dr = \int_t^{t+s} Q_{r-t} g(X_t) \, dr$$
$$= \int_0^s Q_r g(X_t) \, dr.$$

L'interversion de l'intégrale et de l'espérance conditionnelle dans la première égalité est facile à justifier en utilisant la propriété caractéristique de l'espérance conditionnelle. Il découle de ce qui précède que

$$E_x\left[h(X_{t+s}) - \int_0^{t+s} g(X_r) \, dr \,\Big|\, \mathscr{F}_t\right] = h(X_t) - \int_0^t g(X_r) \, dr$$

d'où la propriété (ii).

Inversement, supposons que (ii) est réalisée. Alors pour tout $t \geq 0$,

$$E_x\left[h(X_t) - \int_0^t g(X_r) \, dr\right] = h(x)$$

et par ailleurs

$$E_x\left[h(X_t) - \int_0^t g(X_r) \, dr\right] = Q_t h(x) - \int_0^t Q_r g(x) \, dr.$$

En conséquence,

$$\frac{Q_t h - h}{t} = \frac{1}{t} \int_0^t Q_r g \, dr \xrightarrow[t \downarrow 0]{} g$$

dans $C_0(E)$, d'après la propriété (ii) de la définition d'un semigroupe de Feller. On conclut que $h \in D(L)$ et $Lh = g$. □

Exemple. Dans le cas du mouvement brownien, la formule d'Itô montre que si $h \in C^2(\mathbb{R})$,

$$h(X_t) - \frac{1}{2} \int_0^t h''(X_s) \, ds$$

est une martingale locale. Cette martingale locale devient une vraie martingale lorsqu'on suppose aussi que h et h'' sont dans $C_0(\mathbb{R})$ (donc bornées). On retrouve ainsi le fait que $Lh = \frac{1}{2} h''$ pour de telles fonctions h.

6.3 La régularité des trajectoires

Notre objectif dans cette partie est de montrer que l'on peut construire les processus de Feller de manière à ce que leurs trajectoires soient càdlàg (continues à droite avec des limites à gauche en tout point). Nous considérons donc un semigroupe de Feller $(Q_t)_{t \geq 0}$, dans un espace E supposé métrique localement compact et dénombrable à l'infini comme dans la partie précédente. Nous supposons donnés un processus $(X_t)_{t \geq 0}$ et une famille de mesures de probabilité $(P_x)_{x \in E}$ telle que, sous P_x, $(X_t)_{t \geq 0}$ est un processus de Markov de semigroupe $(Q_t)_{t \geq 0}$ (relativement à une filtration $(\mathscr{F}_t)_{t \in [0,\infty]}$) et $P_x(X_0 = x) = 1$. Nous avons vu dans le début de ce chapitre que ces conditions sont réalisées en prenant pour $(X_t)_{t \geq 0}$ le processus canonique sur l'espace $\Omega^* = E^{\mathbb{R}_+}$ et en construisant les mesures P_x à l'aide du théorème de Kolmogorov.

Nous notons $\mathscr{N}$ la classe des ensembles $\mathscr{F}_\infty$-mesurables qui sont de P_x-probabilité nulle pour tout $x \in E$. On définit ensuite une nouvelle filtration $(\widetilde{\mathscr{F}}_t)_{t \in [0,\infty]}$ en posant $\widetilde{\mathscr{F}}_\infty = \mathscr{F}_\infty$ et pour tout $t \geq 0$,

$$\widetilde{\mathscr{F}}_t = \mathscr{F}_{t+} \vee \sigma(\mathscr{N}).$$

On vérifie aisément que la filtration $(\widetilde{\mathscr{F}}_t)$ est continue à droite.

Théorème 6.3. *On peut construire un processus* $(\widetilde{X}_t)_{t \geq 0}$ *adapté à la filtration* $(\widetilde{\mathscr{F}}_t)$, *dont les trajectoires sont des fonctions càdlàg à valeurs dans* E, *et tel que, pour tout* $t \geq 0$,

$$\widetilde{X}_t = X_t, \qquad P_x \ p.s. \quad \forall x \in E.$$

De plus, sous chaque probabilité P_x, $(\widetilde{X}_t)_{t \geq 0}$ *est un processus de Markov de semigroupe* $(Q_t)_{t \geq 0}$, *relativement à la filtration* $(\widetilde{\mathscr{F}}_t)_{t \in [0,\infty]}$, *et* $P_x(\widetilde{X}_0 = x) = 1$.

Démonstration. Soit $E_\Delta = E \cup \{\Delta\}$ le compactifié d'Alexandroff de E obtenu en ajoutant à E le point à l'infini Δ. Toute fonction $f \in C_0(E)$ se prolonge en une fonction continue sur E_Δ en posant $f(\Delta) = 0$.

Notons $C_0^+(E)$ l'ensemble des fonctions positives dans $C_0(E)$. On peut alors trouver une suite $(f_n)_{n \in \mathbb{N}}$ de fonctions de $C_0^+(E)$ qui sépare les points de E_Δ, au sens où, pour tous $x, y \in E_\Delta$ avec $x \neq y$, il existe un entier n tel que $f_n(x) \neq f_n(y)$. Alors

$$\mathscr{H} = \{R_p f_n : p \geq 1, n \in \mathbb{N}\}$$

est aussi un sous-ensemble dénombrable de $C_0^+(E)$ qui sépare les points de E_Δ (utiliser le fait que $\|p R_p f - f\| \longrightarrow 0$ quand $p \to \infty$).

Si $h \in \mathscr{H}$, le Lemme 6.1 montre qu'il existe un entier $p \geq 1$ tel que $\mathrm{e}^{-pt} h(X_t)$ est une surmartingale sous P_x, pour tout $x \in E$. Soit D un sous-ensemble dénombrable dense de $\mathbb{R}_+$. Alors le Théorème 3.3 (i) montre que les limites

$$\lim_{D \ni s \downarrow \downarrow t} h(X_s), \quad \lim_{D \ni s \uparrow \uparrow t} h(X_s)$$

existent simultanément pour tout $t \in \mathbb{R}_+$ (la deuxième seulement si $t > 0$) en dehors d'un ensemble $\mathscr{F}_\infty$-mesurable N_h tel que $P_x(N_h) = 0$ pour tout $x \in E$. Comme dans la preuve du Théorème 3.3, on peut définir le complémentaire de N_h comme l'ensemble des $\omega \in \Omega$ pour lesquels la fonction $D \ni s \mapsto \mathrm{e}^{-ps}h(X_s)$ fait un nombre fini de montées le long de tout intervalle $[a,b]$, $a, b \in \mathbb{Q}$. On pose

$$N = \bigcup_{h \in \mathscr{H}} N_h$$

de sorte que $N \in \mathscr{N}$. Alors, si $\omega \notin N$, les limites

$$\lim_{D \ni s \downarrow \downarrow t} X_s(\omega) \,, \quad \lim_{D \ni s \uparrow \uparrow t} X_s(\omega)$$

existent pour tout $t \geq 0$ dans E_Δ. En effet, si on suppose par exemple que $X_s(\omega)$ a deux valeurs d'adhérence différentes dans E_Δ quand $D \ni s \downarrow \downarrow t$, on obtient une contradiction en choisissant une fonction $h \in \mathscr{H}$ qui sépare ces deux valeurs. Cela permet de poser, pour $\omega \in \Omega \backslash N$ et pour tout $t \geq 0$,

$$\widetilde{X}_t(\omega) = \lim_{D \ni s \downarrow \downarrow t} X_s(\omega).$$

Si $\omega \in N$, on pose $\widetilde{X}_t(\omega) = x_0$ pour tout $t \geq 0$, où x_0 est un point fixé de E. Alors, pour tout $t \geq 0$, $\widetilde{X}_t$ est une variable aléatoire $\widetilde{\mathscr{F}}_t$-mesurable à valeurs dans E_Δ. De plus, pour tout $\omega \in \Omega$, l'application $t \mapsto \widetilde{X}_t(\omega)$, vue comme application à valeurs dans E_Δ, est càdlàg par construction.

Montrons maintenant que, pour tout $t \geq 0$,

$$P_x(X_t = \widetilde{X}_t) = 1, \qquad \forall x \in E.$$

Soient $f, g \in C_0(E)$ et soit une suite (t_n) dans D qui décroît strictement vers t. Alors, pour tout $x \in E$,

$$
\begin{aligned}
E_x[f(X_t)g(\widetilde{X}_t)] &= \lim_{n \to \infty} E_x[f(X_t)g(X_{t_n})] \\
&= \lim_{n \to \infty} E_x[f(X_t)Q_{t_n - t}g(X_t)] \\
&= E_x[f(X_t)g(X_t)]
\end{aligned}
$$

puisque $Q_{t_n - t}g \longrightarrow g$ d'après la définition d'un semigroupe de Feller. L'égalité obtenue suffit pour dire que les deux couples $(X_t, \widetilde{X}_t)$ et (X_t, X_t) ont même loi sous P_x, et donc $P_x(X_t = \widetilde{X}_t) = 1$.

Montrons ensuite que $(\widetilde{X}_t)_{t \geq 0}$ vérifie la propriété de définition d'un processus de Markov de semigroupe $(Q_t)_{t \geq 0}$ relativement à la filtration $(\widetilde{\mathscr{F}}_t)$. Il suffit de voir que, pour tous $s \geq 0$, $t > 0$ et $A \in \widetilde{\mathscr{F}}_s$, $f \in C_0(E)$, on a

$$E_x[1_A f(\widetilde{X}_{s+t})] = E_x[1_A Q_t f(\widetilde{X}_s)].$$

Puisque $\widetilde{X}_s = X_s$ p.s. et $\widetilde{X}_{s+t} = X_{s+t}$ p.s., il revient au même de montrer

$$E_x[1_A f(X_{s+t})] = E_x[1_A Q_t f(X_s)].$$

Puisque A coïncide p.s. avec un élément de $\mathscr{F}_{s+}$ on peut supposer $A \in \mathscr{F}_{s+}$. Soit (s_n) une suite dans D qui décroît strictement vers s, de sorte que $A \in \mathscr{F}_{s_n}$ pour tout n. Alors, dès que $s_n \le s+t$,

$$E_x[1_A f(X_{s+t})] = E_x[1_A E_x[f(X_{s+t} \mid \mathscr{F}_{s_n}]] = E_x[1_A Q_{s+t-s_n} f(X_{s_n})].$$

Mais $Q_{s+t-s_n} f$ converge (uniformément) vers $Q_t f$ par les propriétés des semi-groupes de Feller, et puisque $X_{s_n} = \widetilde{X}_{s_n}$ p.s. on sait aussi que X_{s_n} converge p.s. vers $X_s = \widetilde{X}_s$ p.s. On obtient donc l'égalité recherchée en faisant tendre n vers ∞.

Il reste finalement à montrer que les fonctions $t \mapsto \widetilde{X}_t(\omega)$ sont càdlàg à valeurs dans E, et pas seulement dans E_Δ (on sait déjà que pour chaque $t \ge 0$, $\widetilde{X}_t(\omega) = X_t(\omega)$ p.s. est p.s. dans E, mais cela ne suffit pas pour montrer que les trajectoires, et leurs limites à gauche, restent dans E). Fixons une fonction $g \in C_0^+(E)$ telle que $g(x) > 0$ pour tout $x \in E$. La fonction $h = R_1 g$ vérifie alors la même propriété. Posons pour tout $t \ge 0$,

$$Y_t = \mathrm{e}^{-t} h(\widetilde{X}_t).$$

Alors le Lemme 6.1 montre que $(Y_t)_{t \ge 0}$ est une surmartingale positive relativement à la filtration $(\widetilde{\mathscr{F}}_t)$. De plus, les trajectoires de $(Y_t)_{t \ge 0}$ sont càdlàg.

Pour tout entier $n \ge 1$, posons

$$T_{(n)} = \inf\{t \ge 0 : Y_t < \frac{1}{n}\}.$$

Alors $T_{(n)}$ est un temps d'arrêt de la filtration $(\widetilde{\mathscr{F}}_t)$, comme temps d'entrée dans un ouvert pour un processus adapté à trajectoires càdlàg (rappelons que la filtration $(\widetilde{\mathscr{F}}_t)$ est continue à droite). De même,

$$T = \lim_{n \to \infty} \uparrow T_{(n)}$$

est un temps d'arrêt. Le résultat voulu découlera de ce que $P_x(T < \infty) = 0$ pour tout $x \in E$. En effet il est clair que pour tout $t \in [0, T_{(n)}[$, $\widetilde{X}_t \in E$ et $\widetilde{X}_{t-} \in E$, et il suffira de redéfinir $\widetilde{X}_t(\omega) = x_0$ (pour tout $t \ge 0$) pour les ω qui appartiennent à l'ensemble $\{T < \infty\} \in \mathscr{N}$.

Fixons $x \in E$. Pour établir que $P_x(T < \infty) = 0$, on applique la Proposition 3.10 à $Z = Y$ et $U = T_{(n)}$, $V = T + q$, où q est un rationnel positif. On trouve

$$E_x[Y_{T+q} \mathbf{1}_{\{T < \infty\}}] \le E_x[Y_{T_{(n)}} \mathbf{1}_{\{T_{(n)} < \infty\}}] \le \frac{1}{n}.$$

En faisant tendre n vers ∞, on a donc

$$E_x[Y_{T+q} \mathbf{1}_{\{T < \infty\}}] = 0,$$

d'où $Y_{T+q} = 0$ p.s. sur $\{T < \infty\}$. Par continuité à droite, on conclut que $Y_t = 0$, $\forall t \in [T, \infty[$, p.s. sur $\{T < \infty\}$. Mais on sait que p.s. $\forall k \in \mathbb{N}$, $Y_k = \mathrm{e}^{-k} h(\widetilde{X}_k) > 0$ puisque $\widetilde{X}_k \in E$ p.s. Cela suffit pour conclure que $P_x(T < \infty) = 0$. $\square$

6.4 La propriété de Markov forte

Dans ce paragraphe, nous revenons d'abord au cadre général du paragraphe 6.1 ci-dessus, où $(Q_t)_{t \geq 0}$ est un semigroupe de transition sur E. Nous supposons ici que E est un espace métrique (muni de sa tribu borélienne), et de plus que, pour chaque choix de $x \in E$, on peut construire un processus de Markov $(X_t^x)_{t \geq 0}$ de semigroupe $(Q_t)_{t \geq 0}$ issu de x, dont les trajectoires sont càdlàg. Remarquons que, dans le cas d'un semigroupe de Feller, l'existence d'un tel processus découle du Théorème 6.3.

On note $\mathbb{D}(E)$ l'espace des fonctions càdlàg $f : \mathbb{R}_+ \longrightarrow E$. On munit $\mathbb{D}(E)$ de la tribu $\mathscr{D}$ engendrée par les applications coordonnées $f \mapsto f(t)$. Pour tout $x \in E$, on note alors $\mathbb{P}_x$ la loi sur $\mathbb{D}(E)$ de $(X_t^x)_{t \geq 0}$. Cette loi ne dépend pas de la réalisation choisie pour X^x, pourvu que X^x soit un processus de Markov de semigroupe $(Q_t)_{t \geq 0}$ à trajectoires càdlàg, et $P(X_0^x = x) = 1$.

Nous commençons par un énoncé de la propriété de Markov simple qui est une généralisation facile de la définition d'un processus de Markov.

Théorème 6.4 (Propriété de Markov simple). *Soit $(Y_t)_{t \geq 0}$ un processus de Markov de semigroupe $(Q_t)_{t \geq 0}$, relativement à une filtration $(\mathscr{F}_t)_{t \geq 0}$. On suppose que les trajectoires de Y sont càdlàg. Soit $s \geq 0$ et soit $\Phi : \mathbb{D}(E) \longrightarrow \mathbb{R}_+$ une application mesurable. Alors,*

$$E[\Phi((Y_{s+t})_{t \geq 0}) \mid \mathscr{F}_s] = \mathbb{E}_{Y_s}[\Phi].$$

Remarque. Le terme de droite est la composée de Y_s et de l'application $y \mapsto \mathbb{E}_y[\Phi]$. Pour voir que cette application est mesurable, il suffit de traiter le cas où $\Phi = 1_A$, $A \in \mathscr{D}$. Lorsque A ne dépend que d'un nombre fini de coordonnées, on a une formule explicite, et un argument de classe monotone complète le raisonnement.

Démonstration. Comme dans la remarque ci-dessus, on se ramène facilement au cas où $\Phi = 1_A$ et

$$A = \{f \in \mathbb{D}(E) : f(t_1) \in B_1, \ldots, f(t_p) \in B_p\}$$

où $0 \leq t_1 < t_2 < \cdots < t_p$ et $B_1, \ldots, B_p$ sont des parties mesurables de E. Dans ce cas on doit montrer

$$P(Y_{s+t_1} \in B_1, \ldots, Y_{s+t_p} \in B_p \mid \mathscr{F}_s)$$
$$= \int_{B_1} Q_{t_1}(Y_s, \mathrm{d}x_1) \int_{B_2} Q_{t_2-t_1}(x_1, \mathrm{d}x_2) \cdots \int_{B_p} Q_{t_p - t_{p-1}}(x_{p-1}, \mathrm{d}x_p).$$

En fait on montre plus généralement que si $\varphi_1, \ldots, \varphi_p \in B(E)$,

$$E[\varphi_1(Y_{s+t_1}) \cdots \varphi_p(Y_{s+t_p}) \mid \mathscr{F}_s]$$
$$= \int Q_{t_1}(Y_s, dx_1)\varphi_1(x_1) \int Q_{t_2-t_1}(x_1, dx_2)\varphi_2(x_2) \cdots \int Q_{t_p-t_{p-1}}(x_{p-1}, dx_p)\varphi_p(x_p).$$

Si $p = 1$ c'est la définition d'un processus de Markov. On raisonne ensuite par récurrence en écrivant :

$$E[\varphi_1(Y_{s+t_1}) \cdots \varphi_p(Y_{s+t_p}) \mid \mathscr{F}_s]$$
$$= E[\varphi_1(Y_{s+t_1}) \cdots \varphi_{p-1}(Y_{s+t_{p-1}}) E_x[\varphi_p(Y_{s+t_p}) \mid \mathscr{F}_{s+t_{p-1}}] \mid \mathscr{F}_s]$$
$$= E[\varphi_1(Y_{s+t_1}) \cdots \varphi_{p-1}(Y_{s+t_{p-1}}) Q_{t_p-t_{p-1}}\varphi_p(Y_{s+t_{p-1}}) \mid \mathscr{F}_s]$$

d'où facilement le résultat voulu. $\square$

Nous passons maintenant à la propriété de Markov forte.

Théorème 6.5 (Propriété de Markov forte). *Reprenons les hypothèses du théorème précédent, et supposons de plus que $(Q_t)_{t\geq 0}$ est un semigroupe de Feller (et donc E est localement compact et dénombrable à l'infini). Soit T un temps d'arrêt de la filtration $(\mathscr{F}_t)$, et soit $\Phi : \mathbb{D}(E) \longrightarrow \mathbb{R}_+$ une application mesurable. Alors, pour tout $x \in E$,*

$$E[\mathbf{1}_{\{T<\infty\}}\Phi((Y_{T+t})_{t\geq 0}) \mid \mathscr{F}_T] = \mathbf{1}_{\{T<\infty\}}\mathbb{E}_{Y_T}[\Phi].$$

Démonstration. On observe d'abord que le terme de droite est $\mathscr{F}_T$-mesurable, parce que l'application $\{T < \infty\} \ni \omega \mapsto Y_T(\omega)$ est $\mathscr{F}_T$-mesurable (Théorème 3.1) et l'application $y \mapsto \mathbb{E}_y[\Phi]$ est mesurable. Ensuite, il suffit de montrer que, pour $A \in \mathscr{F}_T$ fixé,

$$E[\mathbf{1}_{A\cap\{T<\infty\}}\Phi((Y_{T+t})_{t\geq 0})] = E[\mathbf{1}_{A\cap\{T<\infty\}}\mathbb{E}_{Y_T}[\Phi]].$$

Comme ci-dessus, on peut se limiter au cas où

$$\Phi(f) = \varphi_1(f(t_1)) \cdots \varphi_p(f(t_p))$$

où $0 \leq t_1 < t_2 < \cdots < t_p$ et $\varphi_1, \ldots, \varphi_p \in B(E)$. Il suffit en fait de traiter le cas $p = 1$: si ce cas est établi, on raisonne par récurrence en écrivant

$$E[\mathbf{1}_{A\cap\{T<\infty\}}\varphi_1(Y_{T+t_1}) \cdots \varphi_p(Y_{T+t_p})]$$
$$= E[\mathbf{1}_{A\cap\{T<\infty\}}\varphi_1(Y_{T+t_1}) \cdots \varphi_{p-1}(Y_{T+t_{p-1}}) E[\varphi_p(Y_{T+t_p}) \mid \mathscr{F}_{T+t_{p-1}}]]$$
$$= E[\mathbf{1}_{A\cap\{T<\infty\}}\varphi_1(Y_{T+t_1}) \cdots \varphi_{p-1}(Y_{T+t_{p-1}})\int Q_{t_p-t_{p-1}}(Y_{T+t_{p-1}}, dx_p)\varphi_p(x_p)].$$

On fixe donc $t \geq 0$ et $\varphi \in B(E)$ et on veut montrer

$$E[\mathbf{1}_{A\cap\{T<\infty\}}\varphi(Y_{T+t})] = E[\mathbf{1}_{A\cap\{T<\infty\}}Q_t\varphi(Y_T)]].$$

On peut supposer que $\varphi \in C_0(E)$, par un raisonnement standard de classe monotone.

Notons $[T]_n$ le plus petit nombre réel de la forme $i2^{-n}$ supérieur ou égal à T. Alors,

$$E[\mathbf{1}_{A\cap\{T<\infty\}}\varphi(Y_{T+t})] = \lim_{n\to\infty} E[\mathbf{1}_{A\cap\{T<\infty\}}\varphi(Y_{[T]_n+t})]$$

$$= \lim_{n\to\infty} \sum_{i=0}^{\infty} E[\mathbf{1}_{A\cap\{(i-1)2^{-n}<T\leq i2^{-n}\}}\varphi(Y_{i2^{-n}+t})]$$

$$= \lim_{n\to\infty} \sum_{i=0}^{\infty} E[\mathbf{1}_{A\cap\{(i-1)2^{-n}<T\leq i2^{-n}\}}Q_t\varphi(Y_{i2^{-n}})]$$

$$= \lim_{n\to\infty} E[\mathbf{1}_{A\cap\{T<\infty\}}Q_t\varphi(Y_{[T]_n})]$$

$$= E[\mathbf{1}_{A\cap\{T<\infty\}}Q_t\varphi(Y_T)]$$

d'où le résultat voulu. Dans la première (et la dernière) égalité, on utilise la continuité à droite des trajectoires. Dans la troisième égalité, on se sert du fait que $A\cap\{(i-1)2^{-n}<T\leq i2^{-n}\}\in\mathscr{F}_{i2^{-n}}$ parce que $A\in\mathscr{F}_T$ et T est un temps d'arrêt de la filtration $(\mathscr{F}_t)$. Enfin, dans la dernière égalité, on utilise le fait que $Q_t\varphi$ est continue parce que $\varphi\in C_0(E)$ et le semigroupe est de Feller.   □

6.5 Deux classes importantes de processus de Feller

6.5.1 Processus de Lévy

Considérons un processus $(Y_t)_{t\geq 0}$ à valeurs dans $\mathbb{R}$ (ou dans $\mathbb{R}^d$) qui vérifie les trois propriétés suivantes :

(i) $Y_0 = 0$ p.s.
(ii) Pour tous $0\leq s<t$, la variable $Y_t - Y_s$ est indépendante de $(Y_r, 0\leq r\leq s)$ et a même loi que Y_{t-s}.
(iii) Y_t converge en probabilité vers 0 quand $t\downarrow 0$.

Deux cas particuliers sont le mouvement brownien et le processus $(T_a)_{a\geq 0}$ des temps d'atteinte du mouvement brownien (cf. Exercice 2.2).

Remarquons qu'on ne suppose pas que les trajectoires de Y sont càdlàg, mais on remplace cette hypothèse par la condition beaucoup plus faible (iii). La théorie qui précède va nous montrer qu'on peut cependant trouver une modification de Y dont les trajectoires sont càdlàg.

Pour tout $t\geq 0$, notons $Q_t(0,dy)$ la loi de Y_t, et pour tout $x\in\mathbb{R}$, soit $Q_t(x,dy)$ la mesure-image de $Q_t(0,dy)$ par l'application $y\mapsto x+y$.

Proposition 6.4. *La famille $(Q_t)_{t\geq 0}$ forme un semigroupe de Feller sur $\mathbb{R}$. De plus $(Y_t)_{t\geq 0}$ est un processus de Markov de semigroupe $(Q_t)_{t\geq 0}$.*

Démonstration. Montrons que $(Q_t)_{t\geq 0}$ est un semigroupe de transition. Soient $\varphi\in B(\mathbb{R})$, $s,t\geq 0$ et $x\in\mathbb{R}$. La propriété (ii) montre que la loi de $(Y_t, Y_{t+s}-Y_t)$ est la probabilité produit $Q_t(0,\cdot)\otimes Q_s(0,\cdot)$. Donc,

$$\int Q_t(x, dy) \int Q_s(y, dz) \varphi(z) = \int Q_t(0, dy) \int Q_s(0, dz) \varphi(x+y+z)$$
$$= E[\varphi(x + Y_t + (Y_{t+s} - Y_t))]$$
$$= E[\varphi(x + Y_{t+s})]$$
$$= \int Q_{t+s}(x, dz) \varphi(z)$$

d'où la relation de Chapman-Kolmogorov. Il faudrait aussi vérifier la mesurabilité de l'application $(t, x) \mapsto Q_t(x, A)$, mais cela découle en fait des propriétés de continuité plus fortes que nous allons établir pour montrer la propriété de Feller.

Commençons par la première propriété d'un semigroupe de Feller. Si $\varphi \in C_0(\mathbb{R})$, l'application

$$x \mapsto Q_t \varphi(x) = E[\varphi(x + Y_t)]$$

est continue par convergence dominée, et, toujours par convergence dominée, on a

$$E[\varphi(x + Y_t)] \underset{x \to \infty}{\longrightarrow} 0$$

ce qui montre que $Q_t \varphi \in C_0(\mathbb{R})$. Ensuite,

$$Q_t \varphi(x) = E[\varphi(x + Y_t)] \underset{t \to 0}{\longrightarrow} \varphi(x)$$

grâce à la propriété (iii). La continuité uniforme de φ montre même que cette convergence est uniforme en x. Cela termine la preuve de la première assertion. La preuve de la seconde est facile en utilisant la propriété (ii). $\qquad\square$

On déduit du Théorème 6.3 qu'on peut trouver une modification de $(Y_t)_{t \geq 0}$ dont les trajectoires sont càdlàg (en fait dans le Théorème 6.3 on supposait qu'on avait une famille de probabilités $(P_x)_{x \in E}$ correspondant aux différents points de départ possibles, mais la même preuve s'applique, avec des modifications mineures, au cas où on considère le processus sous une seule mesure de probabilité).

On appelle *processus de Lévy* un processus qui vérifie les propriétés (i) et (ii) ci-dessus, et dont les trajectoires sont càdlàg (ce qui entraîne (iii)).

6.5.2 *Processus de branchement continu*

Un processus de Markov $(X_t)_{t \geq 0}$ à valeurs dans $E = \mathbb{R}_+$ est appelé *processus de branchement continu* si son semigroupe $(Q_t)_{t \geq 0}$ vérifie pour tous $x, y \in \mathbb{R}_+$ et tout $t \geq 0$,

$$Q_t(x, \cdot) * Q_t(y, \cdot) = Q_t(x + y, \cdot),$$

où $\mu * \nu$ désigne la convolution des mesures de probabilité μ et ν sur $\mathbb{R}_+$. On voit facilement que cela entraîne $Q_t(0, \cdot) = \delta_0$ pour tout $t \geq 0$.

Remarque. Le mot continu dans "processus de branchement continu" renvoie au fait que le paramètre de temps t est réel, et non à la continuité du processus : en général les trajectoires seront seulement càdlàg!

Exercice. Vérifier que si X et X' sont deux processus de branchement continu *indépendants* de même semigroupe $(Q_t)_{t \geq 0}$, issus respectivement de x et de x', alors $(X_t + X'_t)_{t \geq 0}$ est aussi un processus de Markov de semigroupe $(Q_t)_{t \geq 0}$ (relativement à sa filtration canonique). C'est ce qu'on appelle la propriété de branchement : comparer avec les processus de Galton-Watson à temps discret.

On fixe le semigroupe $(Q_t)_{t \geq 0}$ d'un processus de branchement continu, et on fait les deux hypothèses de régularité suivantes :

(i) $Q_t(x, \{0\}) < 1$ pour tous $x > 0$ et $t > 0$;
(ii) $Q_t(x, \cdot) \longrightarrow \delta_x(\cdot)$ quand $t \to 0$, au sens de la convergence étroite des mesures de probabilité.

Proposition 6.5. *Sous les hypothèses précédentes, le semigroupe $(Q_t)_{t \geq 0}$ est de Feller. De plus, pour tout $\lambda > 0$, et tout $x \geq 0$,*

$$\int Q_t(x, dy) e^{-\lambda y} = e^{-x \psi_t(\lambda)}$$

où les fonctions $\psi_t :]0, \infty[\longrightarrow]0, \infty[$ vérifient $\psi_t \circ \psi_s = \psi_{t+s}$ pour tous $s, t \geq 0$.

Démonstration. Commençons par la deuxième assertion. Si $x, y > 0$, l'égalité $Q_t(x, \cdot) * Q_t(y, \cdot) = Q_t(x+y, \cdot)$ entraîne que

$$\left(\int Q_t(x, dz) e^{-\lambda z} \right) \left(\int Q_t(y, dz) e^{-\lambda z} \right) = \int Q_t(x+y, dz) e^{-\lambda z}.$$

Ainsi la fonction

$$x \longmapsto -\log \left(\int Q_t(x, dz) e^{-\lambda z} \right)$$

est linéaire et croissante sur $\mathbb{R}_+$ donc de la forme $x \psi_t(\lambda)$ pour une constante $\psi_t(\lambda) > 0$ (le cas $\psi_t(\lambda) = 0$ est écarté à cause de (i)). Pour obtenir l'égalité $\psi_t \circ \psi_s = \psi_{t+s}$, on écrit

$$\int Q_{t+s}(x, dz) e^{-\lambda z} = \int Q_t(x, dy) \int Q_s(y, dz) e^{-\lambda z}$$

$$= \int Q_t(x, dy) e^{-y \psi_s(\lambda)}$$

$$= e^{-x \psi_t(\psi_s(\lambda))}.$$

Il reste à vérifier le caractère fellérien du semigroupe. Posons, pour tout $\lambda > 0$, $\varphi_\lambda(x) = e^{-\lambda x}$. Alors,

$$Q_t \varphi_\lambda = \varphi_{\psi_t(\lambda)} \in C_0(\mathbb{R}_+).$$

De plus, une application du théorème de Stone-Weierstrass montre que l'espace vectoriel engendré par les fonctions φ_λ, $\lambda > 0$ est dense dans $C_0(\mathbb{R}_+)$. Il en découle aisément que $Q_t \varphi \in C_0(\mathbb{R}_+)$ pour toute fonction $\varphi \in C_0(\mathbb{R}_+)$.

Enfin, si $\varphi \in C_0(\mathbb{R}_+)$, pour tout $x \geq 0$,

$$Q_t \varphi(x) = \int Q_t(x, \mathrm{d}y)\, \varphi(y) \xrightarrow[t \to 0]{} \varphi(x)$$

d'après la propriété (ii). En utilisant une remarque suivant la définition des semi-groupes de Feller, cela suffit pour montrer que $\|Q_t \varphi - \varphi\| \longrightarrow 0$ quand $t \to 0$, ce qui termine la preuve. $\qquad\square$

Exemple. Pour tout $t > 0$ et tout $x \geq 0$, définissons $Q_t(x, \mathrm{d}y)$ comme la loi de $\mathbf{e}_1 + \mathbf{e}_2 + \cdots + \mathbf{e}_N$, où $\mathbf{e}_1, \mathbf{e}_2, \ldots$ sont des variables aléatoires indépendantes de loi exponentielle de paramètre $1/t$, et où la variable N suit la loi de Poisson de paramètre x/t, et est indépendante de la suite $(\mathbf{e}_i)$. Alors un calcul facile montre que

$$\int Q_t(x, \mathrm{d}y)\, \mathrm{e}^{-\lambda y} = \mathrm{e}^{-x \psi_t(\lambda)}$$

avec

$$\psi_t(\lambda) = \frac{\lambda}{1 + \lambda t}.$$

En observant que $\psi_t \circ \psi_s = \psi_{t+s}$, on obtient facilement que la famille $(Q_t)_{t \geq 0}$ est un semigroupe de transition, et que ce semigroupe vérifie les propriétés énoncées au début de ce paragraphe. En particulier, le semigroupe $(Q_t)_{t \geq 0}$ est de Feller, et on peut donc lui associer un processus de branchement continu $(X_t)_{t \geq 0}$ à trajectoires càdlàg. On peut montrer que les trajectoires de $(X_t)_{t \geq 0}$ sont en fait continues, et ce processus est appelé la diffusion branchante de Feller.

Exercices

Dans les exercices qui suivent, (E, d) est un espace métrique localement compact dénombrable à l'infini et $(Q_t)_{t \geq 0}$ un semigroupe de Feller sur E. On se donne un processus $(X_t)_{t \geq 0}$ à trajectoires càdlàg à valeurs dans E, et une famille de mesures de probabilité $(P_x)_{x \in E}$, tels que sous P_x, $(X_t)_{t \geq 0}$ est un processus de Markov, relativement à une filtration $(\mathscr{F}_t)$, de semigroupe $(Q_t)_{t \geq 0}$, issu du point x. On note L le générateur du semigroupe $(Q_t)_{t \geq 0}$, $D(L)$ le domaine de L et pour tout $\lambda > 0$, R_λ la λ-résolvante.

Exercice 6.1. (Fonction d'échelle) Dans cet exercice on suppose que $E = \mathbb{R}_+$ et que les trajectoires de X sont continues. Pour tout $x \in \mathbb{R}^+$, on pose

$$T_x := \inf\{t \geq 0 : X_t = x\}$$

et

$$\varphi(x) := P_x(T_0 < \infty).$$

1. Montrer que, pour $0 \leq x \leq y$,

$$\varphi(y) = \varphi(x) P_y(T_x < \infty).$$

2. On suppose que $\varphi(x) < 1$ et $\sup_{t \geq 0} X_t = +\infty$, P_x p.s., pour tout $x \in \mathbb{R}_+$. Montrer que, pour $0 \leq x \leq y$,

$$P_x(T_0 < T_y) = \frac{\varphi(x) - \varphi(y)}{1 - \varphi(y)}.$$

Exercice 6.2. (Formule de Feynman-Kac) Soit $v : E \longrightarrow \mathbb{R}_+$ une fonction continue bornée. Pour tout $x \in E$ et tout $t \geq 0$, on pose pour toute fonction $\varphi \in B(E)$,

$$Q_t^* \varphi(x) = E_x \left[e^{-\int_0^t v(X_s) \, ds} \, \varphi(X_t) \right].$$

1. Montrer que, pour toute fonction $\varphi \in B(E)$, $Q_{t+s}^* \varphi = Q_t^* (Q_s^* \varphi)$.

2. En observant que

$$1 - \exp\left(-\int_0^t v(X_s) \, ds \right) = \int_0^t v(X_s) \exp\left(-\int_s^t v(X_r) \, dr \right) ds$$

montrer que, pour toute fonction $\varphi \in B(E)$,

$$Q_t \varphi - Q_t^* \varphi = \int_0^t Q_s(v Q_{t-s}^* \varphi) \, ds.$$

3. On suppose que $\varphi \in D(L)$. Montrer que

$$\frac{d}{dt} Q_t^* \varphi_{|t=0} = L\varphi - v\varphi.$$

Exercice 6.3. (Quasi-continuité à gauche d'un processus de Feller)

Dans tout l'exercice, on fixe le point de départ $x \in E$. Pour tout $t > 0$ on note $X_{t-}(\omega)$ la limite à gauche de la fonction $s \mapsto X_s(\omega)$ au point t. Soit $(T_n)_{n \geq 1}$ une suite **strictement** croissante de temps d'arrêt, et soit $T = \lim \uparrow T_n$. On suppose qu'il existe une constante $C < \infty$ telle que $T \leq C$. L'objectif est de montrer que $X_{T-} = X_T$, P_x p.s.

1. Soit $f \in C_0(E)$. Justifier le fait que la suite $f(X_{T_n})$ converge P_x p.s. et identifier sa limite.

2. On suppose maintenant que $f \in D(L)$ et on note $h = Lf$. Montrer que, pour tout $n \geq 1$,

$$E_x[f(X_T) \mid \mathscr{F}_{T_n}] = f(X_{T_n}) + E_x \left[\int_{T_n}^T h(X_s) \, ds \, \Big| \, \mathscr{F}_{T_n} \right].$$

3. On rappelle que, d'après la théorie des martingales à temps discret, on a

$$E_x[f(X_T) \mid \mathscr{F}_{T_n}] \xrightarrow[n \to \infty]{\text{p.s.}, L^1} E_x[f(X_T) \mid \widetilde{\mathscr{F}_T}]$$

où

$$\widetilde{\mathscr{F}_T} = \bigvee_{n=1}^{\infty} \mathscr{F}_{T_n}.$$

Déduire des questions **1.** et **2.** que

$$E_x[f(X_T) \mid \widetilde{\mathscr{F}_T}] = f(X_{T-}).$$

4. Montrer que la conclusion de la question **3.** reste vraie si on suppose seulement $f \in C_0(E)$, et en déduire que pour tout choix de $f, g \in C_0(E)$,

$$E_x[f(X_T)g(X_{T-})] = E_x[f(X_{T-})g(X_{T-})].$$

Conclure que $X_{T-} = X_T$, P_x p.s.

Exercice 6.4. (Opération de meurtre) Dans cet exercice, on suppose que les trajectoires de X sont continues. Soit A une partie compacte de E et

$$T_A = \inf\{t \geq 0 : X_t \in A\}.$$

1. On pose, pour tout $t \geq 0$ et toute fonction φ mesurable bornée sur E,

$$Q_t^* \varphi(x) = E_x[\varphi(X_t) \mathbf{1}_{\{t < T_A\}}], \qquad \forall x \in E.$$

Vérifier que $Q_{t+s}^* \varphi = Q_t^*(Q_s^* \varphi)$, pour tous $s, t > 0$.

2. On note $\overline{E} = (E \backslash A) \cup \{\Delta\}$, où Δ est un point ajouté à $E \backslash A$ comme un point isolé. Pour toute fonction φ mesurable bornée sur $\overline{E}$ et tout $t \geq 0$, on pose

$$\overline{Q}_t \varphi(x) = E_x[\varphi(X_t) \mathbf{1}_{\{t < T_A\}}] + P_x[T_A \leq t] \varphi(\Delta), \quad \text{si } x \in E \backslash A$$

et $\overline{Q}_t \varphi(\Delta) = \varphi(\Delta)$. Vérifier que la famille $(\overline{Q}_t)_{t \geq 0}$ est un semigroupe de transition sur $\overline{E}$. (*On admettra la propriété de mesurabilité de l'application* $(t, x) \mapsto \overline{Q}_t \varphi(x)$.)

3. Montrer que, sous la probabilité P_x, le processus $\overline{X}$ défini par

$$\overline{X}_t = \begin{cases} X_t & \text{si } t < T_A \\ \Delta & \text{si } t \geq T_A \end{cases}$$

est un processus de Markov de semigroupe $(\overline{Q}_t)_{t \geq 0}$, relativement à la filtration canonique de X.

4. On admet que le semigroupe $(\overline{Q}_t)_{t \geq 0}$ est de Feller, et on note $\overline{L}$ le générateur du semigroupe $(\overline{Q}_t)_{t \geq 0}$. Soit $f \in D(L)$ telle que f et Lf sont identiquement nulles sur un ouvert contenant A. On note $\overline{f}$ la restriction de f à $E \backslash A$, et on voit $\overline{f}$ comme une fonction sur $\overline{E}$ en posant $\overline{f}(\Delta) = 0$. Montrer que $\overline{f} \in D(\overline{L})$ et que $\overline{L} \overline{f}(x) = Lf(x)$ pour tout $x \in E \backslash A$.

Exercice 6.5. (Formule de Dynkin)
1. Soit $g \in C_0(E)$, soit $x \in E$ et soit T un temps d'arrêt. Justifier l'égalité

$$E_x\left[\mathbf{1}_{\{T<\infty\}}e^{-\lambda T}\int_0^\infty e^{-\lambda t}g(X_{T+t})\,dt\right] = E_x[\mathbf{1}_{\{T<\infty\}}e^{-\lambda T}R_\lambda g(X_T)].$$

2. En déduire que

$$R_\lambda g(x) = E_x\left[\int_0^T e^{-\lambda t}g(X_t)\,dt\right] + E_x[\mathbf{1}_{\{T<\infty\}}e^{-\lambda T}R_\lambda g(X_T)].$$

3. Montrer que, si $f \in D(L)$,

$$f(x) = E_x\left[\int_0^T e^{-\lambda t}(\lambda f - Lf)(X_t)\,dt\right] + E_x[\mathbf{1}_{\{T<\infty\}}e^{-\lambda T}f(X_T)].$$

4. En supposant que $E_x[T] < \infty$, déduire de la question précédente que

$$E_x\left[\int_0^T Lf(X_t)\,dt\right] = E_x[f(X_T)] - f(x).$$

Comment aurait-on pu obtenir cette formule plus directement ?

5. Pour tout $\varepsilon > 0$ on note $T_{\varepsilon,x} = \inf\{t \geq 0 : d(x, X_t) > \varepsilon\}$. On suppose $E_x[T_{\varepsilon,x}] < \infty$, pour tout ε assez petit. Montrer que, toujours en supposant $f \in D(L)$, on a

$$Lf(x) = \lim_{\varepsilon \downarrow 0} \frac{E_x[f(X_{T_{\varepsilon,x}})] - f(x)}{E_x[T_{\varepsilon,x}]}.$$

6. Montrer que l'hypothèse $E_x[T_{\varepsilon,x}] < \infty$ pour tout ε assez petit est satisfaite si le point x n'est pas absorbant, c'est-à-dire s'il existe $t > 0$ tel que $Q_t(x, \{x\}) < 1$. (*On remarquera qu'il existe une fonction positive $h \in C_0(E)$, nulle sur une boule centrée en x et telle que $Q_t h(x) > 0$, et on en déduira qu'on peut choisir $\alpha > 0$ et $\eta \in\,]0, 1[$ tels que $P_x(T_{\alpha,x} > nt) \leq (1 - \eta)^n$ pour tout entier $n \geq 1$.*)

Chapitre 7
Equations différentielles stochastiques

Résumé Ce dernier chapitre est consacré aux équations différentielles stochastiques, qui motivèrent les premiers travaux d'Itô sur l'intégrale stochastique. Après les définitions générales, nous traitons en détail le cas lipschitzien, dans lequel des résultats forts d'existence et d'unicité des solutions peuvent être obtenus. Toujours dans ce cadre lipschitzien, nous montrons que la solution d'une équation différentielle stochastique est un processus de Markov, dont le semigroupe est de Feller, et dont le générateur est un opérateur différentiel du second ordre. Grâce aux résultats du chapitre précédent, la propriété de Feller du semigroupe entraîne immédiatement la propriété de Markov forte pour le processus.

7.1 Motivation et définitions générales

Le but des équations différentielles stochastiques est de fournir un modèle mathématique pour une équation différentielle perturbée par un bruit aléatoire. Considérons une équation différentielle ordinaire de la forme

$$y'(t) = b(y(t)),$$

soit encore, sous forme différentielle,

$$dy_t = b(y_t)\,dt.$$

Une telle équation est utilisée pour décrire l'évolution d'un système physique. Si l'on prend en compte les perturbations aléatoires, on ajoute un terme de bruit, qui sera de la forme $\sigma\,dB_t$, où B désigne un mouvement brownien et σ est pour l'instant une constante qui correspond à l'intensité du bruit. On arrive à une équation différentielle "stochastique" de la forme

$$dy_t = b(y_t)\,dt + \sigma\,dB_t,$$

J.-F. Le Gall, *Mouvement brownien, martingales et calcul stochastique*,
Mathématiques et Applications 71, DOI: 10.1007/978-3-642-31898-6_7,
© Springer-Verlag Berlin Heidelberg 2013

ou encore sous forme intégrale, la seule qui ait un sens mathématique,

$$y_t = y_0 + \int_0^t b(y_s)\,ds + \sigma B_t.$$

On généralise cette équation en autorisant σ à dépendre de l'état du système à l'instant t :

$$dy_t = b(y_t)\,dt + \sigma(y_t)\,dB_t,$$

soit sous forme intégrale,

$$y_t = y_0 + \int_0^t b(y_s)\,ds + \int_0^t \sigma(y_s)\,dB_s.$$

A cause de l'intégrale en dB_s, le sens donné à cette équation va dépendre de la théorie de l'intégrale stochastique développée dans le chapitre précédent. On généralise encore un peu en autorisant σ et b à dépendre du temps t, et en se plaçant dans un cadre vectoriel. Cela conduit à la définition suivante.

Définition 7.1. Soient d et m des entiers positifs, et soient σ et b des fonctions mesurables localement bornées définies sur $\mathbb{R}_+ \times \mathbb{R}^d$ et à valeurs respectivement dans $M_{d\times m}(\mathbb{R})$ et $\mathbb{R}^d$, où $M_{d\times m}(\mathbb{R})$ désigne l'ensemble des matrices $d \times m$ à coefficients réels. On note $\sigma = (\sigma_{ij})_{1\le i\le d, 1\le j\le m}$ et $b = (b_i)_{1\le i\le d}$.

Une solution de l'équation

$$E(\sigma, b) \qquad\qquad dX_t = \sigma(t, X_t)\,dB_t + b(t, X_t)\,dt$$

est la donnée de :

- un espace de probabilité muni d'une filtration complète $(\Omega, \mathscr{F}, (\mathscr{F}_t)_{t\in[0,\infty]}, P)$;
- un $(\mathscr{F}_t)$-mouvement brownien en dimension m, $B = (B^1, \dots, B^m)$;
- un processus $(\mathscr{F}_t)$-adapté à trajectoires continues $X = (X^1, \dots, X^d)$ à valeurs dans $\mathbb{R}^d$, tel que

$$X_t = X_0 + \int_0^t \sigma(s, X_s)\,dB_s + \int_0^t b(s, X_s)\,ds,$$

soit encore, coordonnée par coordonnée, pour tout $i \in \{1, \dots, d\}$,

$$X_t^i = X_0^i + \sum_{j=1}^m \int_0^t \sigma_{ij}(s, X_s)\,dB_s^j + \int_0^t b_i(s, X_s)\,ds.$$

Lorsque de plus $X_0 = x \in \mathbb{R}^d$, on dira que le processus X est solution de $E_x(\sigma, b)$.

On remarquera que lorsqu'on parle de solution de $E(\sigma, b)$, on ne fixe pas a priori l'espace de probabilité filtré ni le mouvement brownien B.

Il existe plusieurs notions d'existence et d'unicité pour les équations différentielles stochastiques.

Définition 7.2. On dit pour l'équation $E(\sigma, b)$ qu'il y a :

· existence faible si pour tout $x \in \mathbb{R}^d$ il existe une solution de $E_x(\sigma, b)$;
· existence et unicité faibles si de plus, x étant fixé, toutes les solutions de $E_x(\sigma, b)$ ont même loi;
· unicité trajectorielle si, l'espace de probabilité filtré $(\Omega, \mathscr{F}, (\mathscr{F}_t), P)$ et le mouvement brownien B étant fixés, deux solutions X et X' telles que $X_0 = X'_0$ p.s. sont indistinguables.

On dit de plus qu'une solution X de $E_x(\sigma, b)$ est une solution forte si X est adapté par rapport à la filtration canonique (complétée) de B.

Remarque. Il peut y avoir existence et unicité faibles sans qu'il y ait unicité trajectorielle. L'exemple le plus simple est obtenu en partant d'un mouvement brownien réel β issu de $\beta_0 = y$, et en posant

$$B_t = \int_0^t \mathrm{sgn}\,(\beta_s)\,\mathrm{d}\beta_s,$$

avec ici $\mathrm{sgn}\,(x) = 1$ si $x \geq 0$, -1 si $x < 0$. Alors on a

$$\beta_t = y + \int_0^t \mathrm{sgn}\,(\beta_s)\,\mathrm{d}B_s.$$

De plus le théorème de Lévy (Théorème 5.4) montre que B est aussi un mouvement brownien (issu de 0). On voit ainsi que β est solution de l'équation différentielle stochastique

$$\mathrm{d}X_t = \mathrm{sgn}\,(X_s)\,\mathrm{d}B_s, \qquad X_0 = y,$$

pour laquelle il y a donc existence faible. A nouveau le théorème de Lévy montre que n'importe quelle solution de cette équation doit être un mouvement brownien, ce qui donne l'unicité faible.

En revanche, il n'y a pas unicité trajectorielle pour cette équation. En effet, on voit facilement, dans le cas $\beta_0 = 0$, que β et $-\beta$ sont deux solutions issues de 0 correspondant au même mouvement brownien B (remarquer que $\int_0^t \mathbf{1}_{\{\beta_s=0\}}\,\mathrm{d}s = 0$, ce qui entraîne $\int_0^t \mathbf{1}_{\{\beta_s=0\}}\,\mathrm{d}B_s = 0$). On peut aussi voir que β n'est pas solution forte de l'équation : on montre que la filtration canonique de B coïncide avec la filtration canonique de $|\beta|$, qui est strictement plus petite que celle de β.

Le théorème suivant relie les différentes notions d'existence et d'unicité.

Théorème [Yamada-Watanabe] *S'il y a existence faible et unicité trajectorielle, alors il y a aussi unicité faible. De plus, pour tout choix de l'espace de probabilité filtré $(\Omega, \mathscr{F}, (\mathscr{F}_t), P)$ et du $(\mathscr{F}_t)$-mouvement brownien B, il existe pour chaque $x \in \mathbb{R}^d$ une (unique) solution forte de $E_x(\sigma, b)$.*

Nous omettons la preuve car nous n'utiliserons pas ce résultat dans la suite : dans le cadre lipschitzien que nous considérerons, nous pourrons établir directement les propriétés de la conclusion du théorème de Yamada-Watanabe.

7.2 Le cas lipschitzien

Dans ce paragraphe, nous nous plaçons sous les hypothèses suivantes.

Hypothèses. Les fonctions σ et b sont continues sur $\mathbb{R}_+ \times \mathbb{R}^d$ et lipschitziennes en la variable x : il existe une constante K telle que, pour tous $t \geq 0$, $x, y \in \mathbb{R}^d$,

$$|\sigma(t,x) - \sigma(t,y)| \leq K|x-y|,$$
$$|b(t,x) - b(t,y)| \leq K|x-y|.$$

Théorème 7.1. *Sous les hypothèses précédentes, il y a unicité trajectorielle pour* $E(\sigma,b)$. *De plus, pour tout choix de l'espace de probabilité filtré* $(\Omega, \mathscr{F}, (\mathscr{F}_t), P)$ *et du* $(\mathscr{F}_t)$-*mouvement brownien* B, *il existe pour chaque* $x \in \mathbb{R}^d$ *une (unique) solution forte de* $E_x(\sigma,b)$.

Le théorème entraîne en particulier qu'il y a existence faible pour $E(\sigma, b)$. L'unicité faible découlera du théorème suivant (elle est aussi une conséquence de l'unicité trajectorielle si on utilise le théorème de Yamada-Watanabe).

Remarque. On peut "localiser" l'hypothèse sur le caractère lipschitzien de σ et b (la constante K dépendra du compact sur lequel on considère t et x, y), à condition de conserver une condition de croissance linéaire

$$|\sigma(t,x)| \leq K(1+|x|), \quad |b(t,x)| \leq K(1+|x|).$$

Ce type de condition, qui sert à éviter l'explosion de la solution, intervient déjà dans les équations différentielles ordinaires.

Démonstration. Pour alléger les notations, on traite seulement le cas $d = m = 1$. La preuve dans le cas général utilise exactement les mêmes arguments. Commençons par établir l'unicité trajectorielle. On se donne (sur le même espace, avec le même mouvement brownien B) deux solutions X et X' telles que $X_0 = X'_0$. Pour $M > 0$ fixé, posons

$$\tau = \inf\{t \geq 0 : |X_t| \geq M \text{ ou } |X'_t| \geq M\}.$$

On a alors, pour tout $t \geq 0$,

$$X_{t \wedge \tau} = X_0 + \int_0^{t \wedge \tau} \sigma(s, X_s)\,\mathrm{d}B_s + \int_0^{t \wedge \tau} b(s, X_s)\,\mathrm{d}s$$

et on a une équation analogue pour $X'_{t \wedge \tau}$. Fixons une constante $T > 0$. En faisant la différence entre les équations précédentes, et en utilisant la Proposition 5.4, on trouve si $t \in [0, T]$,

$$E[(X_{t \wedge \tau} - X'_{t \wedge \tau})^2]$$
$$\leq 2E\left[\left(\int_0^{t \wedge \tau}(\sigma(s, X_s) - \sigma(s, X'_s))\mathrm{d}B_s\right)^2\right] + 2E\left[\left(\int_0^{t \wedge \tau}(b(s, X_s) - b(s, X'_s))\mathrm{d}s\right)^2\right]$$
$$\leq 2\left(E\left[\int_0^{t \wedge \tau}(\sigma(s, X_s) - \sigma(s, X'_s))^2\mathrm{d}s\right] + TE\left[\int_0^{t \wedge \tau}(b(s, X_s) - b(s, X'_s))^2\mathrm{d}s\right]\right)$$

$$\leq 2K^2(1+T)E\left[\int_0^{t\wedge\tau}(X_s-X_s')^2\mathrm{d}s\right]$$

$$\leq 2K^2(1+T)E\left[\int_0^t(X_{s\wedge\tau}-X_{s\wedge\tau}')^2\mathrm{d}s\right]$$

Donc la fonction $h(t)=E[(X_{t\wedge\tau}-X_{t\wedge\tau}')^2]$ vérifie pour $t\in[0,T]$

$$h(t)\leq C\int_0^t h(s)\,\mathrm{d}s$$

avec $C=2K^2(1+T)$.

Lemme 7.1 (Lemme de Gronwall). *Soit $T>0$ et soit g une fonction positive mesurable bornée sur l'intervalle $[0,T]$. Supposons qu'il existe deux constantes $a\geq 0$, $b\geq 0$ telles que pour tout $t\in[0,T]$,*

$$g(t)\leq a+b\int_0^t g(s)\,\mathrm{d}s.$$

Alors on a pour tout $t\in[0,T]$,

$$g(t)\leq a\exp(bt).$$

Démonstration du lemme. En itérant la condition sur g, on trouve, pour tout $n\geq 1$,

$$g(t)\leq a+a(bt)+a\frac{(bt)^2}{2}+\cdots+a\frac{(bt)^n}{n!}+b^{n+1}\int_0^t\mathrm{d}s_1\int_0^{s_1}\mathrm{d}s_2\cdots\int_0^{s_n}\mathrm{d}s_{n+1}g(s_{n+1}).$$

Si g est majorée par A, le dernier terme ci-dessus est majoré par $A(bt)^{n+1}/(n+1)!$, donc tend vers 0 quand $n\to\infty$. Le résultat recherché en découle. □

Revenons à la preuve du théorème. La fonction h est bornée par $4M^2$ et vérifie l'hypothèse du lemme avec $a=0$, $b=C$. On obtient donc $h=0$, soit $X_{t\wedge\tau}=X_{t\wedge\tau}'$. En faisant tendre M vers ∞, on a $X_t=X_t'$ ce qui achève la preuve de l'unicité trajectorielle.

Pour la deuxième assertion, nous construisons la solution par la méthode d'approximation de Picard. On définit par récurrence

$$X_t^0=x,$$

$$X_t^1=x+\int_0^t\sigma(s,x)\,\mathrm{d}B_s+\int_0^t b(s,x)\,\mathrm{d}s,$$

$$X_t^n=x+\int_0^t\sigma(s,X_s^{n-1})\,\mathrm{d}B_s+\int_0^t b(s,X_s^{n-1})\,\mathrm{d}s.$$

Les intégrales stochastiques ci-dessus sont bien définies puisqu'il est clair par récurrence que, pour chaque n, le processus X^n est adapté et a des trajectoires continues, donc le processus $\sigma(t,X_t^n)$ vérifie les mêmes propriétés.

Fixons un réel $T>0$, et raisonnons sur l'intervalle $[0,T]$. Vérifions d'abord par récurrence sur n qu'il existe une constante C_n telle que pour tout $t\in[0,T]$,

$$E[(X_t^n)^2] \leq C_n. \tag{7.1}$$

Cette majoration est triviale si $n = 0$. Ensuite, si elle est vraie à l'ordre $n - 1$, on utilise les majorations

$$|\sigma(s,y)| \leq K_T' + K|y|, \quad |b(s,y)| \leq K_T' + K|y|, \qquad \forall s \in [0,T],\, y \in \mathbb{R},$$

où K_T' est une constante dépendant de T, pour écrire

$$E[(X_t^n)^2] \leq 3\left(|x|^2 + E\left[\left(\int_0^t \sigma(s,X_s^{n-1})\, dB_s\right)^2\right] + E\left[\left(\int_0^t b(s,X_s^{n-1})\, ds\right)^2\right]\right)$$

$$\leq 3\left(|x|^2 + E\left[\int_0^t \sigma(s,X_s^{n-1})^2\, ds\right] + t\, E\left[\int_0^t b(s,X_s^{n-1})^2\, ds\right]\right)$$

$$\leq 3\left(|x|^2 + 4(1+T)E\left[\int_0^t ((K_T')^2 + K^2(X_s^{n-1})^2)\, ds\right]\right)$$

$$\leq 3(|x|^2 + 4T(1+T)((K_T')^2 + K^2 C_{n-1})) =: C_n.$$

Grâce au Théorème 4.3 (ii), la majoration (7.1) et l'hypothèse sur σ entraînent que la martingale locale $\int_0^t \sigma(s,X_s^n)\, dB_s$ est pour chaque n une vraie martingale bornée dans L^2 sur l'intervalle $[0,T]$. Nous utilisons cette remarque pour majorer par récurrence la fonction

$$g_n(t) = E\left[\sup_{0 \leq s \leq t} |X_s^n - X_s^{n-1}|^2\right], \quad 0 \leq t \leq T.$$

On observe d'abord que

$$X_t^{n+1} - X_t^n = \int_0^t (\sigma(s,X_s^n) - \sigma(s,X_s^{n-1}))\, dB_s + \int_0^t (b(s,X_s^n) - b(s,X_s^{n-1}))\, ds,$$

d'où, en utilisant l'inégalité de Doob (Proposition 3.8 (ii)) dans la deuxième inégalité,

$$E\left[\sup_{0 \leq s \leq t} |X_s^{n+1} - X_s^n|^2\right] \leq 2E\left[\sup_{0 \leq s \leq t}\left|\int_0^s (\sigma(u,X_u^n) - \sigma(u,X_u^{n-1}))\, dB_u\right|^2\right.$$

$$\left. + \sup_{0 \leq s \leq t}\left|\int_0^s (b(u,X_u^n) - b(u,X_u^{n-1}))\, du\right|^2\right]$$

$$\leq 2\left(4E\left[\left(\int_0^t (\sigma(u,X_u^n) - \sigma(u,X_u^{n-1}))\, dB_u\right)^2\right]\right.$$

$$\left. + E\left[\left(\int_0^t |b(u,X_u^n) - b(u,X_u^{n-1})|\, du\right)^2\right]\right)$$

$$\leq 2\left(4E\left[\int_0^t (\sigma(u,X_u^n) - \sigma(u,X_u^{n-1}))^2\, du\right]\right.$$

$$\left. + T\, E\left[\int_0^t (b(u,X_u^n) - b(u,X_u^{n-1}))^2\, du\right]\right)$$

$$\leq 2(4+T)K^2 E\left[\int_0^t |X_u^n - X_u^{n-1}|^2\,\mathrm{d}u\right]$$

$$\leq C_T E\left[\int_0^t \sup_{0\leq r\leq u} |X_r^n - X_r^{n-1}|^2\,\mathrm{d}u\right]$$

en notant $C_T = 2(4+T)K^2$. On a donc obtenu que, pour tout $n \geq 1$,

$$g_{n+1}(t) \leq C_T \int_0^t g_n(u)\,\mathrm{d}u. \tag{7.2}$$

D'autre part, il est immédiat qu'il existe une constante C_T' telle que $g_1(t) \leq C_T'$ pour $t \in [0,T]$. Une récurrence simple utilisant (7.2) montre alors que pour tous $n \geq 1$, $t \in [0,T]$,

$$g_n(t) \leq C_T'(C_T)^{n-1}\frac{t^{n-1}}{(n-1)!}.$$

En particulier, $\sum_{n=0}^{\infty} g_n(T)^{1/2} < \infty$, ce qui entraîne que p.s.

$$\sum_{n=0}^{\infty} \sup_{0\leq t\leq T} |X_t^{n+1} - X_t^n| < \infty,$$

et donc p.s. la suite $(X_t^n, 0 \leq t \leq T)$ converge uniformément sur $[0,T]$ vers un processus limite $(X_t, 0 \leq t \leq T)$ qui est adapté et a des trajectoires continues. On vérifie par récurrence que chaque processus X^n est adapté par rapport à la filtration canonique (complétée) de B, et donc X l'est aussi.

Enfin, les estimations précédentes montrent aussi que

$$E\left[\sup_{0\leq s\leq T} |X_s^n - X_s|^2\right] \leq \left(\sum_{k=n}^{\infty} g_k(T)^{1/2}\right)^2 \longrightarrow 0$$

et on en déduit aussitôt que

$$\int_0^t \sigma(s,X_s)\,\mathrm{d}B_s = \lim_{n\to\infty} \int_0^t \sigma(s,X_s^n)\,\mathrm{d}B_s,$$

$$\int_0^t b(s,X_s)\,\mathrm{d}s = \lim_{n\to\infty} \int_0^t b(s,X_s^n)\,\mathrm{d}s,$$

dans L^2. En passant à la limite dans l'équation de récurrence pour X^n, on trouve que X est solution (forte) de $E_x(\sigma,b)$ sur $[0,T]$. Comme $T > 0$ était arbitraire, la preuve est complète. $\qquad\square$

Dans l'énoncé suivant, $W(\mathrm{d}w)$ désigne la mesure de Wiener sur l'espace canonique $C(\mathbb{R}_+, \mathbb{R}^m)$ des fonctions continues de $\mathbb{R}_+$ dans $\mathbb{R}^m$ ($W(\mathrm{d}w)$ est la loi de $(B_t, t \geq 0)$ si B est un mouvement brownien en dimension m issu de 0).

Théorème 7.2. *Sous les hypothèses du théorème précédent, il existe pour chaque* $x \in \mathbb{R}^d$ *une application* $F_x : C(\mathbb{R}_+, \mathbb{R}^m) \to C(\mathbb{R}_+, \mathbb{R}^d)$ *mesurable lorsque* $C(\mathbb{R}_+, \mathbb{R}^m)$

est muni de la tribu borélienne complétée par les ensembles W-négligeables, telle
que les propriétés suivantes soient vérifiées :

(i) *pour tout* $t \geq 0$, $F_x(w)_t$ *coïncide* $W(dw)$ *p.s. avec une fonction mesurable de*
$(w(r), 0 \leq r \leq t)$;

(ii) *pour tout* $w \in C(\mathbb{R}_+, \mathbb{R}^m)$, *l'application* $x \mapsto F_x(w)$ *est continue;*

(iii) *pour tout* $x \in \mathbb{R}^d$, *pour tout choix de l'espace filtré* $(\Omega, \mathscr{F}, (\mathscr{F}_t), P)$ *et du*
$(\mathscr{F}_t)$*-mouvement brownien B (issu de 0) en dimension m, le processus* X_t *défini*
par $X_t = F_x(B)_t$ *est la solution unique de* $E_x(\sigma, b)$; *de plus si U est une variable*
aléatoire $\mathscr{F}_0$*-mesurable, le processus* $F_U(B)_t$ *est la solution unique avec valeur*
initiale U.

Remarque. L'assertion (iii) montre en particulier qu'il y a unicité faible pour
$E(\sigma, b)$: les solutions de $E_x(\sigma, b)$ sont toutes de la forme $F_x(B)$ et ont donc la
même loi qui est la mesure image de $W(dw)$ par F_x.

Démonstration. A nouveau on traite le cas $d = m = 1$. Notons $\mathscr{N}$ la classe des
sous-ensembles W-négligeables de $C(\mathbb{R}_+, \mathbb{R})$, et pour tout $t \in [0, \infty]$,

$$\mathscr{G}_t = \sigma(w(s), 0 \leq s \leq t) \vee \mathscr{N}.$$

Pour chaque $x \in \mathbb{R}$, notons X^x la solution de $E_x(\sigma, b)$ associée à l'espace de probabilité filtré $(C(\mathbb{R}_+, \mathbb{R}), \mathscr{G}_\infty, (\mathscr{G}_t), W)$ et au mouvement brownien $B_t(w) = w(t)$. Cette
solution existe et est unique (à indistinguabilité près) d'après le Théorème 7.1.

Soient $x, y \in \mathbb{R}$ et T_n le temps d'arrêt défini par

$$T_n = \inf\{t \geq 0 : |X^x_t| \geq n \text{ ou } |X^y_t| \geq n\}.$$

Soient $p \geq 2$ et $T \geq 1$. En utilisant les inégalités de Burkholder-Davis-Gundy
(Théorème 5.6) puis l'inégalité de Hölder on obtient, pour $t \in [0, T]$,

$$E\left[\sup_{s \leq t} |X^x_{s \wedge T_n} - X^y_{s \wedge T_n}|^p\right]$$

$$\leq C_p\left(|x - y|^p + E\left[\sup_{s \leq t}\left|\int_0^{s \wedge T_n}(\sigma(r, X^x_r) - \sigma(r, X^y_r))dB_r\right|^p\right]\right.$$

$$\left. + E\left[\sup_{s \leq t}\left|\int_0^{s \wedge T_n}(b(r, X^x_r) - b(r, X^y_r))dr\right|^p\right]\right)$$

$$\leq C_p\left(|x - y|^p + C'_p E\left[\left(\int_0^{t \wedge T_n}(\sigma(r, X^x_r) - \sigma(r, X^y_r))^2 dr\right)^{p/2}\right]\right.$$

$$\left. + E\left[\left(\int_0^{t \wedge T_n}|b(r, X^x_r) - b(r, X^y_r)|dr\right)^p\right]\right)$$

$$\leq C_p\left(|x - y|^p + C'_p t^{\frac{p}{2}-1} E\left[\int_0^t |\sigma(r \wedge T_n, X^x_{r \wedge T_n}) - \sigma(r \wedge T_n, X^y_{r \wedge T_n})|^p dr\right]\right.$$

$$\left. + t^{p-1} E\left[\int_0^t |b(r \wedge T_n, X^x_{r \wedge T_n}) - b(r \wedge T_n, X^y_{r \wedge T_n})|^p dr\right]\right)$$

$$\leq C_p'' \Big(|x-y|^p + T^p \int_0^t E[|X_{r\wedge T_n}^x - X_{r\wedge T_n}^y|^p]\,\mathrm{d}r \Big),$$

où la constante $C_p'' < \infty$ dépend de p (et de la constante K intervenant dans l'hypothèse sur σ et b) mais pas de n ni de x, y et T.

Puisque la fonction $t \mapsto E\Big[\sup_{s\leq t} |X_{s\wedge T_n}^x - X_{s\wedge T_n}^y|^p\Big]$ est évidemment bornée, le Lemme 7.1 entraîne alors pour $t \in [0, T]$

$$E\Big[\sup_{s\leq t} |X_{s\wedge T_n}^x - X_{s\wedge T_n}^y|^p\Big] \leq C_p'' |x-y|^p \exp(C_p'' T^p t),$$

d'où en faisant tendre n vers ∞,

$$E\Big[\sup_{s\leq t} |X_s^x - X_s^y|^p\Big] \leq C_p'' |x-y|^p \exp(C_p'' T^p t).$$

La topologie sur l'espace $C(\mathbb{R}_+, \mathbb{R})$ est définie par la distance

$$d(\mathrm{w}, \mathrm{w}') = \sum_{k=1}^{\infty} \alpha_k \Big(\sup_{s\leq k} |\mathrm{w}(s) - \mathrm{w}'(s)| \wedge 1 \Big),$$

pour un choix arbitraire de la suite de réels $\alpha_k > 0$, tels que la série $\sum \alpha_k$ soit convergente. On peut choisir les coefficients α_k tels que

$$\sum_{k=1}^{\infty} \alpha_k \exp(C_p'' k^{p+1}) < \infty.$$

Pour chaque $x \in \mathbb{R}$, on voit X^x comme une variable aléatoire à valeurs dans $C(\mathbb{R}_+, \mathbb{R})$. Les estimations précédentes et l'inégalité de Jensen montrent que

$$E[d(X^x, X^y)^p] \leq \Big(\sum_{k=1}^{\infty} \alpha_k \Big)^{p-1} \sum_{k=1}^{\infty} \alpha_k E\Big[\sup_{s\leq k} |X_s^x - X_s^y|^p\Big] \leq \bar{C}_p |x-y|^p,$$

avec une constante $\bar{C}_p$ indépendante de x et y. D'après le lemme de Kolmogorov (Théorème 2.1), appliqué au processus $(X^x, x \in \mathbb{R})$ à valeurs dans $E = C(\mathbb{R}_+, \mathbb{R})$ muni de la distance d, il existe une modification à trajectoires continues, notée $(\tilde{X}^x, x \in \mathbb{R})$, du processus $(X^x, x \in \mathbb{R})$. On note $F_x(\mathrm{w}) = \tilde{X}^x(\mathrm{w}) = (\tilde{X}_t^x(\mathrm{w}))_{t\geq 0}$. La propriété (ii) découle alors de ce qui précède.

L'application $\mathrm{w} \mapsto F_x(\mathrm{w})$ est mesurable de $C(\mathbb{R}_+, \mathbb{R})$ muni de la tribu $\mathscr{G}_\infty$ dans $C(\mathbb{R}_+, \mathbb{R})$ muni de la tribu borélienne $\mathscr{C} = \sigma(\mathrm{w}(s), s \geq 0)$. De plus, pour chaque $t \geq 0$, $F_x(\mathrm{w})_t = \tilde{X}_t^x(\mathrm{w}) \overset{\mathrm{p.s.}}{=} X_t^x(\mathrm{w})$ est $\mathscr{G}_t$-mesurable donc coïncide $W(\mathrm{d}\mathrm{w})$ p.s. avec une fonction mesurable de $(\mathrm{w}(s), 0 \leq s \leq t)$. On a ainsi obtenu la propriété (i).

Montrons maintenant la première partie de l'assertion (iii). Pour cela, fixons l'espace de probabilité filtré $(\Omega, \mathscr{F}, (\mathscr{F}_t), P)$ et le $(\mathscr{F}_t)$-mouvement brownien B. Il faut voir que $F_x(B)$ est alors solution de $E_x(\sigma, b)$. Remarquons déjà que ce processus a (trivialement) des trajectoires continues et est aussi adapté puisque $F_x(B)_t$

coïncide p.s. avec une fonction mesurable de $(B_r, 0 \leq r \leq t)$, d'après (i), et que la filtration $(\mathscr{F}_t)$ est complète. D'autre part, par construction de F_x (et parce que $\tilde{X}^x = X^x$ p.s.), on a pour tout $t \geq 0$, $W(\mathrm{dw})$ p.s.

$$F_x(\mathrm{w})_t = x + \int_0^t \sigma(s, F_x(\mathrm{w})_s) \, \mathrm{dw}(s) + \int_0^t b(s, F_x(\mathrm{w})_s) \mathrm{d}s,$$

où l'intégrale stochastique $\int_0^t \sigma(s, F_x(\mathrm{w})_s) \mathrm{dw}(s)$ peut être définie par

$$\int_0^t \sigma(s, F_x(\mathrm{w})_s) \, \mathrm{dw}(s) = \lim_{k \to \infty} \sum_{i=0}^{2^{n_k}-1} \sigma\left(\frac{it}{2^{n_k}}, F_x(\mathrm{w})_{it/2^{n_k}}\right) \left(\mathrm{w}\left(\frac{(i+1)t}{2^{n_k}}\right) - \mathrm{w}\left(\frac{it}{2^{n_k}}\right)\right),$$

$W(\mathrm{dw})$ p.s. le long d'une sous-suite (n_k) bien choisie (d'après la Proposition 5.5). On peut maintenant remplacer w par B (qui a pour loi W !) et trouver p.s.,

$$F_x(B)_t = x + \lim_{k \to \infty} \sum_{i=0}^{2^{n_k}-1} \sigma\left(\frac{it}{2^{n_k}}, F_x(B)_{it/2^{n_k}}\right) \left(B_{(i+1)t/2^{n_k}} - B_{it/2^{n_k}}\right) + \int_0^t b(s, F_x(B)_s) \mathrm{d}s$$

$$= x + \int_0^t \sigma(s, F_x(B)_s) \mathrm{d}B_s + \int_0^t b(s, F_x(B)_s) \mathrm{d}s,$$

à nouveau grâce à la Proposition 5.5. On obtient ainsi que $F_x(B)$ est la solution recherchée.

Il reste à établir la seconde partie de l'assertion (iii). On fixe à nouveau l'espace de probabilité filtré $(\Omega, \mathscr{F}, (\mathscr{F}_t), P)$ et le $(\mathscr{F}_t)$-mouvement brownien B. Soit U une variable aléatoire $\mathscr{F}_0$-mesurable. Si dans l'équation intégrale stochastique vérifiée par $F_x(B)$ on remplace formellement x par U, on obtient que $F_U(B)$ est solution de $E(\sigma, b)$ avec valeur initiale U. Cependant, ce remplacement formel n'est pas si facile à justifier, et nous allons donc l'expliquer avec soin.

Remarquons d'abord que l'application $(x, \omega) \mapsto F_x(B)_t$ est continue par rapport à la variable x et $\mathscr{F}_t$-mesurable par rapport à ω. On en déduit aisément que cette application est mesurable pour la tribu produit $\mathscr{B}(\mathbb{R}) \otimes \mathscr{F}_t$. Comme U est $\mathscr{F}_0$-mesurable, il en découle que $F_U(B)_t$ est $\mathscr{F}_t$-mesurable. Donc le processus $F_U(B)$ est adapté. Définissons $G(x, \mathrm{w}) \in C(\mathbb{R}_+, \mathbb{R})$, pour $x \in \mathbb{R}$ et $\mathrm{w} \in C(\mathbb{R}_+, \mathbb{R})$, par l'égalité

$$G(x, \mathrm{w})_t = \int_0^t b(s, F_x(\mathrm{w})_s) \, \mathrm{d}s.$$

Soit aussi $H(x, \mathrm{w}) = F_x(\mathrm{w}) - x - G(x, \mathrm{w})$. Nous avons déjà vu que, $W(\mathrm{dw})$ p.s.,

$$H(x, \mathrm{w})_t = \int_0^t \sigma(s, F_x(\mathrm{w})_s) \, \mathrm{dw}(s),$$

Donc, si

$$H_n(x, \mathrm{w})_t = \sum_{i=0}^{2^n-1} \sigma\left(\frac{it}{2^n}, F_x(\mathrm{w})_{it/2^n}\right) \left(\mathrm{w}\left(\frac{(i+1)t}{2^n}\right) - \mathrm{w}\left(\frac{it}{2^n}\right)\right),$$

la Proposition 5.5 montre que

$$H(x,w)_t = \lim_{n \to \infty} H_n(x,w)_t,$$

en probabilité sous $W(dw)$, pour chaque $x \in \mathbb{R}$. En utilisant le fait que U et B sont indépendants (parce que U est $\mathscr{F}_0$-mesurable), on déduit de cette dernière convergence que

$$H(U,B)_t = \lim_{n \to \infty} H_n(U,B)_t$$

en probabilité. Toujours grâce à la Proposition 5.5, cette dernière limite est l'intégrale stochastique

$$\int_0^t \sigma(s, F_U(B)_s) \, dB_s.$$

On a ainsi montré que

$$\int_0^t \sigma(s, F_U(B)_s) \, dB_s = H(U,B)_t = F_U(B)_t - U - \int_0^t b(s, F_U(B)_s) \, ds$$

ce qui prouve que $F_U(B)$ est solution de $E(\sigma, b)$ avec valeur initiale U.   □

Une conséquence du Théorème 7.2, et particulièrement de la propriété (ii) dans ce théorème, est la continuité des solutions par rapport à la valeur initiale. Etant donné l'espace de probabilité filtré $(\Omega, \mathscr{F}, (\mathscr{F}_t), P)$ et le mouvement brownien B, on peut construire, pour chaque $x \in \mathbb{R}^d$, la solution X^x de $E_x(\sigma, b)$ de telle sorte que, pour tout $\omega \in \Omega$, l'application $x \mapsto X^x(\omega)$ soit continue. Plus précisément, les arguments de la preuve précédente donnent pour tout $\varepsilon \in]0,1[$ et pour chaque choix des constantes $K > 0$ et $T > 0$, une constante (aléatoire) $C_{\varepsilon,K,T}(\omega)$ telle que, si $|x|, |y| \leq K$,

$$\sup_{t \leq T} |X_t^x(\omega) - X_t^y(\omega)| \leq C_{\varepsilon,K,T}(\omega) |x - y|^{1-\varepsilon}$$

(en fait la version du lemme de Kolmogorov présentée dans le Théorème 2.1 donne ceci seulement pour $d = 1$, mais il existe une version du lemme de Kolmogorov pour des processus indexés par un paramètre multidimensionnel, voir [9, Theorem I.2.1]).

7.3 Les solutions d'équations différentielles stochastiques comme processus de Markov

Dans ce paragraphe, nous considérons le cas homogène où $\sigma(t,y) = \sigma(y)$, $b(t,y) = b(y)$. Comme dans le paragraphe précédent, nous supposons que σ et b sont lipschitziennes : il existe une constante K telle que, pour tous $x, y \in \mathbb{R}^d$,

$$|\sigma(x) - \sigma(y)| \leq K|x - y|, \quad |b(x) - b(y)| \leq K|x - y|.$$

Soit $x \in \mathbb{R}^d$, et soit X^x une solution de $E_x(\sigma, b)$. Pour tout $t \geq 0$ fixé, la loi de X_t^x ne dépend pas de la solution choisie : c'est nécessairement la mesure-image de la mesure de Wiener sur $C(\mathbb{R}_+, \mathbb{R}^d)$ par l'application $\mathrm{w} \mapsto F_x(\mathrm{w})_t$, où les applications F_x sont comme dans le Théorème 7.2. Ce théorème montre aussi que la loi de X_t^x dépend continûment du couple (x, t).

Théorème 7.3. *Supposons que $(X_t)_{t \geq 0}$ est une solution de $E(\sigma, b)$ sur un espace de probabilité filtré $(\Omega, \mathscr{F}, (\mathscr{F}_t), P)$. Alors $(X_t)_{t \geq 0}$ est un processus de Markov relativement à la filtration $(\mathscr{F}_t)$, de semigroupe $(Q_t)_{t \geq 0}$ défini, pour toute fonction f mesurable bornée sur $\mathbb{R}^d$, par*

$$Q_t f(x) = E[f(X_t^x)]$$

où X^x est une solution arbitraire de $E_x(\sigma, b)$.

Remarque. Avec les notations du Théorème 7.2, on a aussi

$$Q_t f(x) = \int f(F_x(\mathrm{w})_t) W(\mathrm{dw}).$$

Démonstration. Nous vérifions d'abord que, pour toute fonction f mesurable bornée sur $\mathbb{R}^d$, et pour tous $s, t \geq 0$, on a

$$E[f(X_{s+t}) \mid \mathscr{F}_s] = Q_t f(X_s).$$

Pour cela on fixe $s \geq 0$ et on écrit, pour tout $t \geq 0$,

$$X_{s+t} = X_s + \int_s^{s+t} \sigma(X_r) \, dB_r + \int_s^{s+t} b(X_r) \, dr \tag{7.3}$$

où B est un $(\mathscr{F}_t)$-mouvement brownien issu de 0. On pose ensuite, pour tout $t \geq 0$,

$$X_t' = X_{s+t} \; , \; \mathscr{F}_t' = \mathscr{F}_{s+t} \; , \; B_t' = B_{s+t} - B_s.$$

On observe que la filtration $(\mathscr{F}_t')$ est complète (on définit bien sûr $\mathscr{F}_\infty' = \mathscr{F}_\infty$), que le processus X' est adapté à la filtration $(\mathscr{F}_t')$, et que B' est un $(\mathscr{F}_t')$-mouvement brownien en dimension m. Par ailleurs, en utilisant les approximations de l'intégrale stochastique de processus adaptés à trajectoires continues (Proposition 5.5), on vérifie aisément que, p.s. pour tout $t \geq 0$,

$$\int_s^{s+t} \sigma(X_r) \, dB_r = \int_0^t \sigma(X_u') \, dB_u'$$

l'intégrale stochastique dans le terme de droite étant bien entendu calculée dans la filtration $(\mathscr{F}_t')$. On déduit alors de (7.3) que

$$X_t' = X_s + \int_0^t \sigma(X_u') \, dB_u' + \int_0^t b(X_u') \, du.$$

Donc X' est solution de $E(\sigma, b)$, sur l'espace $(\Omega, \mathscr{F}, (\mathscr{F}'_t), P)$, et relativement au mouvement brownien B', avec valeur initiale $X'_0 = X_s$. D'après le Théorème 7.2, on a nécessairement $X' = F_{X_s}(B')$, p.s.

En conséquence, pour tout $t \geq 0$,

$$E[f(X_{s+t})|\mathscr{F}_s] = E[f(X'_t)|\mathscr{F}_s] = E[f(F_{X_s}(B')_t)|\mathscr{F}_s] = \int f(F_{X_s}(\mathrm{w})_t)\, W(\mathrm{dw})$$
$$= Q_t f(X_s),$$

par définition de $Q_t f$. Dans la troisième égalité, on a utilisé le fait que B' est indépendant de $\mathscr{F}_s$, et de loi $W(\mathrm{dw})$, alors que X_s est $\mathscr{F}_s$-mesurable.

Il reste à vérifier que $(Q_t)_{t \geq 0}$ est un semigroupe de transition. Les propriétés (i) et (iii) de la définition sont immédiates (pour (iii), on utilise le fait que la loi de X_t^x dépend continûment du couple (x, t)). Pour la relation de Chapman-Kolmogorov, il suffit d'écrire, pour tous $s, t \geq 0$,

$$Q_{t+s} f(x) = E[f(X_{s+t}^x)] = E[E[f(X_{s+t}^x)|\mathscr{F}_s]] = E[Q_t f(X_s^x)] = \int Q_s(x, \mathrm{dy}) Q_t f(y).$$

Cela termine la preuve. □

Remarque. Pour tout $x \in \mathbb{R}^d$, notons $\mathbb{P}_x$ la mesure de probabilité sur $C(\mathbb{R}_+, \mathbb{R}^d)$ qui est la loi de X^x (cela ne dépend pas du choix de la solution X^x de $E_x(\sigma, b)$). Notons aussi Z le processus canonique sur $C(\mathbb{R}_+, \mathbb{R}^d)$, de sorte que $Z_t(\mathrm{w}) = \mathrm{w}(t)$ pour tout $\mathrm{w} \in C(\mathbb{R}_+, \mathbb{R}^d)$. Alors, sous $\mathbb{P}_x$, $(Z_t)_{t \geq 0}$ est un processus de Markov de semigroupe $(Q_t)_{t \geq 0}$, relativement à la filtration canonique, tel que $\mathbb{P}_x(Z_0 = x) = 1$. C'est en effet évident puisque les lois marginales de Z sous $\mathbb{P}_x$ sont les lois marginales de X^x, et que la propriété d'être un processus de Markov relativement à la filtration canonique est caractérisée par les lois marginales – voir les remarques suivant la Définition 6.2. Cette remarque simple nous sera utile pour appliquer certains résultats du chapitre précédent.

On note $C_c^2(\mathbb{R}^d)$ l'espace des fonctions de classe C^2 à support compact sur $\mathbb{R}^d$.

Théorème 7.4. *Le semigroupe $(Q_t)_{t \geq 0}$ est de Feller. De plus son générateur L satisfait*

$$C_c^2(\mathbb{R}^d) \subset D(L)$$

et, pour toute fonction $f \in C_c^2(\mathbb{R}^d)$,

$$Lf(x) = \frac{1}{2} \sum_{i,j=1}^d (\sigma\sigma^*)_{ij}(x) \frac{\partial^2 f}{\partial x_i \partial x_j}(x) + \sum_{i=1}^d b_i(x) \frac{\partial f}{\partial x_i}(x)$$

où σ^* désigne la matrice transposée de la matrice σ.

Démonstration. Pour simplifier, nous supposons σ et b bornées dans cette preuve. Nous fixons $f \in C_0(\mathbb{R}^d)$ et nous vérifions d'abord que $Q_t f \in C_0(\mathbb{R}^d)$. Puisque les applications $x \mapsto F_x(\mathrm{w})$ sont continues, il est immédiat par convergence dominée que $Q_t f$ est continue. Ensuite, puisque

$$X_t^x = x + \int_0^t \sigma(X_s^x)\,\mathrm{d}B_s + \int_0^t b(X_s^x)\,\mathrm{d}s,$$

et que σ et b sont supposées bornées, on obtient aisément l'existence d'une constante C, indépendante de t et de x, telle que

$$E[(X_t^x - x)^2] \leq C(t + t^2). \tag{7.4}$$

En utilisant l'inégalité de Markov, on a donc pour tout $t \geq 0$,

$$\sup_{x \in \mathbb{R}^d} P[|X_t^x - x| > A] \xrightarrow[A \to \infty]{} 0.$$

En écrivant

$$|Q_t f(x)| = |E[f(X_t^x)]| \leq |E[f(X_t^x)\mathbf{1}_{\{|X_t^x - x| \leq A\}}]| + \|f\| P[|X_t^x - x| > A]$$

on trouve

$$\limsup_{x \to \infty} |Q_t f(x)| \leq \|f\| \sup_{x \in \mathbb{R}^d} P[|X_t^x - x| > A]$$

et donc puisque A était arbitraire,

$$\lim_{x \to \infty} Q_t f(x) = 0,$$

ce qui achève la preuve de la propriété $Q_t f \in C_0(\mathbb{R}^d)$.

Montrons de même que $Q_t f \longrightarrow f$ quand $t \to 0$. Pour tout $\varepsilon > 0$,

$$\sup_{x \in \mathbb{R}^d} |E[f(X_t^x)] - f(x)| \leq \sup_{x,y \in \mathbb{R}^d, |x-y| \leq \varepsilon} |f(x) - f(y)| + 2\|f\| \sup_{x \in \mathbb{R}^d} P[|X_t^x - x| > \varepsilon].$$

Mais, en utilisant (7.4) et à nouveau l'inégalité de Markov, on trouve

$$\sup_{x \in \mathbb{R}^d} P[|X_t^x - x| > \varepsilon] \xrightarrow[t \to 0]{} 0,$$

d'où

$$\limsup_{t \to 0} \|Q_t f - f\| = \limsup_{t \to 0} \left(\sup_{x \in \mathbb{R}^d} |E[f(X_t^x)] - f(x)| \right) \leq \sup_{x,y \in \mathbb{R}^d, |x-y| \leq \varepsilon} |f(x) - f(y)|$$

qui peut être rendu arbitrairement proche de 0 en prenant ε petit.

Il reste à montrer la deuxième assertion du théorème. Soit $f \in C_c^2(\mathbb{R}^d)$. On applique la formule d'Itô à $f(X_t^x)$, en rappelant que, si $X_t^x = (X_t^{x,1}, \ldots, X_t^{x,d})$ on a, pour tout $i \in \{1, \ldots, d\}$,

$$X_t^{x,i} = x_i + \sum_{j=1}^m \int_0^t \sigma_{ij}(X_s^x)\,\mathrm{d}B_s^j + \int_0^t b_i(X_s^x)\,\mathrm{d}s.$$

On trouve

$$f(X_t^x) = f(x) + M_t + \sum_{i=1}^{d} \int_0^t b_i(X_s^x) \frac{\partial f}{\partial x_i}(X_s^x) \mathrm{d}s + \frac{1}{2} \sum_{i,i'=1}^{d} \int_0^t \frac{\partial^2 f}{\partial x_i \partial x_{i'}}(X_s^x) \mathrm{d}\langle X^{x,i}, X^{x,i'} \rangle_s$$

où M est une martingale locale. De plus, pour $i, i' \in \{1, \ldots, d\}$,

$$\mathrm{d}\langle X^{x,i}, X^{x,i'} \rangle_s = \sum_{j=1}^{m} \sigma_{ij}(X_s^x) \sigma_{i'j}(X_s^x) \, \mathrm{d}s = (\sigma\sigma^*)_{ii'}(X_s^x) \, \mathrm{d}s.$$

On voit ainsi que si g est la fonction définie par

$$g(x) = \frac{1}{2} \sum_{i,i'=1}^{d} (\sigma\sigma^*)_{ii'}(x) \frac{\partial^2 f}{\partial x_i \partial x_{i'}}(x) + \sum_{i=1}^{d} b_i(x) \frac{\partial f}{\partial x_i}(x),$$

le processus

$$M_t = f(X_t^x) - f(x) - \int_0^t g(X_s^x) \, \mathrm{d}s$$

est une martingale locale. Comme f et g sont bornées, la Proposition 4.3 (ii) montre que M est une vraie martingale.

Considérons maintenant le processus canonique $(Z_t)_{t \geq 0}$ sur l'espace $C(\mathbb{R}_+, \mathbb{R}^d)$ et les mesures de probabilité $\mathbb{P}_x$ définies comme dans la remarque précédant le théorème. Puisque $\mathbb{P}_x$ est obtenue comme étant la loi de X^x, on déduit de la propriété analogue pour X^x que, pour tout $x \in \mathbb{R}^d$,

$$f(Z_t) - \int_0^t g(Z_s) \, \mathrm{d}s$$

est une martingale sous $\mathbb{P}_x$, relativement à la filtration canonique. Il découle maintenant du Théorème 6.2 que $f \in D(L)$ et $Lf = g$. $\square$

Corollaire 7.1. *Supposons que $(X_t)_{t \geq 0}$ est une solution de $E(\sigma, b)$ sur un espace de probabilité filtré $(\Omega, \mathscr{F}, (\mathscr{F}_t), P)$. Alors $(X_t)_{t \geq 0}$ vérifie la propriété de Markov forte : si T est un temps d'arrêt et si Φ est une fonction borélienne de $C(\mathbb{R}_+, \mathbb{R}^d)$ dans $\mathbb{R}_+$,*

$$E[\mathbf{1}_{\{T < \infty\}} \Phi(X_{T+t}, t \geq 0) \mid \mathscr{F}_T] = \mathbf{1}_{\{T < \infty\}} \mathbb{E}_{X_T}[\Phi],$$

où, pour tout $x \in \mathbb{R}^d$, $\mathbb{P}_x$ désigne la loi sur $C(\mathbb{R}_+, \mathbb{R}^d)$ d'une solution arbitraire de $E_x(\sigma, b)$.

Démonstration. Il suffit d'appliquer le Théorème 6.5. Alternativement, on pourrait aussi reprendre les arguments de la preuve du Théorème 7.3, en faisant jouer au temps d'arrêt T le rôle joué dans cette preuve par l'instant déterministe s, et en utilisant la propriété de Markov forte du mouvement brownien. $\square$

On appelle parfois processus de diffusion un processus fortement markovien et à trajectoires continues obtenu comme solution d'une équation différentielle stochastique, comme dans le Théorème 7.3. Même dans le cadre lipschitzien considéré dans ce paragraphe, le Théorème 7.4 n'identifie pas complètement le générateur L, mais seulement son action sur un sous-ensemble du domaine $D(L)$ (comme nous l'avons déjà observé dans le chapitre précédent, il est souvent difficile de donner une description complète du domaine). Cependant on peut montrer qu'une connaissance même partielle du générateur, telle que celle donnée par le Théorème 7.4, suffit à caractériser la loi du processus : cette observation est à la base de la théorie puissante des problèmes de martingales, développée en particulier dans l'ouvrage classique [11] de Stroock et Varadhan.

Au moins en restriction à $C_c^2(\mathbb{R}^d)$, le générateur L est un opérateur différentiel du second ordre. L'équation différentielle stochastique $E(\sigma, b)$ permet de donner une approche ou une interprétation probabiliste de nombreux résultats analytiques concernant l'opérateur L. Ces liens entre probabilités et analyse ont été une motivation importante pour l'étude des équations différentielles stochastiques.

7.4 Quelques exemples d'équations différentielles stochastiques

Dans cette section, nous discutons brièvement trois exemples importants, tous en dimension un. Dans les deux premiers, on peut obtenir une formule explicite pour la solution, ce qui n'est évidemment pas le cas en général!

7.4.1 Le processus d'Ornstein-Uhlenbeck

Soit $\lambda > 0$. Le processus d'Ornstein-Uhlenbeck est obtenu comme solution de l'équation différentielle stochastique

$$dX_t = dB_t - \lambda X_t \, dt.$$

On résout facilement cette équation en appliquant la formule d'Itô à $e^{\lambda t} X_t$, et on obtient

$$X_t = X_0 e^{-\lambda t} + \int_0^t e^{-\lambda(t-s)} \, dB_s.$$

Remarquons que l'intégrale stochastique obtenue est en fait une intégrale de Wiener, qui appartient donc à l'espace gaussien engendré par B.

Considérons d'abord le cas où $X_0 = x \in \mathbb{R}$. La remarque précédente montre alors que X est un processus gaussien (non centré), dont la fonction de moyenne est $m(t) = E[X_t] = x e^{-\lambda t}$, et dont on peut aussi calculer facilement la fonction de covariance

$$K(s,t) = \operatorname{cov}(X_s, X_t) = \frac{e^{-\lambda|t-s|} - e^{-\lambda(t+s)}}{2\lambda}.$$

Il est aussi intéressant de considérer le cas où X_0 suit une loi gaussienne $\mathcal{N}(0, \frac{1}{2\lambda})$. Dans ce cas, X est un processus gaussien centré de fonction de covariance

$$\frac{1}{2\lambda}\,e^{-\lambda|t-s|}.$$

Remarquons qu'il s'agit d'une fonction de covariance stationnaire. Le processus X est donc dans ce cas à la fois un processus gaussien stationnaire et un processus de Markov.

7.4.2 Le mouvement brownien géométrique

Soient $\sigma > 0$ et $r \in \mathbb{R}$. On appelle mouvement brownien géométrique la solution de l'équation différentielle stochastique

$$dX_t = \sigma X_t\,dB_t + rX_t\,dt.$$

La solution est à nouveau facile à obtenir à l'aide de la formule d'Itô :

$$X_t = X_0 \exp\Big(\sigma B_t + (r - \frac{\sigma^2}{2})t\Big).$$

Remarquons en particulier que, si la valeur initiale X_0 est strictement positive, la solution le reste en tout temps $t \geq 0$. Le mouvement brownien géométrique est utilisé dans le célèbre modèle de Black et Scholes en mathématiques financières. La raison de l'apparition de ce processus tient à une hypothèse économique d'indépendance des rendements successifs

$$\frac{X_{t_2} - X_{t_1}}{X_{t_1}}, \frac{X_{t_3} - X_{t_2}}{X_{t_2}}, \ldots, \frac{X_{t_n} - X_{t_{n-1}}}{X_{t_{n-1}}}$$

sur des intervalles de temps disjoints : sur la forme explicite de X_t, on voit que cette hypothèse correspond à la propriété d'indépendance des accroissements du mouvement brownien.

7.4.3 Les processus de Bessel

Soit $m \geq 0$ un réel. On appelle carré de processus de Bessel de dimension m un processus à valeurs dans $\mathbb{R}_+$ qui est solution de l'équation différentielle stochastique

$$dX_t = 2\sqrt{X_t}\,dB_t + m\,dt\,. \tag{7.5}$$

Remarquons que cette équation n'entre pas dans le cadre lipschitzien discuté dans ce chapitre, parce que la fonction $\sigma(x) = 2\sqrt{x}$ n'est pas lipschitzienne sur $\mathbb{R}_+$ (on pourrait aussi observer que cette fonction est définie seulement sur $\mathbb{R}_+$, mais il s'agit d'un point mineur car on peut la remplacer par $2\sqrt{|x|}$ et vérifier a posteriori que la solution partant d'une valeur initiale positive reste positive). Il existe cependant en dimension un des résultats plus fins que ceux du cadre lipschitzien, qui permettent d'obtenir l'existence et l'unicité trajectorielle des solutions de (7.5) : voir l'Exercice 7.6 pour un critère d'unicité trajectorielle qui s'applique à (7.5).

L'intérêt des carrés de processus de Bessel vient en partie de l'observation suivante, qui est une conséquence simple de la formule d'Itô. Si $\beta = (\beta^1, \ldots, \beta^d)$ est un mouvement brownien en dimension d, le processus

$$|\beta_t|^2 = (\beta_t^1)^2 + \cdots + (\beta_t^d)^2$$

est un carré de processus de Bessel de dimension entière $m = d$: voir l'Exercice 5.9. Par ailleurs, on peut aussi vérifier que lorque $m = 0$, le processus $(\frac{1}{2}X_t)_{t \geq 0}$ n'est autre que la diffusion branchante de Feller discutée à la fin du chapitre précédent (voir l'Exercice 7.3).

Supposons à partir de maintenant que $m \geq 2$ et $X_0 = x > 0$. Pour tout $\varepsilon \geq 0$, notons $T_\varepsilon := \inf\{t \geq 0 : X_t = \varepsilon\}$. Posons pour tout $t \in [0, T_0[$,

$$M_t = \begin{cases} (X_t)^{1-\frac{m}{2}} & \text{si } m > 2, \\ \log(X_t) & \text{si } m = 2. \end{cases}$$

On déduit alors de la formule d'Itô que, pour tout $\varepsilon \in]0, x[$, $M_{t \wedge T_\varepsilon}$ est une martingale locale. Cette martingale locale est bornée sur l'intervalle $[0, T_\varepsilon \wedge T_A]$, pour tout $A > x$, et une application du théorème d'arrêt montre que, si $m > 2$,

$$P(T_\varepsilon < T_A) = \frac{A^{1-\frac{m}{2}} - x^{1-\frac{m}{2}}}{A^{1-\frac{m}{2}} - \varepsilon^{1-\frac{m}{2}}}$$

et si $m = 2$,

$$P(T_\varepsilon < T_A) = \frac{\log A - \log x}{\log A - \log \varepsilon}.$$

En particulier, en faisant tendre ε vers 0, on obtient que $P(T_0 < \infty) = 0$ (lorsque m est un entier, cela correspond à la propriété que le mouvement brownien en dimension $d \geq 2$ ne visite p.s. pas un point fixé autre que son point de départ). Si on fait tendre A vers ∞ dans les formules précédentes, on obtient que $P(T_\varepsilon < \infty) = 1$ si $m = 2$ et $P(T_\varepsilon < \infty) = (\varepsilon/x)^{(m/2)-1}$ si $m > 2$. En prenant $m = 2$, on obtient la propriété de récurrence du mouvement brownien plan. Voir à nouveau l'Exercice 5.9.

Il découle des remarques précédentes que le processus M_t est bien défini pour tout $t \geq 0$ et est une martingale locale. On montre que cette martingale locale n'est pas une vraie martingale (cf. question **8.** de l'Exercice 5.9 dans le cas $m=3$).

Nous renvoyons au Chapitre XI de [9] pour une étude détaillée des processus de Bessel.

Remarque. Le processus de Bessel de dimension m est (bien évidemment) obtenu en prenant $Y_t = \sqrt{X_t}$, et lorsque $m = d$ est un entier strictement positif il correspond à la norme du mouvement brownien en dimension d. L'équation stochastique satisfaite par Y est cependant moins facile à manier que (7.5).

Exercices

Exercice 7.1. On considère l'équation différentielle stochastique

$$E(\sigma,0) \qquad\qquad\qquad dX_t = \sigma(X_t)\,dB_t$$

où la fonction $\sigma : \mathbb{R} \longrightarrow \mathbb{R}$ est continue et telle qu'il existe deux constantes $\varepsilon > 0$ et M telles que $\varepsilon \leq \sigma \leq M$.

1. Dans cette question et la suivante, on suppose que X est une solution de $E(\sigma,0)$ avec $X_0 = x$. On pose, pour tout $t \geq 0$,

$$A_t = \int_0^t \sigma(X_s)^2\,ds \quad , \quad \tau_s = \inf\{s \geq 0 : A_s > t\}.$$

Justifier les égalités

$$\tau_t = \int_0^t \frac{dr}{\sigma(X_{\tau_r})^2} \ , \quad A_t = \inf\{s \geq 0 : \int_0^s \frac{dr}{\sigma(X_{\tau_r})^2} > t\}.$$

2. Montrer qu'il existe un mouvement brownien réel issu de x, noté $\beta = (\beta_t)_{t\geq 0}$, tel que, p.s. pour tout $t \geq 0$,

$$X_t = \beta_{\inf\{s\geq 0: \int_0^s \sigma(\beta_r)^{-2}dr > t\}}.$$

3. Montrer qu'il y a existence et unicité faibles pour $E(\sigma,0)$ (*pour l'existence, on pourra observer que si X est défini à partir d'un mouvement brownien β par la formule de la question 2., X est dans une filtration appropriée une martingale de variation quadratique $\langle X,X\rangle_t = \int_0^t \sigma(X_s)^2 ds$*).

Exercice 7.2. On considère l'équation différentielle stochastique

$$E(\sigma,b) \qquad\qquad\qquad dX_t = \sigma(X_t)\,dB_t + b(X_t)\,dt$$

où les fonctions $\sigma, b : \mathbb{R} \longrightarrow \mathbb{R}$ sont continues et bornées et telles que $\int_{\mathbb{R}} |b(x)|dx < \infty$ et $\sigma \geq \varepsilon$ pour une constante $\varepsilon > 0$.

1. Soir X une solution de $E(\sigma,b)$. Montrer qu'il existe une fonction $F : \mathbb{R} \longrightarrow \mathbb{R}$ strictement croissante de classe C^2 telle que $F(X_t)$ soit une martingale. On déterminera une formule explicite pour F en termes de σ et b.

2. Montrer que le processus $Y_t = F(X_t)$ satisfait une équation différentielle stochastique de la forme $dY_t = \sigma'(Y_t)\,dB_t$, avec une fonction σ' que l'on déterminera.

3. En utilisant le résultat de l'exercice précédent, montrer qu'il y a existence et unicité faibles pour $E(\sigma,b)$. Montrer qu'il y a unicité trajectorielle si de plus σ est lipschitzienne.

Exercice 7.3. On admet que pour tout $x \in \mathbb{R}_+$, on peut construire sur le même espace de probabilité filtré $(\Omega, \mathscr{F}, (\mathscr{F}_t), P)$ un processus X^x à valeurs positives qui est solution de l'équation différentielle stochastique

$$\begin{cases} dX_t = \sqrt{2X_t}\,dB_t \\ X_0 = x \end{cases}$$

et que les processus X^x sont des processus de Markov à valeurs dans $\mathbb{R}_+$, de même semigroupe $(Q_t)_{t\geq 0}$, relativement à la filtration $(\mathscr{F}_t)$. (Ce résultat est évidemment très proche du Théorème 7.3, qu'on ne peut cependant appliquer car la fonction $\sqrt{2x}$ n'est pas lipschitzienne.)

1. On fixe $x \in \mathbb{R}_+$, et un réel $T > 0$. On pose pour tout $t \in [0,T]$

$$M_t = \exp\left(-\frac{\lambda X_t}{1 + \lambda(T-t)}\right).$$

Montrer que le processus $(M_{t \wedge T})_{t\geq 0}$ est une martingale.

2. Montrer que $(Q_t)_{t\geq 0}$ est le semigroupe de la diffusion branchante de Feller (voir la fin du Chapitre 6).

Exercice 7.4. On considère deux suites de fonctions $(\sigma_n)_{n\geq 1}$ et $(b_n)_{n\geq 1}$ définies sur $\mathbb{R}$ et à valeurs dans $\mathbb{R}$. On suppose que :
(i) Il existe une constante $C > 0$ telle que $|\sigma_n(x)| \leq C$ et $|b_n(x)| \leq C$ pour tous $n \geq 1$ et $x \in \mathbb{R}$.
(ii) Il existe une constante $K > 0$ telle que, pour tous $n \geq 1$ et $x, y \in \mathbb{R}$,

$$|\sigma_n(x) - \sigma_n(y)| \leq K|x-y| \quad , \quad |b_n(x) - b_n(y)| \leq K|x-y|.$$

1. Justifier l'existence pour chaque $n \geq 1$ d'un processus adapté à trajectoires continues $X^n = (X_t^n)_{t\geq 0}$ qui vérifie

$$X_t^n = \int_0^t \sigma_n(X_s^n)\,\mathrm{d}B_s + \int_0^t b_n(X_s^n)\,\mathrm{d}s.$$

2. Soit $T > 0$. Montrer l'existence d'une constante $A > 0$ telle que, pour tout réel $M > 2CT$ et pour tout $n \geq 1$,

$$P\left(\sup_{t\leq T}|X_t^n| \geq M\right) \leq \frac{A}{M^2}.$$

3. On suppose que les suites (σ_n) et (b_n) convergent uniformément sur tout compact de $\mathbb{R}$ vers des fonctions limites notées σ et b respectivement. Justifier rapidement l'existence d'un processus adapté à trajectoires continues $X = (X_t)_{t\geq 0}$ qui vérifie

$$X_t = \int_0^t \sigma(X_s)\,\mathrm{d}B_s + \int_0^t b(X_s)\,\mathrm{d}s,$$

puis montrer l'existence d'une constante A' telle que, pour tout réel $M > 2CT$, pour tout $t \in [0,T]$ et tout $n \geq 1$,

$$E\left[\sup_{s\leq t}(X_s^n - X_s)^2\right] \leq 4(4+T)K^2 \int_0^t E[(X_s^n - X_s)^2]\,\mathrm{d}s + \frac{A'}{M^2}$$
$$+ 4T\left(4\sup_{|x|\leq M}(\sigma_n(x) - \sigma(x))^2 + T\sup_{|x|\leq M}(b_n(x) - b(x))^2\right).$$

4. Déduire de la question précédente que

$$\lim_{n \to \infty} E\left[\sup_{s \le T}(X_s^n - X_s)^2\right] = 0.$$

Exercice 7.5. Soit $\beta = (\beta_t)_{t \ge 0}$ un mouvement brownien réel issu de 0. On fixe deux paramètres réels α et r, avec $\alpha > 1/2$ et $r > 0$. Pour tout entier $n \ge 1$ et tout $x \in \mathbb{R}$, on pose

$$f_n(x) = \frac{1}{|x|} \wedge n.$$

1. Soit $n \ge 1$. Justifier l'existence d'une unique semimartingale Z^n qui vérifie l'équation

$$Z_t^n = r + \beta_t + \alpha \int_0^t f_n(Z_s^n)\,\mathrm{d}s.$$

2. On pose $S_n = \inf\{t \ge 0 : Z_t^n \le 1/n\}$. En observant que, si $t \le S_n \wedge S_{n+1}$,

$$Z_t^{n+1} - Z_t^n = \alpha \int_0^t \left(\frac{1}{Z_s^{n+1}} - \frac{1}{Z_s^n}\right)\mathrm{d}s,$$

et à l'aide du lemme de Gronwall, montrer que $Z_t^{n+1} = Z_t^n$ pour tout $t \in [0, S_n \wedge S_{n+1}]$, p.s. En déduire que $S_{n+1} \ge S_n$.

3. Soit g une fonction de classe C^2 sur $\mathbb{R}$. Montrer que le processus

$$g(Z_t^n) - g(r) - \int_0^t \left(\alpha g'(Z_s^n)f_n(Z_s^n) + \frac{1}{2}g''(Z_s^n)\right)\mathrm{d}s$$

est une martingale locale.

4. On pose $h(x) = x^{1-2\alpha}$ pour tout $x > 0$. Montrer que pour tout entier $n \ge 1$, $h(Z_{t \wedge S_n}^n)$ est une martingale bornée. En déduire que, pour tout $t \ge 0$, $P(S_n \le t)$ tend vers 0 quand $n \to \infty$, et en conséquence $S_n \to \infty$ p.s. quand $n \to \infty$.

5. Déduire des questions **2.** et **4.** qu'il existe un unique processus Z dont les trajectoires sont continues et à valeurs dans $]0, \infty[$, tel que pour tout $t \ge 0$,

$$Z_t = r + \beta_t + \alpha \int_0^t \frac{\mathrm{d}s}{Z_s}.$$

6. On note $T_a = \inf\{t \ge 0 : Z_t = a\}$, pour tout $a > 0$. Calculer $P(T_a < T_b)$ pour $0 < a < r < b$.

7. Soit B un mouvement brownien en dimension $d \ge 3$, issu de $y \in \mathbb{R}^d \setminus \{0\}$. Montrer que $Y_t = |B_t|$ vérifie l'équation stochastique apparue dans la question **6.** (avec un choix convenable de β) pour $r = |y|$ et $\alpha = (d-1)/2$. On pourra utiliser l'Exercice 5.9.

Exercice 7.6. (Critère d'unicité de Yamada-Watanabe) Le but de l'exercice est de montrer l'unicité trajectorielle pour l'équation différentielle stochastique (notée $E(\sigma, b)$ comme ci-dessus) en dimension un

$$dX_t = \sigma(X_t)dB_t + b(X_t)dt$$

lorsque les fonctions σ et b satisfont les conditions

$$|\sigma(x) - \sigma(y)| \le K\sqrt{|x-y|} \quad , \quad |b(x) - b(y)| \le K|x-y|$$

pour tous $x, y \in \mathbb{R}$, avec une constante $K < \infty$.

1. Question préliminaire. Soit Z une semimartingale continue telle que $\langle Z, Z \rangle_t = \int_0^t h_s \, ds$, où $0 \le h_s \le C|Z_s|$, avec une constante $C < \infty$. Montrer que, pour tout $t \ge 0$,

$$\lim_{n \to \infty} n E\left[\int_0^t \mathbf{1}_{\{0 < |Z_s| \le 1/n\}} \, d\langle Z, Z \rangle_s\right] = 0.$$

(On pourra observer que sous nos hypothèses, pour tout $n \ge 1$,

$$E\left[\int_0^t |Z_s|^{-1} \mathbf{1}_{\{0 < |Z_s| \le 1\}} \, d\langle Z, Z \rangle_s\right] \le Ct < \infty. \text{)}$$

2. Pour tout entier $n \ge 1$, soit φ_n la fonction sur $\mathbb{R}$ définie par

$$\varphi_n(x) = \begin{cases} 0 & \text{si } |x| \ge 1/n, \\ 2n(1 - nx) & \text{si } 0 \le x \le 1/n, \\ 2n(1 + nx) & \text{si } -1/n \le x \le 0. \end{cases}$$

On note aussi F_n l'unique fonction de classe C^2 sur $\mathbb{R}$ telle que $F_n(0) = F_n'(0) = 0$ et $F_n'' = \varphi_n$. On observera que, pour tout $x \in \mathbb{R}$, on a $F_n(x) \longrightarrow |x|$ et $F_n'(x) \longrightarrow$ $\text{sgn}(x) = \mathbf{1}_{\{x>0\}} - \mathbf{1}_{\{x<0\}}$ quand $n \to \infty$.

Soient X et X' deux solutions de $E(\sigma, b)$ sur le même espace de probabilité filtré et avec le même mouvement brownien B. Déduire de la question **1.** que

$$\lim_{n \to \infty} E\left[\int_0^t \varphi_n(X_s - X_s') \, d\langle X - X', X - X' \rangle_s\right] = 0.$$

3. Soit T un temps d'arrêt tel que les processus $X_{t \wedge T}$ et $X'_{t \wedge T}$ soient bornés. En appliquant la formule d'Itô à $F_n(X_{t \wedge T} - X'_{t \wedge T})$ montrer que

$$E[|X_{t \wedge T} - X'_{t \wedge T}|] = E[|X_0 - X_0'|] + E\left[\int_0^{t \wedge T} (b(X_s) - b(X_s')) \, \text{sgn}(X_s - X_s') \, ds\right].$$

4. Montrer à l'aide du lemme de Gronwall que si $X_0 = X_0' = x$ on a $X_t = X_t'$ pour tout $t \ge 0$, p.s.

Appendice A1. Lemme de classe monotone

Le lemme de classe monotone est un outil de théorie de la mesure très utile dans de nombreux raisonnements de théorie des probabilités. Nous en donnons ici la version qui est utilisée en de nombreux endroits dans ce cours.

Soit E un ensemble quelconque, et soit $\mathscr{P}(E)$ l'ensemble de toutes les parties de E. Si $\mathscr{C} \subset \mathscr{P}(E)$, $\sigma(\mathscr{C})$ désigne la plus petite tribu sur E contenant $\mathscr{C}$ (c'est aussi l'intersection de toutes les tribus contenant $\mathscr{C}$),

Définition. *Un sous-ensemble $\mathscr{M}$ de $\mathscr{P}(E)$ est appelé classe monotone si :*

(i) $E \in \mathscr{M}$.
(ii) *Si $A, B \in \mathscr{M}$ et $A \subset B$, alors $B \backslash A \in \mathscr{M}$.*
(iii) *Si on se donne une suite croissante $(A_n)_{n \in \mathbb{N}}$ telle que $A_n \in \mathscr{M}$ pour tout $n \in \mathbb{N}$, alors $\bigcup_{n \in \mathbb{N}} A_n \in \mathscr{M}$.*

Toute tribu est aussi une classe monotone. Comme dans le cas des tribus, on voit immédiatement que toute intersection de classes monotones est encore une classe monotone. Si $\mathscr{C}$ est une partie quelconque de $\mathscr{P}(E)$, on peut donc définir la classe monotone engendrée par $\mathscr{C}$, notée $\mathscr{M}(\mathscr{C})$, en posant

$$\mathscr{M}(\mathscr{C}) = \bigcap_{\mathscr{M} \text{ classe monotone, } \mathscr{C} \subset \mathscr{M}} \mathscr{M}.$$

Lemme de classe monotone. *Si $\mathscr{C} \subset \mathscr{P}(E)$ est stable par intersections finies, alors $\mathscr{M}(\mathscr{C}) = \sigma(\mathscr{C})$.*

Démonstration. Puisque toute tribu est une classe monotone, il est clair qu'on a $\mathscr{M}(\mathscr{C}) \subset \sigma(\mathscr{C})$. Pour établir l'inclusion inverse, il suffit de montrer que $\mathscr{M}(\mathscr{C})$ est une tribu. Or une classe monotone est une tribu si et seulement si elle est stable par intersections finies (en effet, par passage au complémentaire, elle sera alors stable par réunion finies, puis par passage à la limite croissant par réunion dénombrable). Montrons donc que $\mathscr{M}(\mathscr{C})$ est stable par intersections finies.

Posons pour tout $A \in \mathscr{P}(E)$,

J.-F. Le Gall, *Mouvement brownien, martingales et calcul stochastique*,
Mathématiques et Applications 71, DOI: 10.1007/978-3-642-31898-6,
© Springer-Verlag Berlin Heidelberg 2013

$$\mathcal{M}_A = \{B \in \mathcal{M}(\mathscr{C}) : A \cap B \in \mathcal{M}(\mathscr{C})\}.$$

Fixons d'abord $A \in \mathscr{C}$. Puisque $\mathscr{C}$ est stable par intersections finies, il est clair que $\mathscr{C} \subset \mathcal{M}_A$. Vérifions ensuite que $\mathcal{M}_A$ est une classe monotone:

- $E \in \mathcal{M}_A$ est immédiat.
- Si $B, B' \in \mathcal{M}_A$ et $B \subset B'$, on a $A \cap (B' \backslash B) = (A \cap B') \backslash (A \cap B) \in \mathcal{M}(\mathscr{C})$ et donc $B' \backslash B \in \mathcal{M}_A$.
- Si $B_n \in \mathcal{M}_A$ pour tout n et la suite B_n croît, on a $A \cap (\cup B_n) = \cup(A \cap B_n) \in \mathcal{M}(\mathscr{C})$ et donc $\cup B_n \in \mathcal{M}_A$.

Puisque $\mathcal{M}_A$ est une classe monotone qui contient $\mathscr{C}$, $\mathcal{M}_A$ contient aussi $\mathcal{M}(\mathscr{C})$. On a donc montré

$$\forall A \in \mathscr{C}, \forall B \in \mathcal{M}(\mathscr{C}), A \cap B \in \mathcal{M}(\mathscr{C}).$$

Ce n'est pas encore le résultat recherché, mais on peut appliquer la même idée une seconde fois. Précisément, on prend maintenant $A \in \mathcal{M}(\mathscr{C})$. D'après la première étape de la preuve, $\mathscr{C} \subset \mathcal{M}_A$. En reprenant exactement les mêmes arguments que dans la première étape, on obtient que $\mathcal{M}_A$ est une classe monotone. Il en découle que $\mathcal{M}(\mathscr{C}) \subset \mathcal{M}_A$, ce qui montre bien que $\mathcal{M}(\mathscr{C})$ est stable par intersections finies et termine la preuve. □

Voici quelques conséquences du Lemme de classe monotone qui sont utilisées dans ce cours :

1. Soit $\mathscr{A}$ une tribu sur E et soient μ et ν deux mesures de probabilité sur $(E, \mathscr{A})$. Supposons qu'il existe une classe $\mathscr{C} \subset \mathscr{A}$ stable par intersections finies, telle que $\sigma(\mathscr{C}) = \mathscr{A}$ et $\mu(A) = \nu(A)$ pour tout $A \in \mathscr{C}$. Alors $\mu = \nu$. (*On utilise le fait que $\mathscr{G} := \{A \in \mathscr{A} : \mu(A) = \nu(A)\}$ est une classe monotone.*)
2. Soit $(X_i)_{i \in I}$ une famille quelconque de variables aléatoires et soit $\mathscr{G}$ une sous-tribu sur le même espace de probabilité. Pour montrer que les tribus $\sigma(X_i, i \in I)$ et $\mathscr{G}$ sont indépendantes, il suffit d'établir que $(X_{i_1}, \ldots, X_{i_p})$ est indépendant de $\mathscr{G}$, pour tout choix de la sous-famille finie $\{i_1, \ldots, i_p\} \subset I$. (*Observer que la classe des événements qui dépendent d'un nombre fini des variables $X_i, i \in I$ est stable par intersection finie et engendre $\sigma(X_i, i \in I)$.*)
3. Soit $(X_i)_{i \in I}$ une famille quelconque de variables aléatoires et soit Z une variable aléatoire réelle bornée. Soit aussi $i_0 \in I$. Pour voir que $E[Z \mid X_i, i \in I] = E[Z \mid X_{i_0}]$, il suffit de montrer qu'on a $E[Z \mid X_{i_0}, X_{i_1}, \ldots, X_{i_p}] = E[Z \mid X_{i_0}]$ pour tout choix de la sous-famille finie $\{i_1, \ldots, i_p\} \subset I$. (*Observer que la classe des événements A tels que $E[\mathbf{1}_A Z] = E[\mathbf{1}_A E[Z \mid X_{i_0}]]$ est une classe monotone.*)

Cette dernière conséquence est utile dans la théorie des processus de Markov.

Appendice A2. Martingales discrètes

Dans cet appendice, nous rappelons sans démonstration, pour la commodité du lecteur, les résultats sur les martingales et surmartingales à temps discret qui sont utilisés dans le Chapitre 3. La preuve de tous les énoncés qui suivent peut être trouvée dans le Chapitre V du traité classique de Dellacherie et Meyer [2], et dans beaucoup d'autres ouvrages traitant des martingales discrètes (voir en particulier Neveu [8]).

Commençons par rappeler la définition. On se place sur un espace de probabilité $(\Omega, \mathscr{F}, P)$, et on fixe une filtration discrète, i.e. une famille croissante $(\mathscr{G}_n)_{n \in \mathbb{N}}$ de sous-tribus de $\mathscr{F}$. On note aussi

$$\mathscr{G}_\infty = \bigvee_{n=0}^{\infty} \mathscr{G}_n$$

la plus petite tribu qui contient toutes les sous-tribus $\mathscr{G}_n$.

Définition. *Une suite $(Y_n)_{n \in \mathbb{N}}$ de variables aléatoires intégrables, telle que, pour tout $n \in \mathbb{N}$, Y_n est $\mathscr{G}_n$-mesurable, est appelée*

· *martingale si, pour tous $0 \leq m < n$, $E[Y_n \mid \mathscr{G}_m] = Y_m$;*
· *surmartingale si, pour tous $0 \leq m < n$, $E[Y_n \mid \mathscr{G}_m] \leq Y_m$;*
· *sous-martingale si, pour tous $0 \leq m < n$, $E[Y_n \mid \mathscr{G}_m] \geq Y_m$.*

Ces notions dépendent bien sûr de la filtration $(\mathscr{G}_n)_{n \in \mathbb{N}}$, qui est fixée dans la suite.

Inégalité maximale. *Si $(Y_n)_{n \in \mathbb{N}}$ est une surmartingale, alors, pour tout $\lambda > 0$ et tout $k \in \mathbb{N}$,*

$$\lambda \, P\Big[\sup_{n \leq k}|Y_n| > \lambda\Big] \leq E[|Y_0|] + 2E[|Y_k|].$$

Inégalité de Doob dans L^p. *Si $(Y_n)_{n \in \mathbb{N}}$ est une martingale, alors pour tout $k \in \mathbb{N}$ et tout $p > 1$,*

$$E\Big[\sup_{0 \leq n \leq k}|Y_n|^p\Big] \leq \Big(\frac{p}{p-1}\Big)^p E[|Y_k|^p].$$

J.-F. Le Gall, *Mouvement brownien, martingales et calcul stochastique*,
Mathématiques et Applications 71, DOI: 10.1007/978-3-642-31898-6,
© Springer-Verlag Berlin Heidelberg 2013

Remarque. Cette inégalité n'a d'intérêt que si $E[|Y_k|^p] < \infty$, sans quoi les deux côtés sont infinis.

Si $Y = (Y_n)_{n \in \mathbb{N}}$ est une suite de variables aléatoires réelles, et $a < b$, le nombre de montées de Y le long de $[a, b]$ avant l'instant n, noté $M_{ab}^Y(n)$ est le plus grand entier k tel que l'on puisse trouver une suite croissante $m_1 < n_1 < \cdots < m_k < n_k$ d'entiers positifs inférieurs ou égaux à n tels que $Y_{m_i} < a$, $Y_{n_i} > b$, pour tout $i \in \{1, \ldots, k\}$.

Inégalité des nombres de montées de Doob. *Si $(Y_n)_{n \in \mathbb{N}}$ est une surmartingale, alors pour tout $n \in \mathbb{N}$ et tous $a < b$,*

$$E[M_{ab}^Y(n)] \leq \frac{1}{b-a} E[(Y_n - a)^-].$$

Cette inégalité est un outil essentiel pour montrer les théorèmes de convergence pour les martingales et surmartingales discrètes, dont nous rappelons deux cas importants.

Théorème de convergence pour les surmartingales discrètes. *Si $(Y_n)_{n \in \mathbb{N}}$ est une surmartingale, et si la suite $(Y_n)_{n \in \mathbb{N}}$ est bornée dans L^1, alors il existe une variable $Y_\infty \in L^1$ telle que*

$$Y_n \xrightarrow[n \to \infty]{\text{p.s.}} Y_\infty.$$

Théorème de convergence pour les martingales discrètes fermées. *Soit $(Y_n)_{n \in \mathbb{N}}$ une martingale. Il y a équivalence entre :*

(i) *La martingale $(Y_n)_{n \in \mathbb{N}}$ est fermée, au sens où il existe $Z \in L^1(\Omega, \mathscr{F}, P)$ telle que $Y_n = E[Z \mid \mathscr{G}_n]$ pour tout $n \in \mathbb{N}$.*
(ii) *La suite $(Y_n)_{n \in \mathbb{N}}$ converge p.s. et dans L^1 vers une variable notée Y_∞.*
(iii) *La suite $(Y_n)_{n \in \mathbb{N}}$ est uniformément intégrable.*

Si ces propriétés sont vérifiées, la limite de la suite $(Y_n)_{n \in \mathbb{N}}$ est $Y_\infty = E[Z \mid \mathscr{G}_\infty]$.

Nous rappelons maintenant deux versions du théorème d'arrêt dans le cas discret. Un temps d'arrêt (discret) est une variable aléatoire T à valeurs dans $\mathbb{N} \cup \{\infty\}$, telle que $\{T = n\} \in \mathscr{G}_n$ pour tout $n \in \mathbb{N}$. La tribu du passé avant T est $\mathscr{G}_T = \{A \in \mathscr{G}_\infty : A \cap \{T = n\} \in \mathscr{G}_n$, pour tout $n \in \mathbb{N}\}$.

Théorème d'arrêt pour les martingales discrètes fermées. *Soit $(Y_n)_{n \in \mathbb{N}}$ une martingale fermée, et notons Y_∞ la limite (p.s. et dans L^1) de Y_n quand $n \to \infty$. Alors pour tout choix des temps d'arrêt S et T tels que $S \leq T$, on a $Y_T \in L^1$ et*

$$Y_S = E[Y_T \mid \mathscr{G}_S]$$

avec la convention que $Y_T = Y_\infty$ sur l'ensemble $\{T = \infty\}$, et de même pour Y_S.

Théorème d'arrêt pour les surmartingales discrètes (cas borné). *Si $(Y_n)_{n \in \mathbb{N}}$ est une surmartingale, alors pour tout choix des temps d'arrêt S et T bornés et tels que $S \leq T$, on a*

$$Y_S \geq E[Y_T \mid \mathcal{G}_S].$$

Nous terminons avec une variante du théorème de convergence pour les sur-martingales discrètes, concernant le cas rétrograde. On se donne une filtration rétrograde, c'est-à-dire une famille croissante de sous-tribus $(\mathcal{H}_n)_{n \in -\mathbb{N}}$ indexée par les entiers négatifs (de telle sorte que la tribu $\mathcal{H}_n$ est "de plus en plus petite" quand $n \to -\infty$). Une famille $(Y_n)_{n \in -\mathbb{N}}$ de variables aléatoires intégrables, indexée aussi par les entiers négatifs, est une surmartingale rétrograde si, pour tout $n \in -\mathbb{N}$, Y_n est $\mathcal{H}_n$-mesurable et si, pour tous $-\infty < m \leq n \leq 0$, $E[Y_n \mid \mathcal{H}_m] \leq Y_m$.

Théorème de convergence pour les surmartingales discrètes rétrogrades. *Si $(Y_n)_{n \in -\mathbb{N}}$ est une surmartingale rétrograde, et si la suite $(Y_n)_{n \in -\mathbb{N}}$ est bornée dans L^1, alors la suite $(Y_n)_{n \in -\mathbb{N}}$ converge p.s. et dans L^1 quand $n \to -\infty$.*

Il est crucial pour les applications développées dans le Chapitre 3 que la con-vergence ait aussi lieu dans L^1 dans le cas rétrograde (comparer avec le théorème analogue dans le cas "direct").

Références

1. C. DELLACHERIE, P.-A. MEYER. Probabilités et potentiel. Chapitres I à IV. Hermann, Paris, 1975.
2. C. DELLACHERIE, P.-A. MEYER. Probabilités et potentiel. Chapitres V à VIII. Théorie des martingales. Hermann, Paris, 1980.
3. N. IKEDA, S. WATANABE. Stochastic differential equations and diffusion processes. North-Holland, Amsterdam-New York, 1981.
4. K. ITÔ. Selected papers. Edited and with an introduction by S.R.S. Varadhan and D.W. Stroock. Springer, New York, 1987.
5. I. KARATZAS, S. SHREVE. Brownian motion and stochastic calculus. Springer, Berlin, 1987.
6. H.P. MCKEAN. Stochastic integrals. Academic Press, New York 1969.
7. J. NEVEU. Bases mathématiques du calcul des probabilités. Masson, Paris, 1970.
8. J. NEVEU. Martingales à temps discret. Masson, Paris, 1972.
9. D. REVUZ, M. YOR. Continuous martingales and Brownian motion. Springer, Berlin, 1991.
10. L.C.G. ROGERS, D. WILLIAMS. Diffusions, Markov processes and martingales : Itô calculus. Wiley, New York, 1987.
11. D.W. STROOCK, S.R.S. VARADHAN. Multidimensional diffusion processes. Springer, Berlin, 1979.

J.-F. Le Gall, *Mouvement brownien, martingales et calcul stochastique*,
Mathématiques et Applications 71, DOI: 10.1007/978-3-642-31898-6,
© Springer-Verlag Berlin Heidelberg 2013

Index

J.-F. Le Gall, *Mouvement brownien, martingales et calcul stochastique*,
Mathématiques et Applications 71, DOI: 10.1007/978-3-642-31898-6,
© Springer-Verlag Berlin Heidelberg 2013